建筑施工企业管理人员岗位资格培训教材

材料员岗位实务知识

（第二版）

建筑施工企业管理人员岗位资格培训教材编委会　组织编写

李小燕　　袁宝辉　　主编

中国建筑工业出版社

图书在版编目（CIP）数据

材料员岗位实务知识/李小燕等主编. —2版. —北京：
中国建筑工业出版社，2012.8
　（建筑施工企业管理人员岗位资格培训教材）
ISBN 978-7-112-14533-1

Ⅰ.①材… Ⅱ.①李… Ⅲ.①建筑材料-岗位培训-
教材 Ⅳ.①TU5

中国版本图书馆 CIP 数据核字（2012）第 168763 号

　　　　本书是建筑施工企业管理人员岗位资格培训教材之一，本书主要介绍
建筑材料的组成、性能与应用、技术标准、检验方法以及材料管理等材料
员必备知识，在重点突出介绍水泥、混凝土及建筑钢材等材料基本性质的
基础上，广泛地全面地介绍了目前国内已有的各种建筑材料的知识与发展
以及有关的新材料、新技术，便于材料员了解并合理选择建筑材料。在此
基础上还结合当前建筑业的实际状况和我国国情，较全面、系统地介绍了
材料员应该掌握的基本知识和管理方法。
　　　　本书可作为建筑施工企业材料员岗位资格的培训教材，也可供建筑工
程材料管理人员及相关专业技术和管理人员参考使用。

*　　　*　　　*

责任编辑：刘　江　范业庶
责任设计：李志立
责任校对：张　颖　赵　颖

建筑施工企业管理人员岗位资格培训教材
材料员岗位实务知识
（第二版）

建筑施工企业管理人员岗位资格培训教材编委会　组织编写
李小燕　袁宝辉　主编
*
中国建筑工业出版社出版、发行（北京西郊百万庄）
各地新华书店、建筑书店经销
北京红光制版公司制版
北京建筑工业印刷厂印刷
*
开本：787×1092 毫米　1/16　印张：17¼　字数：415 千字
2012 年 10 月第二版　　2012 年 10 月第九次印刷
定价：**39.00 元**
ISBN 978-7-112-14533-1
（22613）

《建筑施工企业管理人员岗位资格培训教材》

编写委员会

（以姓氏笔画排序）

艾伟杰　中国建筑一局（集团）有限公司

冯小川　北京城市建设学校

叶万和　北京市德恒律师事务所

李树栋　北京城建集团有限责任公司

宋林慧　北京城建集团有限责任公司

吴月华　中国建筑一局（集团）有限公司

张立新　北京住总集团有限责任公司

张囡囡　中国建筑一局（集团）有限公司

张俊生　中国建筑一局（集团）有限公司

张胜良　中国建筑一局（集团）有限公司

陈　光　中国建筑一局（集团）有限公司

陈　红　中国建筑一局（集团）有限公司

陈御平　北京建工集团有限责任公司

周　斌　北京住总集团有限责任公司

周显峰　北京市德恒律师事务所

孟昭荣　北京城建集团有限责任公司

贺小村　中国建筑一局（集团）有限公司

出 版 说 明

建筑施工企业管理人员（各专业施工员、质量员、造价员，以及材料员、测量员、试验员、资料员、安全员等）是施工企业项目一线的技术管理骨干。他们的基础知识水平和业务能力的大小，直接影响到工程项目的施工质量和企业的经济效益；他们的工作质量的好坏，直接影响到建设项目的成败。随着建筑业企业管理的规范化，管理人员持证上岗已成为必然，其岗位培训工作也成为各施工企业十分关心和重视的工作之一。但管理人员活跃在施工现场，工作任务重，学习时间少，难以占用大量时间进行集中培训；而另一方面，目前已有的一些培训教材，不仅内容因多年没有修订而较为陈旧，而且科目较多，不利于短期培训。有鉴于此，我们通过了解近年来施工企业岗位培训工作的实际情况，结合目前管理人员素质状况和实际工作需要，以少而精的原则，于 2007 年组织出版了这套"建筑施工企业管理人员岗位资格培训教材"，2012 年，由于我国建筑工程设计、施工和建筑材料领域等标准规范已部分修订，一些新技术、新工艺和新材料也不断应用和发展，为了适应当前建筑施工领域的新形势，我们对本套教材中的 8 个分册进行了相应的修订。本套丛书分别为：

◇《建筑施工企业管理人员相关法规知识》（第二版）
◇《土建专业岗位人员基础知识》
◇《材料员岗位实务知识》（第二版）
◇《测量员岗位实务知识》（第二版）
◇《试验员岗位实务知识》
◇《资料员岗位实务知识》（第二版）
◇《安全员岗位实务知识》（第二版）
◇《土建质量员岗位实务知识》（第二版）
◇《土建施工员（工长）岗位实务知识》（第二版）
◇《土建造价员岗位实务知识》（第二版）
◇《电气质量员岗位实务知识》
◇《电气施工员（工长）岗位实务知识》
◇《安装造价员岗位实务知识》
◇《暖通施工员（工长）岗位实务知识》
◇《暖通质量员岗位实务知识》
◇《统计员岗位实务知识》
◇《劳资员岗位实务知识》

其中，《建筑施工企业管理人员相关法规知识》（第二版）为各岗位培训的综合科目，《土建专业岗位人员基础知识》为土建专业施工员、质量员、造价员培训的综合科目，其他分册则是根据不同岗位编写的。参加每个岗位的培训，只需使用 2～3 册教材即可（土建专业施工员、质量员、造价员岗位培训使用3册,其他岗位培训使用2册),各书均按照企业实际培训课时要求编写,极大地方便了培训教学与学习。

本套丛书以现行国家规范、标准为依据,内容强调实用性、科学性和先进性,可作为施工企业管理人员的岗位资格培训教材,也可作为其平时的学习参考用书。希望本套丛书能够帮助广大施工企业管理人员顺利完成岗位资格培训,提高岗位业务能力,从容应对各自岗位的管理工作。也真诚地希望各位读者对书中不足之处提出批评指正,以便我们进一步完善和改进。

中国建筑工业出版社

2012 年 8 月

第 二 扮 前 言

　　本书为建筑施工企业关键岗位管理人员岗位资格培训系列教材之一，它根据建设部人事教育司审定的建筑企业关键岗位管理人员培训大纲，结合当前建筑施工培训的实际需要编写。

　　本书主要介绍了建筑材料的组成、性能与应用、技术标准、检验方法以及材料管理等知识。全书在编写过程中考虑到建筑业专业技术管理人员教学特点，力求使教材理论联系实际、实用、突出重点。在内容安排上注意深度和广度之间的适当关系，在重点突出水泥、混凝土及建筑钢材基本性质的基础上，广泛地介绍了目前国内已有的各种建筑材料的知识及其发展和其他新材料、新技术，便于合理选择建筑材料。在此基础上结合当前建筑业的实际和我国国情，较全面、系统地介绍材料管理人员应该掌握的基本知识和管理方法。编写中尽量引用最新的技术标准和规范，例如《通用硅酸盐水泥》（GB 175—2007）、《普通混凝土配合比设计规程》（JGJ 55—2011）、《砌筑砂浆配合比设计规程》（JGJ/T 98—2010）、《建设用砂》（GB/T 14684—2011）、《建设用碎石、卵石》（GB/T 14685—2011）、《钢筋混凝土用钢　第 1 部分：热轧光圆钢筋》（GB 1499.1—2008）、《钢筋混凝土用钢　第 2 部分：热轧带肋钢筋》（GB 1499.2—2007）、《低合金高强度结构钢》（GB/T 1591—2008）等。

　　本书由李小燕、袁宝辉主编。在编写修订过程中还参考了多本文献资料，对这些文献的编著者，一并表示谢意。

　　由于时间仓促，水平有限，书中的缺点和不妥之处在所难免，恳请读者在使用过程中给予指正，并提出宝贵意见。

编　者

第 一 版 前 言

　　本书主要讲解建筑材料的组成、性能与应用、技术标准、检验方法以及材料管理等知识。全书在编写过程中考虑到建筑业专业技术管理人员教学特点，力求使教材理论联系实际、实用、突出重点。在内容安排上注意了深度和广度之间的适当关系，在重点突出水泥、水泥混凝土及材料基本性质的基础上，广泛地介绍了目前国内已有的各种建筑材料的知识及其发展和有关的新材料、新技术，便于合理选择建筑材料。在此基础上结合当前建筑业的实际和我国国情，较全面、系统地介绍了材料管理人员应该掌握的基本知识和管理方法。编写中尽量引用了最新的技术标准和规范。

　　由于时间仓促，水平有限，书中的缺点和不妥之处在所难免，恳请读者在使用过程中给予批评指正，并提出宝贵意见，在此表示诚挚感谢！

目　录

第一章 建筑材料的基本性质

在建筑物中，建筑材料要承受各种不同的作用，因而要求建筑材料具有相应的不同性质，如，用于建筑结构的材料要受到各种外力的作用，因此，选用的材料应具有所需要的力学性能。又如，根据建筑物各种不同部位的使用要求，有些材料应具有防水、绝热、吸声等性能；对于某些工业建筑，要求材料具有耐热、耐腐蚀等性能。此外，对于长期暴露在大气中的材料，要求能经受风吹、日晒、雨淋、冰冻而引起的温度变化、湿度变化及反复冻融等的破坏作用。为了保证建筑物的耐久性，要求在工程设计与施工中正确选择和合理地使用材料，因此，必须熟悉和掌握各种材料的基本性质。

第一节 材料的基本物理性质

一、材料的基本物理参数

1. 实际密度（简称密度）

实际密度是指材料在绝对密实状态下单位体积的质量，按下式计算：

$$\rho = \frac{m}{V} \tag{1-1}$$

式中 ρ ——实际密度（g/cm^3）；

m ——材料在干燥状态下的质量（g）；

V ——材料在绝对密实状态下的体积（cm^3）。

绝对密实状态下的体积，是指不包括材料内部孔隙的固体物质的真实体积。在常用建筑材料中，除了钢材、玻璃等少数接近于绝对密实的材料外，绝大多数材料都含有一些孔隙。在测定有孔隙的材料密度时，应把材料磨成细粉以排除其内部孔隙，一般要求磨细至粒径小于 0.2mm，然后用排液法（密度瓶法等）测定其实际体积，该体积可视为材料绝对密实状态下的体积。

在测量某些比较致密的不规则的散粒材料（如卵石、砂等）的实际密度时，常直接用排水法测其绝对体积的近似值（因颗粒内部的封闭孔隙体积没有排除），这时所求得的实际密度为近似密度（旧称"视密度"）。

2. 表观密度

表观密度是指材料在自然状态下单位体积的质量，按下式计算：

$$\rho_0 = \frac{m}{V_0} \tag{1-2}$$

式中 ρ_0 ——表观密度（g/cm^3 或 kg/m^3）；

m ——材料的质量（g 或 kg）；

V_0——材料在自然状态下的体积，或称表观体积（cm^3 或 m^3）。

表观体积是指包含材料内部孔隙在内的体积。对外形规则的材料，其几何体积即为表观体积；对外形不规则的材料，可用排液法测定，但在测定前，待测材料表面应用薄蜡层密封，以免测液进入材料内部孔隙而影响测定值。当材料孔隙内含有水分时，其质量和体积均有所改变。故测定表观密度时，须注明含水情况，一般所指的表观密度，是以气干状态下的测定值为准。

3. 堆积密度

堆积密度（旧称"松散容重"），是指散粒（粉状、粒状或纤维状）材料在自然堆放状态下，单位体积（包含颗粒内部的孔隙及颗粒之间的空隙）所具有的质量，按下式计算：

$$\rho_0' = \frac{m}{V_0'} \tag{1-3}$$

式中　　ρ_0'——堆积密度（kg/m^3）；

m——材料的质量（kg）；

V_0'——材料的堆积体积（m^3）。

测定散粒状材料的堆积密度时，材料的质量是指填充在一定容积的容器内的材料质量，堆积体积是指所用容器的容积。

在建筑工程中，计算材料用量、构件自重、配料计算，以及确定堆放空间时，经常要用到材料的密度、表观密度和堆积密度等参数。常用建筑材料的有关参数见表1-1。

常用建筑材料的密度、表观密度、堆积密度和孔隙率　　　　表 1-1

材　料	密度 ρ （g/cm^3）	表观密度 ρ_0 （kg/m^3）	堆积密度 ρ_0' （kg/m^3）	孔隙率 （%）
石灰石	2.60	1800～2600		
花岗石	2.6～2.9	2500～2800		0.5～3.0
碎石（石灰石）	2.60		1400～1700	
砂	2.60		1450～1650	
黏土	2.60		1600～1800	
普通黏土砖	2.50～2.8	1600～1800		20～40
黏土空心砖	2.50	1000～1400		
水泥	3.10		1200～1300	
普通混凝土		2100～2600		5～20
轻骨料混凝土		800～1900		
木材	1.55	400～800		55～75
钢材	7.85	7850		0
泡沫塑料		20～50		
玻璃	2.55			

二、材料的密实度与孔隙率

1. 密实度

密实度是指材料体积内被固体物质所充实的程度，即材料的绝对密实体积占外观体积的比例。密实度反映了材料的致密程度，以 D 表示：

$$D = \frac{V}{V_0} \times 100\% = \frac{\rho_0}{\rho} \times 100\% \qquad (1-4)$$

2. 孔隙率

孔隙率是指材料体积内孔隙体积所占的比例，即材料内部的孔隙体积占外观体积的百分率。孔隙率 P 可用下式计算：

$$P = \frac{V_0 - V}{V_0} \times 100\% = \left(1 - \frac{\rho_0}{\rho}\right) \times 100\% \qquad (1-5)$$

孔隙率与密实度的关系为：

$$D + P = 1 \qquad (1-6)$$

孔隙率的大小直接反映了材料的致密程度。材料内部的孔隙又可分为连通的孔和封闭的孔，连通孔隙不仅彼此贯通且与外界相通，而封闭孔隙彼此不连通且与外界隔绝。孔隙按其尺寸大小又分为微孔、细孔和大孔，孔隙率的大小及孔隙本身的特征与材料的许多重要性质，如强度、吸水性、抗渗性、抗冻性和导热性等都有密切关系。一般而言，孔隙率较小且连通孔较少的材料，其吸水性较小，强度较高，抗渗性和抗冻性较好。几种常用建筑材料的孔隙率见表 1-1。

三、材料的填充率与空隙率

1. 填充率

填充率是指粒状材料在堆积体积中，被其颗粒填充的程度，用 D' 表示。可用下式计算：

$$D' = \frac{V_0}{V_0'} \times 100\% \qquad (1-7)$$

2. 空隙率

空隙率是指散粒材料在堆积体积内，颗粒之间空隙体积占堆积体积的百分率，以 P' 表示。P' 值可用下式计算：

$$P' = \frac{V_0' - V_0}{V_0'} \times 100\% = \left(1 - \frac{V_0}{V_0'}\right) \times 100\% = \left(1 - \frac{\rho_0'}{\rho_0}\right) \times 100\% = 1 - D' \qquad (1-8)$$

P' 值可作为控制混凝土骨料级配与计算含砂率的依据。

四、材料与水有关的性质

1. 亲水性与憎水性

材料在空气中与水接触时，根据其能否被水润湿，可分为亲水性和憎水性两大类。

材料被水润湿的程度可用润湿角 θ 表示，如图 1-1 所示。润湿角是在材料、水和空气三相的交点处，沿水滴表面的切线（γ_l）与水和固体的接触面（γ_{sl}）之间的夹角 θ。θ 角越小，则该材料能被水润湿的程度越高。一般认为，润湿角 $\theta \leqslant 90°$ 的材料为亲水性材料。反之，$\theta > 90°$ 时，表明该材料不能被水润湿，称为憎水性材料。

2. 吸水性

吸水性是指材料在浸水状态下吸入水分的能力。吸水性的大小用吸水率表示，吸水率有质量吸水率和体积吸水率之分。质量吸水率按下式计算：

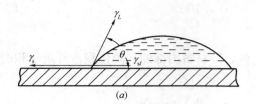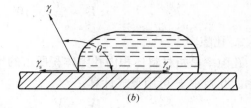

图 1-1　材料的润湿示意图

(a) 亲水性材料；(b) 憎水性材料

$$W_质 = \frac{m_湿 - m_干}{m_干} \times 100\%\qquad\qquad(1\text{-}9)$$

式中　$W_质$——材料的质量吸水率（%）；

$\quad\quad m_湿$——材料吸水饱和后的质量（g）；

$\quad\quad m_干$——材料烘干到恒重的质量（g）。

体积吸水率是指材料体积内被水充实的程度。即材料吸水饱和时，所吸收水分的体积占干燥材料自然体积的百分率，可按下式计算：

$$W_体 = \frac{V_水}{V_0} \times 100\% = \frac{m_湿 - m_干}{V_0} \cdot \frac{1}{\rho_{H_2O}} \times 100\%\qquad\qquad(1\text{-}10)$$

式中　$W_体$——材料的体积吸水率（%）；

$\quad\quad V_水$——材料在吸水饱和时，水的体积（cm^3）；

$\quad\quad V_0$——干燥材料在自然状态下的体积（cm^3）；

$\quad\quad \rho_{H_2O}$——水的密度（g/cm^3），在常温下 $\rho_{H_2O} = 1g/cm^3$。

材料的吸水性，不仅取决于材料本身是亲水的还是憎水的，也与其孔隙率的大小及孔隙特征有关。一般孔隙率越大，则吸水性也越强。封闭的孔隙，水分不易进入；粗大开口的孔隙，水分不易存留，故材料的体积吸水率，常小于孔隙率。这类材料常用质量吸水率表示它的吸水性。

对于某些轻质材料，如加气混凝土、软木等，由于具有很多开口而微小的孔隙，所以它的质量吸水率往往超过 100%，即湿水质量为干质量的几倍，在这种情况下，最好用体积吸水率表示其吸水性。

3. 吸湿性

材料在潮湿的空气中吸收空气中水分的性质，称为吸湿性。吸湿性的大小用含水率表示。材料所含水的质量占材料干燥质量的百分率，称为材料的含水率，可按下式计算：

$$W_含 = \frac{m_含 - m_干}{m_干} \times 100\%\qquad\qquad(1\text{-}11)$$

式中　$W_含$——材料的含水率（%）；

$\quad\quad m_含$——材料含水时的质量（g）；

$\quad\quad m_干$——材料干燥到恒重时的质量（g）。

材料的含水率大小，除与材料本身的特性有关外，还与周围环境的温度、湿度有关。气温越低、相对湿度越大，材料的含水率也就越大。

材料随着空气湿度的变化，既能在空气中吸收水分，又可向外界扩散水分，最终将使材料中的水分与周围空气的湿度达到平衡，这时材料的含水率，称为平衡含水率。平衡含水率并不是固定不变的，它随环境中的温度和湿度的变化而改变。当材料吸水达到饱和状态时的含水率即为吸水率。

4. 耐水性

材料长期在饱和水作用下不破坏，其强度也不显著降低的性质称为耐水性。材料的耐水性用软化系数表示。可按下式计算：

$$K_{软} = \frac{f_{饱}}{f_{干}} \qquad\qquad (1\text{-}12)$$

式中　　$K_{软}$——材料的软化系数；

　　　　$f_{饱}$——材料在水饱和状态下的抗压强度（MPa）；

　　　　$f_{干}$——材料在干燥状态下的抗压强度（MPa）。

软化系数的大小，表明材料浸水后强度降低的程度，一般波动在 0~1 之间。软化系数越小，说明材料吸水饱和后的强度降低越多，所以耐水性越差。软化系数大于 0.80 的材料，通常可以认为是耐水的材料。

5. 抗渗性

材料抵抗压力水渗透的性质，称为抗渗性（或不透水性）。可用渗透系数 K 表示。达西定律表明，在一定时间内，透过材料试件的水量与试件的断面面积及水头差（液压）成正比，与试件的厚度成反比，即：

$$W = K\frac{h}{d}At \quad 或 \quad K = \frac{Wd}{Ath} \qquad\qquad (1\text{-}13)$$

式中　　K——渗透系数（cm/h）；

　　　　W——透过材料试件的水量（cm^3）；

　　　　A——透水面积（cm^2）；

　　　　t——透水时间（h）；

　　　　h——静水压力水头（cm）；

　　　　d——试件厚度（cm）。

渗透系数反映了材料抵抗压力水渗透的性质，渗透系数越大，材料的抗渗性越差。

对于混凝土和砂浆材料，抗渗性常用抗渗等级（Pn）表示。

6. 抗冻性

材料在吸水饱和状态下，能经受多次冻结和融化作用而不破坏，同时也不严重降低强度的性质，称为抗冻性。有些建筑材料，如混凝土常用抗冻等级（Fn）表示。试件在规定的标准试验条件下，经一定次数的冻融循环后，强度降低不超过规定数值，也无明显损坏和剥落，则此冻融循环次数即为抗冻等级。冻融循环次数越多、抗冻等级越高，材料的抗冻性越好。

五、材料的热性质

在建筑中，建筑材料除了须满足必要的强度及其他性能的要求外，为了节约建筑物的使用能耗，以及为生产和生活创造适宜的条件，常要求材料具有一定的热性质，以维持室内温度。常考虑的热性质有材料的热导性、热容量和热变形性等。

1. 热导性

材料传导热量的能力，称为热导性。材料导热能力的大小用热导率 λ 表示。热导率在数值上等于厚度为 1m 的材料，当其相对两侧表面的温度差为 1K 时，在单位时间 1s 内通过单位面积 $1m^2$ 的热量。可用下式表示：

$$\lambda = \frac{Q\delta}{At(T_2 - T_1)} \tag{1-14}$$

式中　λ——热导率[W/(m·K)]；

　　　　Q——传导的热量（J）；

　　　　A——热传导面积（m^2）；

　　　　δ——材料厚度（m）；

　　　　t——热传导时间（s）；

$T_2 - T_1$——材料两侧温差（K）。

材料的热导率越小，绝热性能越好。热导率与材料内部孔隙构造有密切关系。由于密闭空气的热导率很小[$\lambda = 0.023$W/(m·K)]，所以，材料的孔隙率较大者其热导率较小，但如孔隙粗大而贯通，由于对流作用的影响，材料的热导率反而增高。材料受潮或受冻后，其热导率会大大提高。这是由于水和冰的热导率比空气的热导率高很多[分别为 0.58W/(m·K) 和 2.20W/(m·K)]。因此，绝热材料应经常处于干燥状态，以利于发挥材料的绝热效能。

2. 比热容

材料加热时吸收热量，冷却时放出热量的性质，称为热容量。热容量大小用比热容（也称为热容量系数）表示。比热容表示 1g 材料，温度升高 1K 时所吸收的热量，或降低 1K 时放出的热量。材料吸收或放出热量和比热可由下式计算：

$$Q = cm(T_2 - T_1) \tag{1-15}$$

$$c = \frac{Q}{m(T_2 - T_1)} \tag{1-16}$$

式中　Q——材料吸收或放出的热量（J）；

　　　　c——材料的比热容[J/(g·K)]；

　　　　m——材料的质量（g）；

$T_2 - T_1$——材料受热或冷却前后的温差（K）。

比热容是反映材料的吸热或放热能力大小的物理量。不同材料的比热容不同，即使是同一种材料，由于所处物态不同，比热容也不同。例如，水的比热容为 4.186 J/(g·K)，而结冰后比热容则是 2.093J/(g·K)。

材料的比热容对保持建筑物内部温度稳定有很大意义，比热容大的材料，能在热流变动或采暖设备供热不均匀时，缓和室内的温度波动。

3. 热变形性

材料的热变形性，是指材料在温度变化时其尺寸的变化，一般材料均具有热胀冷缩这一属性。材料的热变形性，常用长度方向变化的线膨胀系数表示，计算公式如下：

$$\alpha = \frac{\Delta L}{L(T_2 - T_1)} \tag{1-17}$$

式中　α——线膨胀系数（1/K）；

L——材料原来的长度（mm）；

ΔL——材料的线变形量（mm）；

$T_2 - T_1$——材料在升、降温前后的温度差（K）。

第二节 材料的力学性质

材料的力学性质，主要是指材料在外力（荷载）作用下，有关抵抗破坏和变形的能力的性质。

一、材料的强度、比强度

材料在外力（荷载）作用下抵抗破坏的能力称为强度。材料的强度即材料内部抵抗破坏的极限应力。

材料在建筑物上所受的外力，主要有拉力、压力、弯曲及剪力等。材料抵抗这些外力破坏的能力，分别称为抗压、抗拉、抗弯（抗折）和抗剪等强度。这些强度一般是通过静力试验来测定的，因而总称为静力强度。

材料的静力强度，实际上只是在特定条件下测定的强度值。为了使试验结果比较准确而且具有互相比较的意义，每个国家都规定有统一的标准试验方法。测定材料强度时，必须严格按照标准试验方法进行。

抗压、抗拉或抗剪强度按下式计算：

$$f = \frac{F}{A} \qquad (1-18)$$

式中 f——材料的强度（MPa）；

　　　F——破坏荷载（N）；

　　　A——受荷面积（mm²）。

抗折强度等于试件所受最大弯矩除以该截面的抗弯模量，当跨距为 l、两端简支、跨中受一集中荷载 F 时，抗折强度按下式计算：

$$f_{tm} = \frac{3FL}{2bh^2} \qquad (1-19)$$

式中 F——破坏荷载（N）；

　　　L——跨度（mm）；

　　　b——矩形截面宽度（mm）；

　　　h——矩形截面高度（mm）。

为了对不同的材料强度进行比较，可以采用比强度。比强度是按单位质量计算的材料强度，其值等于材料的强度与其表观密度的比，它是衡量材料轻质高强的一个主要指标。

二、材料的弹性与塑性

材料在外力作用下产生变形，当外力取消后，材料变形即可消失并能完全恢复原来形状的性质，称为弹性。这种能够完全恢复的变形称为弹性变形，具有这种性质的材料称为弹性体。这种变形属于可逆变形，其数值的大小与外力成正比，其比例系数 E，称为弹性模量。在弹性变形范围内，弹性模量 E 为常数，其值等于应力 σ 与应变 ε 的比值，即：

$$E = \frac{\sigma}{\varepsilon} \tag{1-20}$$

式中　σ——材料的应力（MPa）；

　　　ε——材料的应变；

　　　E——材料的弹性模量（MPa）。

弹性模量是衡量材料抵抗变形能力的一个指标，E 越大，材料越不易变形。

材料在外力作用下产生变形，如果取消外力，仍保持变形后的形状、尺寸，并且不产生裂缝的性质，称为塑性。这种不能消失的变形，称为塑性变形（或永久变形）。

许多材料受力不大时，仅产生弹性变形；受力超过一定限度后，即产生塑性变形（如建筑钢材）。有的材料在受力时，弹性变形和塑性变形同时产生，如果取消外力，则弹性变形可以消失，而其塑性变形则不能消失（如混凝土）。

三、材料的脆性和韧性

材料受外力作用时不产生塑性变形，当外力达到一定限度后突然破坏，材料的这种性质称为脆性。具有这种性质的材料，称为脆性材料。

材料在冲击、振动荷载作用下，能够吸收较大的能量，同时能产生一定的变形而不致破坏的性质，称为韧性（或冲击韧性）。

四、材料的硬度、耐磨性

硬度是材料表面能抵抗其他较硬物体压入或刻划的能力。

常用的硬度测量方法有刻划法和压入法。

刻划法即用硬度不同的材料对被测材料的表面进行刻划，按刻划材料的硬度递增分为 10 个等级，依次为滑石、石膏、方解石、萤石、磷灰石、正长石、石英、黄玉、刚玉、金刚石，该方法用于测定天然矿物的硬度。

压入法测得的是布氏硬度值，将硬物压入材料表面，用压力除以压痕面积所得到的值称为布氏硬度值。

耐磨性是材料表面抵抗磨损的能力，常用磨损率表示。

$$N = \frac{m_1 - m_2}{A} \tag{1-21}$$

式中　N——磨损率（g/cm^2）；

m_1、m_2——材料磨损前、后的质量（g）；

　　　A——材料的受磨面积（cm^2）。

第三节　材料的耐久性

耐久性指材料在长期使用过程中，在环境因素作用下能保持不变质、不破坏，能长久地保持原有性能的性质。

耐久性是材料的一种综合性质的评述，诸如抗冻性、抗风化性、耐化学腐蚀性能，均属于耐久性的范围。此外，材料的强度、抗渗性、耐磨性等也与材料的耐久性有密切关系。材料在使用过程中，除受到各种外力的作用外，还长期受到周围环境和各种自然因素的破坏作用。这些破坏作用一般可分为物理作用、化学作用及生物作用等。

物理作用包括材料的干湿变化、温度变化及冻融变化等。这些变化可引起材料的收缩和膨胀，长时期或反复作用会使材料逐渐破坏。

化学作用包括酸、碱、盐等物质的水溶液及气体对材料产生的侵蚀作用，使材料产生质的变化而破坏。

生物作用是昆虫、菌类等对材料所产生的蛀蚀、腐朽等破坏作用。如木材及植物纤维材料的腐烂等。

为了提高材料的耐久性，以利于延长建筑物的使用寿命和减少维修费用，可根据使用情况和材料特点，采取相应的措施。如设法减轻大气或周围介质对材料的破坏作用（降低湿度、排除侵蚀性物质等），提高材料本身对外界作用的抵抗能力（提高材料的密实度、采取防腐措施等），也可用其他材料保护主体材料免受破坏（覆面、抹灰、刷涂料等）。

第二章　气硬性无机胶凝材料

凡在一定条件下，经过自身的一系列物理、化学作用后，能将散粒或块状材料粘结成为具有一定强度的整体的材料，统称为胶凝材料。

胶凝材料根据化学成分分为无机胶凝材料和有机胶凝材料两大类。无机胶凝材料根据硬化条件不同，分为气硬性无机胶凝材料和水硬性无机胶凝材料。

气硬性无机胶凝材料只能在空气中凝结硬化，保持并发展其强度，如石灰、石膏、菱苦土、水玻璃等。气硬性胶凝材料在水中不能硬化，也就不具有强度。其已硬化并具有强度的制品在水的长期作用下，强度会显著下降以致破坏。这类材料一般只适用于地上或干燥环境中，而不宜用于潮湿环境中，更不可用于水中。

水硬性胶凝材料既能在空气中硬化，又能很好地在水中硬化，保持并继续发展其强度，如各种水泥，它们既适用于地上工程，也适用于地下或水中工程。本章主要介绍气硬性胶凝材料。

第一节　石　膏

石膏是一种以硫酸钙为主要成分的气硬性胶凝材料，它有着悠久的发展历史，并具有良好的建筑性能（如质轻、耐火、隔声、绝热等），在建筑材料领域中得到了广泛的应用，特别是在石膏制品方面发展较快。常用的石膏胶凝材料有建筑石膏、高强石膏、无水石膏水泥、高温煅烧石膏等。

一、石膏胶凝材料的生产

生产石膏胶凝材料的原料主要是天然二水石膏（$CaSO_4 \cdot 2H_2O$，又称软石膏或生石膏），还有天然无水石膏（$CaSO_4$，又称硬石膏），以及含 $CaSO_4 \cdot 2H_2O$ 或 $CaSO_4 \cdot 2H_2O$ 与 $CaSO_4$ 混合物的化工副产品。

石膏胶凝材料的生产，通常是将原料（二水石膏）在不同压力和温度下煅烧、脱水，再经磨细而成的。同一种原料，在不同的煅烧条件下，所得产品的结构、性质、用途也各不相同。现简述如下：

将天然二水石膏在常压下加热至 65℃时，$CaSO_4 \cdot 2H_2O$ 开始脱水，在 107～170℃时，成为 β 型半水石膏 $CaSO_4 \cdot 1/2H_2O$（即建筑石膏，又称熟石膏）。反应式为：

$$CaSO_4 \cdot 2H_2O \longrightarrow CaSO_4 \cdot 1/2H_2O + 3/2H_2O$$

若在具有 0.13MPa、124℃过饱和蒸汽条件下的蒸压釜中蒸炼，得到的是 α 型半水石膏（即高强石膏），它比 β 型半水石膏晶体要粗，调制成可塑性浆体的需水量少，其制品硬化后密实度大，强度较高。

当加热温度为 170～200℃时，脱水加速，半水石膏变为结构基本相同的脱水半水石膏，而后成为可溶性硬石膏，它与水调和后仍能很快凝结硬化；当温度升至 250℃时，石膏中只残留很少的水分；当温度超过 400℃时，完全失去水分，形成不溶性硬石膏，也称死烧石膏，它难溶与水，失去凝结硬化的能力；温度继续升高超过 800℃时，部分石膏分解出氧化钙，使产物又具有凝结硬化的能力，这种产品称为煅烧石膏（过烧石膏）。

二、建筑石膏的凝结硬化

建筑石膏与适量的水混合，最初形成可塑浆体，但浆体很快失去塑性，并产生强度而发展成为坚硬的固体。这个过程实为 β 型半水石膏重新水化放热生成二水石膏的化合反应过程。其反应式如下：

$$CaSO_4 \cdot 1/2H_2O + 3/2H_2O \longrightarrow CaSO_4 \cdot 2H_2O$$

半水石膏在水中发生溶解，并很快形成饱和溶液，溶液中的半水石膏与水化合，生成二水石膏。由于二水石膏在水中的溶解度比半水石膏小得多（仅为半水石膏溶解度的 1/5），所以半水石膏的饱和溶液对二水石膏来说，就成了过饱和溶液，因此，二水石膏从饱和溶液中以胶体微粒析出，这样，促进了半水石膏不断地溶解和水化，直到半水石膏完全溶解。在这个过程中，浆体中的游离水分逐渐减少，二水石膏胶体微粒不断增加，浆体稠度增大，可塑性逐渐降低，此时称之为"凝结"；随着浆体继续变稠，胶体微粒逐渐凝聚成为晶体，晶体逐渐长大、共生并相互交错，使浆体产生强度，并不断增长，这个过程称为"硬化"。实际上，石膏的凝结和硬化是一个连续的、复杂的物理化学变化过程。

三、建筑石膏的技术性质

建筑石膏是一种白色粉末状的气硬性胶凝材料，密度为 2.60～2.75g/cm³，堆积密度为 800～1000kg/m³。建筑石膏的技术性质包括如下几个方面：

1. 凝结硬化快

建筑石膏凝结硬化速度快，它的凝结时间随煅烧温度、磨细程度和杂质含量等情况的不同而不同。一般情况下，与水拌合后，在常温下数分钟即可初凝，30min 以内即可达终凝。在室内自然干燥条件下，约一周时间可完全硬化。凝结时间可按要求进行调整，若要延缓凝结时间，可掺入缓凝剂，以降低半水石膏的溶解度和溶解速度，如亚硫酸盐酒精废液、硼砂等；若要加速建筑石膏的凝结，则可掺入促凝剂，如氯化钠、氯化镁、硫酸钠、硫酸镁、氟硅酸钠等。

2. 硬化时体积微膨胀

建筑石膏在凝结硬化过程中，体积略有膨胀，硬化时不出现裂缝，所以可不掺加填料而单独使用，并可很好地填充模型。硬化后的石膏，表面光滑，颜色洁白，其制品尺寸准确，轮廓清晰，可锯可钉，具有很好的装饰性。

3. 硬化后孔隙率较大，表观密度和强度较低

建筑石膏的水化，理论需水量只占半水石膏质量的 18.6%，但实际上，为使石膏浆体具有一定的可塑性，往往需加水 60%～80%，多余的水分在硬化过程中逐渐蒸发，使硬化后的石膏留有大量的孔隙，一般孔隙率约为 50%～60%，因此，建筑石膏硬化后，强度较低，表观密度较小，导热性较低，吸声性较好。

4. 防火性能良好

石膏硬化后的结晶物 $CaSO_4 \cdot 2H_2O$ 遇到火烧时，结晶水蒸发，吸收热量并在表面生成具有良好绝热性的无水物，起到阻止火焰蔓延和温度升高的作用，所以，石膏有良好的抗火性。

5. 具有一定的调温、调湿作用

建筑石膏的热容量大，吸湿性强，故能对室内温度和湿度起到一定的调节作用。

6. 耐水性、抗冻性和耐热性差

建筑石膏硬化后，具有很强的吸湿性和吸水性，在潮湿的环境中，晶体间的粘结力削弱，强度明显降低，在水中，晶体还会溶解而引起破坏，在流动的水中，破坏更快；若石膏吸水后受冻，则孔隙内的水分结冰，产生体积膨胀，使硬化后的石膏体破坏。所以，石膏的耐水性和抗冻性均较差。此外，若在温度过高的环境中使用（超过 65℃），二水石膏会脱水分解，造成强度降低。因此，建筑石膏不宜用于潮湿和温度过高的环境中。

7. 储存及保质期

建筑石膏在贮运过程中，应防止受潮及混入杂物。不同等级的建筑石膏，应分别贮运；不得混杂，一般储存期为 3 个月，超过 3 个月，强度将降低 30% 左右。超过储存期限的石膏应重新进行质量检验，以确定其等级。

8. 技术标准

根据 GB/T 9776—2008 规定，建筑石膏按强度、细度、凝结时间指标分为 3.0、2.0 和 1.0 三个等级，见表 2-1。其中，抗折强度和抗压强度为试样与水接触后 2h 测得的。

建筑石膏的技术指标 表 2-1

等 级	细度(0.2mm 方孔筛筛余)（%）	凝结时间（min）		2h 强度（MPa）	
		初 凝	终 凝	抗 折	抗 压
3.0				≥3.0	≥6.0
2.0	≤10	≥3	≤30	≥2.0	≥4.0
1.0				≥1.0	≥3.0

四、建筑石膏的应用

建筑石膏具有许多优良的性能，在建筑中的应用十分广泛，一般制成石膏抹面灰浆用于内墙装饰；可用来制作各种石膏板、各种建筑艺术配件及建筑装饰、彩色石膏制品等。另外，石膏作为重要的外加剂，广泛应用于水泥、水泥制品及硅酸盐制品。

1. 室内抹灰及粉刷

石膏洁白细腻，用于室内抹灰、粉刷，具有良好的装饰效果。经石膏抹灰后的墙面、顶棚，还可直接涂刷涂料、粘贴壁纸等。

2. 石膏板材

目前应用较多的是在建筑石膏中掺入填料，加工后制成具有不同功能的复合石膏板材。石膏板具有轻质、保温绝热、吸声、不燃和可锯可钉等性能，还可调节室内温湿度，而且原料来源广泛，工艺简单，成本低，是一种良好的建筑功能材料，也是目前着重发展的轻质板材之一。

目前我国生产的石膏板类型主要有纸面石膏板、空心石膏板、纤维石膏板、装饰石膏板及石膏吸音板。

3. 装饰制品

建筑石膏配以纤维增强材料、胶粘剂等还可制成石膏角线、线板、角花、灯圈、罗马柱、雕塑等艺术装饰石膏制品。

第二节　石　灰

石灰一般是不同化学组成和物理形态的生石灰、消石灰、水硬性石灰的统称。石灰是建筑上最早使用的胶凝材料之一，因其原材料分布广泛，生产工艺简单，成本低廉，使用方便，所以一直得到广泛使用。

一、生石灰的生产

生石灰是将以碳酸钙为主要成分的原料，在低于烧结温度下煅烧所得的产物（CaO）。生产生石灰的原料有天然石灰石、白垩、白云质石灰石等，以及一些化工副产品，这些原料主要含 $CaCO_3$，及少量 $MgCO_3$、SiO_2、Al_2O_3 等杂质。其煅烧反应式如下：

$$CaCO_3 \xrightarrow{900\sim1000℃} CaO + CO_2 \uparrow$$

生石灰是一种白色或灰色的块状物质，因石灰原料中常含有一些碳酸镁成分，所以煅烧生成的生石灰中，也相应含有 MgO 的成分。按照我国建材行业标准《建筑生石灰》JC/T 479—92 的规定，MgO 含量≤5％时，称为钙质生石灰；MgO 含量＞5％时，称为镁质生石灰。若将块状生石灰磨细，则可得到生石灰粉。

煅烧过程对石灰质量有很大影响。煅烧温度过低或时间不足，会使生石灰中残留有未分解的 $CaCO_3$，称为欠火石灰（生烧石灰），欠火石灰中 CaO 含量低，降低了质量等级和石灰的利用率；若煅烧温度超过烧结温度或煅烧时间过长，将生成颜色较深、密度较大的过烧石灰，它的表面常被黏土杂质融化形成的玻璃釉状物包覆，熟化很慢，使得石灰硬化后它仍继续熟化而产生体积膨胀，引起局部隆起和开裂而影响工程质量。所以，在生产过程中，应根据原材料的性质严格控制煅烧温度。

二、生石灰的消化

石灰使用前，一般先加水，使之消解为熟石灰，其主要成分为 $Ca(OH)_2$，这个过程称为石灰的熟化或消化。其反应式如下：

$$CaO + H_2O \longrightarrow Ca(OH)_2 + 64.9kJ$$

石灰熟化过程中，放出大量的热，使温度升高，而且体积要增大 1.0～2.0 倍。一般煅烧良好、氧化钙含量高、杂质少的生石灰，不但消化速度快，放热量大，而且体积膨胀也大。

工地上熟化石灰常用的方法有两种：石灰浆法和消石灰粉法。

1. 石灰浆法

将块状生石灰在化灰池中用过量的水（约为生石灰体积的 3～4 倍）熟化成石灰浆，然后通过筛网进入储灰坑。

生石灰熟化时，放出大量的热，使熟化速度加快，但温度过高且水量不足时，会造成 $Ca(OH)_2$ 凝聚在 CaO 周围，阻碍熟化进行，而且还会产生逆方向，所以要加入大量的水，并不断搅拌散热，控制温度不致过高。

生石灰中也常含有过火石灰。为了使石灰熟化得更充分，尽量消除过火石灰的危害，石灰浆应在储灰坑中存放两星期以上，这个过程称为石灰的陈伏。陈伏期间，石灰浆表面应保持有一层水，使之与空气隔绝，避免 $Ca(OH)_2$ 碳化。

石灰浆在储灰坑中沉淀后，除去上层水分，即可得到石灰膏。它是建筑工程中砌筑砂浆和抹面砂浆常用的材料之一。

2. 消石灰粉法

这种方法是将生石灰加适量的水熟化成消石灰粉。生石灰熟化成消石灰粉理论需水量为生石灰质量的 32.1％，由于一部分水分会蒸发掉，所以实际加水量较多（60％～80％），这样可使生石灰充分熟化，又不致过湿成团。

按照建材行业标准《建筑消石灰粉》（JC/T 481—92）规定，MgO≤4％的，称为钙质消石灰粉；4％≤MgO≤24％的，称镁质消石灰粉；24％＜MgO≤30％的，称为白云石消石灰粉。

三、石灰的硬化

石灰在空气中的硬化包括两个同时进行的过程：

1. 结晶作用

石灰浆在使用过程中，因游离水分逐渐蒸发和被砌体吸收，引起溶液某种程度的过饱和，使 $Ca(OH)_2$ 逐渐结晶析出，促进石灰浆体的硬化。

2. 碳化作用

$Ca(OH)_2$ 与空气中 CO_2 的作用，生成不溶解于水的碳酸钙晶体，析出的水分则逐渐被蒸发，其反应如下：

$$Ca(OH)_2 + CO_2 + nH_2O \longrightarrow CaCO_3 + (n+1)H_2O$$

这个过程称为碳化，形成的 $CaCO_3$ 晶体，使硬化石灰浆体结构致密，强度提高。

由于空气中 CO_2 的含量少，碳化作用主要发生在空气接触的表层上，而且表层生成的致密 $CaCO_3$ 膜层，阻碍了空气中 CO_2 进一步的渗入，同时也阻碍了内部水分向外蒸发，使 $Ca(OH)_2$ 结晶作用也进行得较慢，随着时间的增长，表层 $CaCO_3$ 厚度增加，阻碍作用更大，在相当长的时间内，仍然是表层为 $CaCO_3$，内部为 $Ca(OH)_2$。所以，石灰硬化是个相当缓慢的过程。

四、石灰的技术性质

1. 可塑性和保水性

生石灰熟化后形成的石灰浆，是一种表面吸附水膜的高度分散的 $Ca(OH)_2$ 胶体，它可以降低颗粒之间的摩擦，因此具有良好的可塑性，易铺摊成均匀的薄层，在水泥砂浆中加入石灰，可显著提高砂浆的可塑性和保水性。

2. 吸湿性强

生石灰吸湿性强，保水性好，是传统的干燥剂。

3. 凝结硬化慢，强度低

因石灰浆在空气中的碳化过程很缓慢，导致氢氧化钙和碳酸钙结晶的量少，其最终的强度也不高。

4. 体积收缩大

石灰浆在硬化过程中，由于水分的大量蒸发，引起体积收缩，使其开裂，因此，除调成石灰乳用作薄层涂刷外，不宜单独使用。工程上应用时，常在石灰中掺入砂、麻刀、纸筋等，以抵抗收缩引起的开裂和增加抗拉强度。

5. 耐水性差

石灰水化后的成分氢氧化钙能溶于水，若长期受潮或被水浸泡，会使已硬化的石灰溃散，所以石灰不宜在潮湿的环境中使用。

6. 储存与运输

生石灰在空气中放置时间过长，会吸收水分而熟化成消石灰粉，再与空气中的二氧化碳作用形成失去胶凝能力的碳酸钙粉末，而且熟化时要放出大量的热，并产生体积膨胀，所以，石灰在储存和运输过程中，要防止受潮，并不宜长期储存，运输时，不准与易燃、易爆和液体物品混装，并要采取防水措施，注意安全。最好到工地或处理现场后马上进行熟化和陈伏处理，使储存期变为陈伏期。

7. 技术标准

建筑工程中所用的石灰分成三个品种：建筑生石灰、建筑生石灰粉和建筑消石灰粉。根据建材行业标准，可将其各分成三个等级，相应的技术标准见表 2-2、表 2-3、表 2-4。

建筑生石灰的技术标准 表 2-2

项　　目	钙质生石灰			镁质生石灰		
	优等品	一等品	合格品	优等品	一等品	合格品
CaO＋MgO 含量（％，不小于）	90	85	80	85	80	75
未消化残渣含量(5mm 圆孔筛筛余,％,不大于)	5	10	15	5	10	15
CO_2 不大于（％，不大于）	5	7	9	6	8	10
产浆量（L/kg，不大于）	2.8	2.3	2.0	2.8	2.3	2.0

建筑生石灰粉的技术标准 表 2-3

项　　目	钙质生石灰			镁质生石灰		
	优等品	一等品	合格品	优等品	一等品	合格品
CaO＋MgO 含量（％，≥）	85	80	75	80	75	70
CO_2 含量（％，≤）	7	9	11	8	10	12
细度：0.90mm 筛的筛余（％，≤）	0.2	0.5	1.5	0.2	0.5	1.5
细度：0.125mm 筛的筛余（％，≤）	7.0	12.0	18.0	27.0	12.0	18.0

项　目	钙质消石灰粉			镁质消石灰粉			白云石消石灰粉		
	优等品	一等品	合格品	优等品	一等品	合格品	优等品	一等品	合格品
CaO+MgO 含量（%，≥）	70	65	60	65	60	55	65	60	55
游离水（%）	0.4～2	0.4～2	0.4～2	0.4～2	0.4～2	0.4～2	0.4～2	0.4～2	0.4～2
体积安定性	合格	合格	—	合格	合格	—	合格	合格	—
细度：0.90mm 筛 筛余（%，≤）	0	0	0.5	0	0	0.5	0	0	0.5
细度：0.125mm 筛 筛余（%，≤）	3	10	15	3	10	15	3	10	15

五、石灰的应用

1. 配制石灰砂浆和石灰乳涂料

用石灰膏和砂或麻刀、纸筋制成的石灰砂浆、麻刀灰、纸筋灰广泛用作内墙、顶棚的抹面砂浆。用石灰膏和水泥、砂配制成的混合砂浆通常作墙体砌筑或抹灰之用。由石灰膏稀释成的石灰乳常用作内墙和顶棚的粉刷涂料。

2. 配制灰土和三合土

石灰与黏土按一定比例拌合，可制成石灰土，或与黏土、砂石、炉渣等填料拌制成三合土，经夯实后的灰土或三合土广泛用作建筑物的基础、路面或地面的垫层，其强度和耐水性比单用石灰和黏土都高。其原因是黏土颗粒表面的少量活性氧化硅、氧化铝与石灰起反应，生成水化硅酸钙和水化铝酸钙等不溶于水的水化矿物的缘故。另外，石灰改善了黏土的可塑性，在强力夯打下密实度提高，也是其强度和耐水性改善的原因之一。

3. 制作碳化石灰板

碳化石灰板是将磨细生石灰、纤维状填料（如玻璃纤维）或轻质骨料（如矿渣）搅拌、成型，然后经人工碳化而成的一种轻质板材。为了减小表观密度和提高碳化效果，多制成空心板。这种板材能锯、刨、钉，适宜制作非承重内墙板、天花板等。

4. 制作硅酸盐制品

磨细生石灰或消石灰粉与砂或粒化高炉矿渣、炉渣、粉煤灰等硅质材料经配料、混合、成型，再经常压或高压蒸汽养护，就可制得密实或多孔的硅酸盐制品，如灰砂砖、粉煤灰砖及砌块、加气混凝土砌块等。

5. 配制无熟料水泥

将具有一定活性的骨料（如粒化高炉矿渣、粉煤灰等），按适当比例与石灰配合，经共同磨细，可得到具有水硬性的胶凝材料，即为无熟料水泥。

第三节　菱　苦　土

菱苦土是一种白色或浅黄色的粉末，密度为 3.10～3.4g/cm³，堆积密度为 800～

$900kg/m^3$。主要成分是氧化镁（MgO），属镁质气硬性胶凝材料。

一、菱苦土的生产

菱苦土主要来源于天然菱镁矿（$MgCO_3$）。菱镁矿中的 $MgCO_3$ 一般在 400～750℃时开始分解，600～650℃时反应迅速进行。生产菱苦土时，煅烧温度常控制在 800～850℃左右。其反应式如下：

$$MgCO_3 \longrightarrow MgO + CO_2 \uparrow$$

煅烧得到的块状产物经磨细后，即可得到菱苦土。此外，将白云石（$MgCO_3 \cdot CaCO_3$）在 650～750℃温度下煅烧，可生成以 MgO 和 $CaCO_3$ 的混合物为主的苛性白云石，它也属于镁质胶凝材料，性质和用途与菱苦土相似。

二、菱苦土的水化硬化

菱苦土在加水拌合时，MgO 发生水化反应，生成 $Mg(OH)_2$，并放出大量的热：

$$MgO + H_2O \longrightarrow Mg(OH)_2$$

用水调和的浆体，凝结硬化很慢，硬化后的强度也很低。所以经常使用调和剂，以加速其硬化过程的进行，最常用的调和剂是氯化镁溶液，也可以使用硫酸镁（$MgSO_4 \cdot 7H_2O$）、氯化铁（$FeCl_3$）或硫酸亚铁（$FeSO_4 \cdot H_2O$）等盐类的溶液。用氯化镁溶液调和时，反应生成的氧氯化镁（$xMgO \cdot yMgCl_2 \cdot zH_2O$）和 $Mg(OH)_2$ 从溶液中逐渐析出，并凝聚结晶，水化产物呈针状结晶，彼此交错搭接，并相互连生、长大，形成致密的结构，使浆体凝结硬化。若提高反应温度，可使硬化加快。

三、菱苦土的应用

将菱苦土与木屑按一定比例配合，并用氯化镁溶液调拌，可制成菱苦土木屑地面。若掺入适量滑石粉、石英砂、石屑等，可提高地面的强度和耐磨性；若掺加适量的活性混合材料（如粉煤灰），可提高其耐水性；若掺加耐碱矿物颜料，可将地面着色。地面硬化干燥后，常涂刷干性油，并用地板蜡打光。这种地面具有一定的弹性，且有防爆、防火、导热性小、表面光洁、不起灰、摩擦冲击噪声小等特点，宜用于室内场所、车间等处。

用上述方法也可生产出各种菱苦土木屑板材。另外，将刨花、木丝等纤维状的有机材料与调制好的菱苦土混合，经加压成型、硬化后，可制成多种刨花板和木丝板。这类板材具有良好的装饰性和绝热性，建筑上常用作内墙板、天花板、门窗框和楼梯扶手等。用氯化镁调制好菱苦土加入发泡剂等材料，还可制成多孔轻质的绝热材料。

第四节 水 玻 璃

水玻璃俗称泡花碱，是一种碱金属硅酸盐。根据其含碱金属氧化物种类的不同，分为硅酸钠水玻璃和硅酸钾水玻璃等，以硅酸钠水玻璃最为常用。

一、水玻璃的原料及生产

目前生产水玻璃的主要方法是以纯碱和石英砂（或石英粉）为原料，将其磨细拌匀后，在1300～1400℃的熔炉中熔融，经冷却后生成块状或粒状的固体水玻璃，其反应式如下：

$$Na_2CO_3 + nSiO_2 \longrightarrow Na_2O \cdot nSiO_2 + CO_2 \uparrow$$

将固体水玻璃加水溶解，即可得到液体水玻璃，其溶液具有碱性溶液的性质。纯净的水玻璃应为无色透明液体，因含杂质而常呈青灰或黄绿等颜色。

二、水玻璃的硬化

液体水玻璃吸收空气中的二氧化碳，形成无定形硅酸凝胶，并逐渐干燥而硬化。而在表面上覆盖一层致密的碳酸钠薄膜。

$$Na_2O \cdot nSiO_2 + CO_2 + mH_2O \longrightarrow Na_2CO_3 + nSiO_2 \cdot mH_2O$$

水玻璃的硬化过程进行得很慢，可达几星期以上或更久。使用过程中，常将水玻璃加热或掺加促硬剂，以加快水玻璃的硬化速度。最常用的促硬剂为氟硅酸钠（Na_2SiF_6）等，掺入后会加速硅酸凝胶的析出，从而促进水玻璃的硬化。

三、水玻璃的技术性质

水玻璃（$Na_2O \cdot nSiO_2$）的组成中，氧化硅和氧化钠的分子比（$n = SiO_2/Na_2O$）为水玻璃的模数，n值一般在1.5～3.5之间，它的大小决定着水玻璃的品质及其应用性能。模数低的固体水玻璃易溶于水，当n为1时，能溶于常温水中；n为1～3时，只能在热水中溶解；n大于3时，要在0.4MPa以上的蒸汽中才能溶解。模数低的水玻璃，晶体组分较多，粘结能力较差，模数升高，胶体组分相应增加，粘结能力增大。

水玻璃除了具有良好的粘结性能外，还具有很强的耐酸腐蚀性，能抵抗多数无机酸、有机酸的侵蚀性气体的腐蚀。水玻璃硬化时析出的硅酸凝胶还能堵塞材料的毛细孔隙，起到阻止水分渗透的作用。另外，水玻璃还具有良好的耐热性能，在高温下不分解，强度不降低，甚至有所增加。

四、水玻璃的应用

1. 配制耐酸砂浆和混凝土

水玻璃具有很高的耐酸性，以水玻璃为胶结材料，加入促硬剂和耐酸粗、细骨料，可配制成耐酸砂浆或耐酸混凝土。用于耐腐蚀工程，如铺砌的耐酸块材，浇筑地面、整体面层、设备基础等。

2. 配制耐热砂浆和混凝土

水玻璃耐热性能好，能长期承受一定的高温作用而强度不降低，用它与促硬剂及耐热骨料等可配制耐热砂浆或耐热混凝土，用于耐热工程中。

3. 用于土壤加固

将模数为2.5～3的液体水玻璃和氯化钙交替压入地下，由于两种溶液发生化学反应，析出硅酸胶体，将土壤包裹并填实其孔隙，可阻止水分的渗透，使土壤固结，因而提高地基的承载力。

4. 涂刷或浸渍材料

将液体水玻璃直接涂刷在建筑物表面，可提高抗风化能力和耐久性。而以水玻璃浸渍多孔材料，可使它的密实度、强度、抗渗性均得到提高。

5. 修补裂缝、堵漏

将液体水玻璃、粒化矿渣粉、砂和氟硅酸钠按一定比例配合成砂浆，直接压入砖墙裂缝内，可起到粘结和增强的作用。在水玻璃中加入各种矾类的溶液，可配制成防水剂，能快速凝结硬化，适用于堵漏填缝等局部抢修工程。

第三章 水 泥

　　水泥是重要的建筑材料之一。水泥加水拌合后，经过物理化学反应过程，由可塑性浆体变为坚硬的石状体，它不仅能在空气中硬化，而且能更好地在水中硬化，保持并继续发展其强度，因此，水泥属于水硬性胶凝材料。

　　根据《水泥的命名、定义和术语》（GB/T 4131—97）的规定，用于一般土木建筑工程的水泥为通用水泥，如硅酸盐水泥、矿渣硅酸盐水泥等；适应专门用途的水泥称为专用水泥，如中、低热水泥、道路水泥、砌筑水泥等；具有某种性能比较突出的水泥称为特性水泥，如快硬硅酸盐水泥、抗硫酸盐水泥、膨胀水泥等。水泥按其主要水硬性矿物名称又可分为：硅酸盐水泥、铝酸盐水泥、硫铝酸盐水泥等。虽然水泥品种繁多，分类方法各异，但我国水泥产量的90％左右属以硅酸盐为主要水硬性矿物的硅酸盐水泥。

第一节·通 用 水 泥

　　我们通常所说的通用水泥，包括硅酸盐水泥、普通硅酸盐水泥、矿渣硅酸盐水泥、火山灰质硅酸盐水泥、粉煤灰硅酸盐水泥、复合硅酸盐水泥等。上述各品种常用水泥的组成范围见表 3-1。

我国常用水泥品种与组成（％）　　　　　　　　　　表 3-1

品　种	代　号	组　　分				
		熟料＋石膏	粒化高炉矿渣	火山灰质混合材料	粉煤灰	石灰石
硅酸盐水泥	P·Ⅰ	100	—	—	—	—
	P·Ⅱ	≥95	≤5	—	—	—
		≥95	—	—	—	≤5
普通硅酸盐水泥	P·O	≥80 且＜95	＞5 且≤20[a]			
矿渣硅酸盐水泥	P·S·A	≥50 且＜80	＞20 且≤50[b]	—	—	—
	P·S·B	≥30 且＜50	＞50 且≤70[b]	—	—	—
火山灰质硅酸盐水泥	P·P	≥60 且＜80	—	＞20 且≤40[c]	—	—
粉煤灰硅酸盐水泥	P·F	≥60 且＜80	—	—	＞20 且≤40[d]	—
复合硅酸盐水泥	P·C	≥50 且＜80	＞20 且≤50[e]			

　　[a] 本组分材料为符合《通用硅酸盐水泥》（GB 175—2007）第 5.2.3 条的活性混合材料，其中允许用不超过水泥质量 8％且符合《通用硅酸盐水泥》（GB 175—2007）第 5.2.4 条的非活性混合材料或不超过水泥质量 5％且符合《通用硅酸盐水泥》（GB 175—2007）第 5.2.5 条的窑灰代替。

　　[b] 本组分材料为符合 GB/T 203 或 GB/T 18046 的活性混合材料，其中允许用不超过水泥质量 8％且符合《通用硅酸盐水泥》（GB 175—2007）第 5.2.3 条的活性混合材料或符合《通用硅酸盐水泥》（GB 175—2007）第 5.2.4 条的非活性混合材料或符合《通用硅酸盐水泥》（GB 175—2007）第 5.2.5 条的窑灰中的任一种材料代替。

　　[c] 本组分材料为符合 GB/T 2847 的活性混合材料。

　　[d] 本组分材料为符合 GB/T 1596 的活性混合材料。

　　[e] 本组分材料为由两种（含）以上符合《通用硅酸盐水泥》（GB 175—2007）第 5.2.3 条的活性混合材料或/和符合《通用硅酸盐水泥》（GB 175—2007）第 5.2.4 条的非活性混合材料组成，其中允许用不超过水泥质量 8％且符合《通用硅酸盐水泥》（GB 175—2007）第 5.2.5 条的窑灰代替。掺矿渣时混合材料掺量不得与矿渣硅酸盐水泥重复。

一、水泥生产工艺

水泥的生产工艺过程如下：将石灰质原料（如石灰石等）与黏土质原料（如黏土、页岩等）按适当的比例配合，有时为了改善烧成反应过程，还加入适量的铁矿粉和矿化剂，将配合好的原材料在磨机中磨成生料，然后将生料入窑煅烧成熟料。熟料配以适量的石膏，或根据水泥品种组成要求掺入混合材，入磨机磨至适当细度，即制成水泥成品。整个水泥生产工艺过程可概括为"两磨一烧"，如图 3-1 所示。

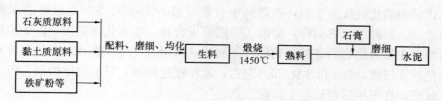

图 3-1　水泥生产工艺流程示意图

二、水泥基本组成

1. 熟料基本组成与特性

通过高温煅烧得到的硅酸盐水泥熟料，就其化学成分与生料相比没有太大的变化，但是其中的氧化钙、氧化硅、氧化铝和氧化铁等不再以单独的氧化物形式存在，而是在煅烧过程中发生一系列复杂的物理化学反应，由两种或两种以上氧化物反应生成的多矿物集合体，其主要成分是硅酸钙，还有一部分为铝酸钙和铁铝酸钙，这些矿物成分以细小的结晶状态存在，质地比较坚硬，晶粒尺寸大约为 30～60μm。因此，水泥熟料是一种多矿物组成的结晶细小的人造岩石。烧成后水泥熟料的矿物成分除了与生料的化学成分有关之外，还受煅烧温度及其工艺控制的影响。通常硅酸盐水泥熟料的主要矿物成分及其所占比例见表 3-2。

硅酸盐水泥熟料的矿物组成成分名称、分子式及含量范围　　　　　　表 3-2

矿物组成名称	分子式	代　号	含量范围（%）
硅酸三钙	$3CaO \cdot SiO_2$	C_3S	45～65
硅酸二钙	$2CaO \cdot SiO_2$	C_2S	15～30
铝酸三钙	$3CaO \cdot Al_2O_3$	C_3A	7～15
铁铝酸四钙	$4CaO \cdot Al_2O_3 \cdot Fe_2O_3$	C_4AF	10～18

熟料中的硅酸三钙和硅酸二钙统称为硅酸盐矿物，占水泥熟料总量的 75% 左右；铝酸三钙和铁铝酸四钙称为溶剂型矿物，一般占水泥熟料总量的 18%～25%。

硅酸盐水泥熟料的主要矿物特性如下：

（1）硅酸三钙

硅酸三钙是硅酸盐水泥熟料中含量最多、对性能影响最主要的矿物，其含量通常为 50% 左右，有时甚至高达 60% 以上。纯的 C_3S 为白色，密度为 3.14～3.25g/cm³。在硅酸盐水泥中，硅酸三钙通常不以纯的形式存在，总是含有少量其他氧化物杂质，如氧化镁、氧化铝等形成固溶体，称为阿利特（Alite）或 A 矿。硅酸三钙加水调和后，与水反应较快，正常磨细的硅酸三钙颗粒加水后，28d 可水化 70%左右。硅酸三钙强度发展比较快，早期强度高，强度增进较大，28d 强度可达到一年强度的 70%～80%，是四种主要矿物中强度最高、含量最多的一种矿物。但水化放热量大，抗水性差，如果工程要求水泥的水化热低（例如大体积混凝土）、抗水性好，在煅烧时应控制烧成工艺，尽量减少硅酸三钙的生成量。

（2）硅酸二钙

由氧化钙和氧化硅反应生成，在熟料中含量一般为 20%左右，是硅酸盐水泥熟料的主要矿物之一。与硅酸三钙同样，硅酸二钙通常也含有一些氧化物杂质，以固溶物的形式存在，固溶有少量氧化物的硅酸二钙称为贝利特（Belite），简称为 B 矿。贝利特矿加水调和后，水化速度较慢，28d 仅水化 20%左右，凝结硬化较慢，早期强度较低。但 28d 以后强度增长较快，在一年后可以赶上硅酸三钙。

（3）中间相

填充在阿利特、贝利特之间的物质称为中间相，包括铝酸盐、铁酸盐、组成不定的玻璃体和含碱化合物。游离氧化钙、方镁石虽然有时会呈包裹体形式存在于阿利特、贝利特中，但通常分布在中间相里。中间相在熟料煅烧过程中，开始熔融成液相；冷却时部分液相结晶，部分液相来不及结晶而凝结成玻璃体。

1）铝酸钙

主要是铝酸三钙（C_3A），纯的铝酸三钙为无色晶体。水化反应速度快，放热量大，早期强度较高，3d 强度几乎接近最终强度，但强度的绝对值不高，3d 后强度几乎不再增长，甚至倒缩。铝酸三钙的干缩变形大，抗硫酸盐性能差。所以，如果水泥的使用环境有硫酸盐或为大体积工程，应控制铝酸三钙在较低的范围之内。

2）铁铝酸四钙

铁铝酸四钙又称为卡利特（Calite）矿或 C 矿。水化速度早期介于铝酸三钙和硅酸三钙之间，但后期发展不如硅酸三钙。早期强度类似于铝酸三钙，后期还能不断增长，类似于硅酸二钙。抗冲击性能和抗硫酸盐性能较好，水化热比铝酸三钙低。当铁铝酸四钙含量高时，熟料较难粉磨。在制造道路水泥、抗硫酸盐水泥和大体积工程用水泥时，适当提高铁铝酸四钙的含量是有利的。

3）玻璃体

在硅酸盐水泥熟料的煅烧过程中，熔融液相如能在平衡条件下冷却，则可全部结晶析出而不存在玻璃体。但在工厂生产条件下，熟料通常冷却较快，部分液相来不及结晶就成为玻璃体。玻璃体的主要成分为 Al_2O_3、Fe_2O_2、CaO，也有少量的 MgO、K_2O、Na_2O 等。

4）游离氧化钙

熟料经高温煅烧未被吸收，以游离状态存在的氧化钙，又称游离石灰，是一种有害成分。游离氧化钙相当于死烧状态的石灰，水化速度非常慢，水化生成氢氧化钙时，体积膨胀 97.9%，且放出大量的热量，在硬化水泥石内部造成局部膨胀应力。当含量超过 1%～2%时，就可能使水泥安定性不良。

5）游离氧化镁

游离氧化镁又称方镁石，是在生料煅烧时未被固溶于熟料矿物内，呈游离状态的氧化镁晶体。游离氧化镁比游离氧化钙更难水化，需几个月甚至几年时间才能水化。水化生成氢氧化镁晶体时，体积膨胀大约 1.5 倍，可使硬化水泥石结构破坏。因此，国家水泥标准规定其含量不得超过 5%。

6）三氧化硫

粉磨时掺入石膏带入三氧化硫。当石膏含量合适时，可以调节水泥的凝结时间，而且可提高水泥的性能；但掺量过大会影响水泥性能。国家标准规定硅酸盐水泥、普通硅酸盐水泥中三氧化硫含量不得超过 3.5%。

主要熟料矿物的特性归纳于表 3-3。

熟料矿物的基本特性 表 3-3

矿物	强度		水化热	耐化学侵蚀性	干缩
	早期	后期			
C_3S	高	高	中	中	中
C_2S	低	高	小	良	小
C_3A	高	低	大	差	大
C_4AF	低	低	小	优	小

2. 水泥混合材料

水泥混合材料通常分为活性混合材料和非活性混合材料两大类。

（1）活性混合材料

活性混合材料其主要成分是活性 SiO_2、Al_2O_3，单独与水拌合不具有水硬性，但是磨细后与石灰、石膏等拌合，具有化学活性，能生成胶凝性物质，且具有水硬性。水泥中常用的活性混合材料有：

1）粒化高炉矿渣

粒化高炉矿渣是炼铁高炉的熔融矿渣经水淬急冷形成的疏松颗粒，其粒径为 0.5～5mm。水淬粒化高炉矿渣物相组成大部分为玻璃体，具有较高的化学潜能，故在激发剂的作用下具有水硬性。

2）火山灰质混合材料

以活性 SiO_2 和活性 Al_2O_3 为主要成分的矿物质材料，叫做火山灰质混合材料。主要有天然的硅藻土、硅藻石、蛋白石、火山灰、凝灰岩以及烧黏土、煤矸石灰渣、粉煤灰、硅灰等。

3）粉煤灰

火力发电厂以煤粉为燃料，燃烧后排出的废渣叫做粉煤灰，属于火山灰质混合材料的一种。主要化学成分是活性 SiO_2 和活性 Al_2O_3，不仅具有化学活性，而且颗粒形貌大多为球形，掺入水泥中具有改善和易性，提高水泥石密实度的作用。

（2）非活性混合材料

磨细的石英砂、石灰石、慢冷矿渣等属于非活性混合材料。它们与水泥成分不起化学作用或化学作用很小。非活性混合材料掺入水泥中，仅起提高水泥产量、降低水泥强度等级、减少水化热等作用。

3. 石膏

一般水泥熟料磨成细粉与水拌合会产生速凝现象，掺入适量石膏，不仅可调节凝结时间，同时还能提高早期强度，降低干缩变形，改善耐久性、抗渗性能。对于掺混合材料的水泥，石膏还对混合材料起活性激发剂作用。

用于水泥中的石膏一般是二水石膏或无水石膏，所使用的石膏品质有明确的规定，天然石膏必须符合国家标准《用于水泥中石膏和硬石膏》的规定，采用工业副产品石膏时，必须经过试验证明对水泥性能无害。

水泥中石膏最佳掺量与熟料中的 C_3A 含量有关，并且与混合材料的种类有关。一般来说，熟料中 C_3A 愈多，石膏需多掺；掺混合材料的水泥应比硅酸盐水泥多掺石膏。石膏的掺量以水泥中 SO_3 含量作为控制指标，国家对不同种类的水泥有具体的 SO_3 限量指标。石膏掺量过少，不能合适地调节水泥正常的凝结时间，但掺量过多，则可能导致水泥体积安定性不良。

三、水泥的凝结硬化

水泥与水接触时，水泥中的各组分与水的反应称为水化。水泥的水化反应受水泥的组成、细度、加水量、温度、混合材料等一系列因素的影响。水泥加水拌合后，成为可塑性的水泥浆，随着水化反应进行，水泥浆逐渐变稠失去流动性而具有一定的塑性强度，称为水泥的"凝结"；随着水化进程的推移，水泥浆凝固具有一定的机械强度并逐渐发展而成为坚固的人造石——水泥石，这一过程称为"硬化"。凝结与硬化是一个连续复杂的物理化学过程。这种形态及性能的变化来自于水泥的水化反应。

1. 硅酸盐水泥的水化硬化

在常温下，硅酸盐水泥主要矿物成分的水化反应方程式如下：

$$2(3CaO \cdot SiO_2) + 6H_2O = 3CaO \cdot 2SiO_2 \cdot 3H_2O + 3Ca(OH)_2 \tag{3-1}$$

$$2(2CaO \cdot SiO_2) + 4H_2O = 3CaO \cdot 2SiO_2 \cdot 3H_2O + Ca(OH)_2 \tag{3-2}$$

$$3CaO \cdot Al_2O_3 + 6H_2O = 3CaO \cdot Al_2O_3 \cdot 6H_2O \tag{3-3}$$

$$4CaO \cdot Al_2O_3 \cdot Fe_2O_3 + 7H_2O = 3CaO \cdot Al_2O_3 \cdot 6H_2O + CaO \cdot Fe_2O_3 \cdot H_2O \tag{3-4}$$

$$3CaO \cdot Al_2O_3 \cdot 6H_2O + 3(CaSO_4 \cdot 2H_2O) + 20H_2O$$
$$= 3CaO \cdot Al_2O_3 \cdot 3CaSO_4 \cdot 32H_2O \tag{3-5}$$

如前所述，水泥是多相、多矿物的集合体，且各矿物成分中均固溶一些氧化物杂质，各矿物成分的水化反应并非如反应方程式所示那样简单地进行，而是一个复杂的过程，所生成的水化产物也并非单一组成的物质，而是一个多种组成的集合体。在这几种主要矿物成分的水化反应过程中，C_3A 的水化反应速度最快，水化热最大，且主要在早期放出，其次是 C_4AF 早期水化速度较快。但这两种矿物成分在硅酸盐水泥中含量较少，且水化产物的强度并不高，所以对强度的贡献不大。C_3S 的水化速度较快，水化热较大，早期、后期强度均较高，同时含量最高。C_2S 的水化速度最慢，水化热最小，主要在后期放出，早期强度增长很慢，但后期强度增长较快。因此，不论是早期强度，还是后期强度，水泥石的强度主要来源于硅酸三钙和硅酸二钙的水化反应。

无论哪一种矿物成分，其水化反应速度都是开始较快，随着龄期的延长，水化速度逐渐减慢。有些成分直到十几年甚至几十年还未完全水化。完全水化的硅酸盐水泥大约生成

60%～70%的水化硅酸钙和20%～25%的Ca（OH）$_2$，只有少量的水化铝酸钙、水化铁酸钙、钙矾石、单硫型水化硫铝酸钙。

关于水泥的凝结硬化过程与水化反应的内在联系，许多学者先后提出了不同的学说理论。到目前为止，比较一致的看法是将水泥的凝结硬化过程分为四个阶段。如图3-2和表3-4。

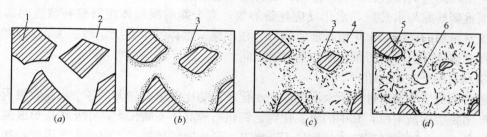

图3-2　水泥的凝结硬化过程
（a）初始反应期；（b）诱导期；（c）水化反应加速期；（d）硬化期
1—水泥颗粒；2—水分；3—胶粒；4—晶体；5—水泥颗粒的未水化内核；6—毛细孔

水泥凝结硬化的阶段划分　　表3-4

凝结硬化阶段	放热反应速度	持续时间	主要的物理化学变化
初始反应期	40cal/(g·h)	5～10min	初始溶解和水化
潜伏期	1cal/(g·h)	1h	凝胶体膜层包围水泥颗粒
凝结期	6h内增到5cal/(g·h)	6h	膜层破裂，水化加速
硬化期	24h内降到1cal/(g·h)	6h至若干年	凝胶体填充毛细孔

（1）初始反应期

从水泥加水时起至拌合后大约5～10min时间内，水泥颗粒分散并溶解于水，在水泥颗粒表面水化反应迅速开始进行，生成相应的水化物，水化物也溶解于水。由于水化物的溶解度很小，水化物的生成速度大于水化物向溶液中扩散的速度，一般在几秒钟至几分钟内，在水泥颗粒周围的液相中，水化硅酸钙（C—S—H）、氢氧化钙、水化铝酸钙、水化硫铝酸钙等水化物的浓度先后呈饱和或过饱和状态，并相继从液相中析出，包裹在水泥颗粒表面。其中氢氧化钙、水化硫铝酸钙、水化铝酸钙以晶体形态析出，结晶程度较好；水化硅酸钙以胶体粒子形态存在，粒径为1.0～100nm，比表面积高达100～700m^2/g，在水化产物中所占比例最大。

水泥水化生成的水化物称为凝胶体。由此可见，水泥凝胶体中有晶体和胶体，且内部含有孔隙，称为凝胶孔（胶孔），胶孔尺寸在1.5～2.0 nm之间，只比水分子大一个数量级，胶孔占凝胶总体积的28%（称为胶孔比）。

（2）诱导期

由于水化反应在水泥颗粒表面进行，生产的水化产物堆积在颗粒表面，水泥颗粒周围很快被一层水化物膜层所包裹，形成以水化硅酸钙凝胶体为主的渗透膜层。该膜层阻碍了水泥颗粒与水的直接接触，所以水化反应速度减慢，进入诱导期，这一阶段大约要持续

1h。但是这层水化硅酸钙凝胶构成的膜层并不是完全密实的，水能够通过该膜层向外渗透，在膜层内与水泥进行水化反应，使膜层向内增厚；而生成的水化产物则通过膜层向外渗透，使膜层向外增厚。

然而，水通过膜层向内渗透的速度要比水化产物向外渗透的速度快，所以在膜层内外将产生由内向外的渗透压，当该渗透压增大到一定程度时，膜层破裂，使水泥颗粒未水化的表面重新暴露与水接触，水化反应重新加快，直至新的凝胶体重新修补破裂的膜层为止。这层膜层的破裂、水化重新加速的行为在水泥—水体系中是无定时、无定向发生的，因此在渡过这一段时期后水化反应呈加速倾向。

（3）水化反应加速期

随着水化反应加速进行，水泥浆体中水化产物的比例越来越大，各个水泥颗粒周围的水化产物膜层逐渐增厚，其中的氢氧化钙、钙矾石等晶体不断长大，相互搭接形成强的结晶接触点，水化硅酸钙凝胶体的数量不断增多，形成凝胶接触点，将各个水泥颗粒初步连接形成网络，使水泥浆失去流动性和可塑性，即发生凝结。这一过程大约在 24h 内完成。

（4）硬化期

凝胶体填充剩余毛细孔，浆体产生强度进入硬化阶段。

在水泥浆整体中，上述物理化学变化（形成凝胶体膜层增厚和破裂，凝胶体填充剩余毛细孔等）不能按时间截然划分，但在凝结硬化的不同阶段将由某种反应起主要作用。

通过以上水泥凝结硬化过程的分析可以看出，硬化后的水泥石是由水泥凝胶体、未完全水化的水泥颗粒内核、毛细孔及毛细孔水等组成的非均质结构体，如图 3-3 所示。水泥凝胶体主要成分为水化硅酸钙凝胶，其中分布着氢氧化钙。水化铝酸钙。水化硫铝酸钙等晶体。水泥凝胶体并不是绝对密实的，其中约有占凝胶总体积的 28% 的孔隙，称为凝胶孔，其孔径为 1.5～2.0nm，凝胶孔中的水分称为凝胶水（胶孔水）。水泥石中各组成部分的数量，取决于水泥的水化程度及水灰比。

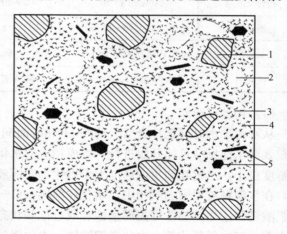

图 3-3　硬化后水泥石的组成与结构
1—未水化的水泥颗粒内核；2—毛细孔；3—水化硅酸钙等凝胶体；4—凝胶孔；5—氢氧化钙、钙矾石等晶体

2. 矿渣硅酸盐水泥的水化硬化

矿渣水泥与水拌合后，首先是熟料矿物与水作用，生成水化硅酸钙、水化铝酸钙、水化铁酸钙、氢氧化钙、水化硫铝酸钙等水化产物，这个过程以及水化产物的性质与纯硅酸盐水泥是相同的。生成的 $Ca(OH)_2$ 则成为矿渣的碱性激发剂，它使矿渣玻璃体中的活性 SiO_2 和活性 Al_2O_3 进入溶液，并与之形成水化硅酸钙、水化铝酸钙。水泥中所含的石膏则为矿渣的硫酸盐激发剂，与矿渣作用生成水化硫铝（铁）酸钙，此外还可能生成水化铝硅酸钙等水化产物。

与硅酸盐水泥相比，矿渣水泥的水化产物碱度要低一些，水化产物中的 $Ca(OH)_2$ 含量相对较少，其硬化后主要组成是 C—S—H 凝胶和钙矾石，而且水化硅酸钙凝胶结构比硅酸盐水泥石中的更为致密。

3. 火山灰水泥的水化硬化

火山灰水泥的水化硬化过程与矿渣水泥类似，它加水拌合后，首先是熟料矿物与水作用，然后是熟料矿物水化释放出的 $Ca(OH)_2$ 与混合材料中的活性组分（活性 SiO_2 和活性 Al_2O_3）发生二次反应，生成水化硅酸钙和水化铝酸钙。二次反应结果，减少了熟料水化生成的 $Ca(OH)_2$ 含量，从而又导致熟料水化加速。火山灰水泥的前、后两种反应是互相制约和互为条件的。

火山灰水泥水化的最终产物主要成分为水化硅酸钙凝胶，其次是水化铝酸钙及水化铁酸钙形成的固溶体以及水化硫铝酸钙。在硬化的火山灰水泥浆体中，$Ca(OH)_2$ 的数量比硅酸盐水泥石少得多，且随龄期增长而不断减少。

粉煤灰属于火山灰质混合材料，因此，粉煤灰水泥的水化硬化过程与火山灰水泥基本相似。

复合水泥中掺有两种或两种以上的混合材料，根据其混合材料的种类和掺量的不同，其水化硬化过程与矿渣水泥或火山灰水泥有不同程度的相似之处。

四、水泥的技术性能

常用水泥的主要技术性能指标与评定原则归纳于表 3-5。

常用水泥的主要技术性能　　　　表 3-5

性能与应用 ＼ 水泥品种（代号）	硅酸盐水泥（P·Ⅰ，P·Ⅱ）	普通水泥（P·O）	矿渣水泥（P·S·A 和 P·S·B）	火山灰水泥（P·P）	粉煤灰水泥（P·F）	复合水泥（P·C）
密度（g/cm³）	3.0～3.15		2.8～3.1			
堆积密度（kg/m³）	1000～1600		1000～1200	900～1000		1000～1200
细度	比表面积≥300m²/kg	80μm 方孔筛筛余不大于 10% 或 45μm 方孔筛筛余不大于 30%				
烧失量（质量分数）	P·Ⅰ≤3.0% P·Ⅱ≤3.5%	≤5.0%	—	—	—	—
不溶物（质量分数）	P·Ⅰ≤0.75% P·Ⅱ≤1.5%		—	—	—	—
凝结时间 初凝	≥45min					
凝结时间 终凝	≤6.5h		≤10h			
体积安定性 安定性	沸煮法必须合格（若试饼法和雷氏法两者有争议，以雷氏法为准）					
体积安定性 MgO（质量分数）（%）	含量≤5.0[a]		P·S·A ≤6.0[b]		≤6.0[b]	
体积安定性 SO₃（质量分数）	含量≤3.5%（矿渣水泥中含量≤4.0%）					

性能与应用 ＼ 水泥品种（代号）	硅酸盐水泥 （P·Ⅰ，P·Ⅱ）	普通水泥 （P·O）	矿渣水泥 （P·S·A 和 P·S·B）	火山灰水泥 （P·P）	粉煤灰水泥 （P·F）	复合水泥 （P·C）
氯离子含量（％）（质量分数）	≤0.06c					

强度等级	龄期	硅酸盐水泥 抗压（MPa）	抗折（MPa）	普通水泥 抗压（MPa）	抗折（MPa）	矿渣/火山灰/粉煤灰/复合 抗压（MPa）	抗折（MPa）
32.5	3d	—	—	—	—	≥10.0	≥2.5
	28d					≥32.5	≥5.5
32.5R	3d					≥15.0	≥3.5
	28d					≥32.5	≥5.5
42.5	3d	≥17.0	≥3.5	≥17.0	≥3.5	≥15.0	≥3.5
	28d	≥42.5	≥6.5	≥42.5	≥6.5	≥42.5	≥6.5
42.5R	3d	≥22.0	≥4.0	≥22.0	≥4.0	≥19.0	≥4.0
	28d	≥42.5	≥6.5	≥42.5	≥6.5	≥42.5	≥6.5
52.5	3d	≥23.0	≥4.0	≥23.0	≥4.0	≥21.0	≥4.0
	28d	≥52.5	≥7.0	≥52.5	≥7.0	≥52.5	≥7.0
52.5R	3d	≥27.0	≥5.0	≥27.0	≥5.0	≥23.0	≥4.5
	28d	≥52.5	≥7.0	≥52.5	≥7.0	≥52.5	≥7.0
62.5	3d	≥28.0	≥5.0	—	—	—	—
	28d	≥62.5	≥8.0				
62.5R	3d	≥32.0	≥5.5	—	—	—	—
	28d	≥62.5	≥8.0				

碱含量	用户要求低碱水泥时，按 $Na_2O + 0.658K_2O$ 计算的碱含量，不得大于 0.60%，或由供需双方商定
国标	GB 175—2007
品质评定原则	出厂检验项目中不溶物、烧失量、三氧化硫、氧化镁、氯离子含量以及凝结时间、安定性、强度都符合规定的为合格品；不符合其中任何一项技术要求的为不合格品

特性	硅酸盐水泥	普通水泥	矿渣水泥	火山灰水泥	粉煤灰水泥	复合水泥
特性	1. 凝结硬化快，早期强度高；2. 水化热大；3. 抗冻性好；4. 耐腐蚀性差；5. 耐热性差	1. 凝结硬化较快，早期强度较高；2. 水化热较大；3. 抗冻性较好；4. 耐腐蚀性较差；5. 耐热性较差	1. 早期强度低，后期强度增长较快；2. 水化热较低；3. 抗冻性差，易碳化；4. 耐热性好；5. 耐腐蚀性好	抗渗性较好，耐热性不及矿渣水泥，其他同矿渣水泥	干缩性较小，抗裂性较好，其他性能同火山灰水泥	特性与 P·S、P·P、P·F 相似，并取决于所掺混合材料的种类及相对比例

a 如果水泥压蒸安定性合格，则水泥中氧化镁的含量（质量分数）允许放宽到 6.0%。
b 如果水泥中氧化镁的含量（质量分数）大于 6.0% 时，需进行水泥压蒸安定性试验并合格。
c 当有更低要求时，该指标由买卖双方确定。

1. 不溶物

不溶物指水泥中用盐酸或碳酸钠溶液处理而不溶的部分，不溶物成分的含量可以作为评价水泥在制造过程中烧成反应是否完全的指标。国家标准规定Ⅰ型硅酸盐水泥中不溶物不得超过0.75%，Ⅱ型硅酸盐水泥中不溶物不得超过1.50%。

2. 烧失量

烧失量是指将水泥在950℃±50℃温度的电炉中加热15min的重量减少率。这些失去的物质主要是水泥中所含有的水分和二氧化碳，根据烧失量可以大致判断水泥的吸潮及风化程度。国家标准中规定Ⅰ型硅酸盐水泥中烧失量不得大于3.0%，Ⅱ型硅酸盐水泥中烧失量不得大于3.5%，普通硅酸盐水泥中烧失量不得大于5.0%。

3. 细度

细度指水泥颗粒的粗细程度，是影响水泥的水化速度、水化放热速率及强度发展趋势的重要性质，同时又影响水泥的生产成本和易保存性。水泥颗粒粒径愈细，与水起反应的表面积愈大，水化较快，其早期强度和后期强度都较高，但粉磨能耗增大，因此，应控制水泥在合理的细度范围。

国家标准规定，硅酸盐水泥和普通硅酸盐水泥的细度用比表面积表示，要求比表面积不小于300m²/kg；矿渣硅酸盐水泥、火山灰质硅酸盐水泥、粉煤灰硅酸盐水泥和复合硅酸盐水泥的细度以筛余表示，其80μm方孔筛筛余不大于10%或45μm方孔筛筛余不大于30%。

4. 氧化镁含量

熟料中氧化镁含量偏高是导致水泥长期安定性不良的因素之一。熟料中部分氧化镁固溶于各种熟料矿物和玻璃体中，这部分氧化镁并不引起安定性不良，真正造成安定性不良的是熟料中粗大的方镁石晶体。因此，国际上有的国家水泥标准规定用压蒸安定性试验合格来限制氧化镁的危害作用是合理的。但我国目前尚不普遍具备做压蒸安定性的试验条件，故用规定氧化镁含量作为技术要求。国标规定：硅酸盐水泥和普通硅酸盐水泥的MgO含量必须小于等于5.0%，若水泥压蒸安定性试验合格，允许MgO含量小于等于6.0%；矿渣水泥、火山灰水泥、粉煤灰水泥和复合水泥其熟料中的MgO含量要求小于等于6.0%，如果MgO含量大于6.0%时，需进行水泥压蒸安定性试验并合格。

5. 三氧化硫

水泥中的三氧化硫主要来自石膏，三氧化硫过量，将造成水泥体积安定性不良，国标是通过限定水泥中SO_3含量控制石膏掺量，国标规定，矿渣水泥中SO_3含量不得超过4.0%，其他五类水泥中SO_3含量不得超过3.5%。

6. 凝结时间

凝结时间是指水泥从加水拌合开始到失去流动性，即从可塑状态发展到固体状态所需要的时间，是影响混凝土施工难易程度和速度的重要性质。水泥的凝结时间分初凝时间和终凝时间，初凝时间是指自水泥加水时起至水泥浆开始失去可塑性和流动性所需的时间；终凝时间是指水泥自加水时起至水泥浆完全失去可塑性、开始产生强度所需的时间。国家标准规定：硅酸盐水泥、普通硅酸盐水泥、矿渣水泥、火山灰水泥、粉煤灰水泥、复合水泥初凝时间不得早于45min；终凝时间：硅酸盐水泥不得迟于6.5h，其他品种水泥都不得迟于10h。

7. 安定性

所谓安定性是指水泥浆体在凝结硬化过程中体积变化的均匀性，也叫做体积安定性。

引起体积安定性不良的原因是熟料中含有过量的游离氧化钙或游离氧化镁，以及在水泥粉磨时掺入的石膏超量等。游离氧化钙、游离氧化镁是在水泥烧成过程中没有与氧化硅或氧化铝分子结合形成盐类，而是呈游离、死烧状态，相当于过火石灰，水化极为缓慢，通常在水泥的其他成分正常水化硬化、产生强度之后才开始水化，并伴随着大量放热和体积膨胀，使周围已经硬化的水泥石受到膨胀压力而导致开裂破坏。适量的石膏是为了调节水泥的凝结时间，但如果过量则为铝酸盐的水化产物提供继续反应的条件，石膏将与水化铝酸钙反应生成具有膨胀作用的钙矾石晶体，导致水泥硬化体膨胀破坏。

检验安定性采用饼法或雷氏夹法。饼法是观察水泥净浆试饼沸煮后的外形变化来检验水泥的体积安定性；雷氏夹法是测定水泥净浆在雷氏夹中沸煮后的膨胀值。两种试验方法的结论有争议时以雷氏夹法为准。

首先拌制标准稠度的水泥浆，采用饼法时在玻璃板上做成直径大约 70～80mm、中心厚度约 10mm、边缘渐薄、表面光滑的试饼。然后连同玻璃板一起放入湿气养护箱内养护 24h 后，从玻璃板上取下试饼，放入沸煮箱内，没入水中，加热在 30min±5 min 内升温至沸腾，再恒沸 3h，取出试饼，用眼睛观察如果试饼形状没有翘曲，表面没有开裂，用直尺检查试饼底部没有弯曲等现象，则判定安定性合格。

采用雷氏夹法检验安定性时，将标准稠度水泥浆装入雷氏夹试模内，养护及沸煮方法与饼法相同，测量沸煮前、后雷氏夹指针之间的距离，其差值即为沸煮后的膨胀值，如果该差值不大于 5.0mm，则安定性合格。

8. 强度

水泥强度是评价水泥质量的重要指标。水泥强度测定必须严格遵守国家标准规定的方法。测定水泥强度一方面可以确定水泥的强度等级以评定和对比水泥的质量，另一方面可作为设计混凝土和砂浆配合比时的强度依据。

水泥强度检验是根据《水泥胶砂强度检验方法（ISO 法）》（GB/T 17671—1999）规定，将按质量计的一份水泥、三份中国 ISO 标准砂，用 0.5 的水灰比拌制的一组塑性胶砂，按规定的方法制成尺寸为 40mm×40mm×160mm 的棱柱体试体，试体成型后连模一起在（20±1）℃湿气中养护 24h，然后脱模在（20±1）℃水中养护。各类型水泥一般测定其 3d 和 28d 强度，各龄期强度不得低于表 3-5 中的数值。

9. 水化热

水泥的水化反应是放热反应，其水化过程放出的热称为水泥的水化热。水泥水化放热量以及放热速度，主要决定于水泥的矿物组成和细度。熟料矿物中铝酸三钙和硅酸三钙的含量愈高，颗粒越细，则水化热越大，这对一般建筑的冬期施工是有利的，但对于大体积混凝土工程是有害的。为了避免由于温度应力引起水泥石的开裂，在大体积混凝土工程施工中，不宜采用硅酸盐水泥，而应采用水化热低的水泥，如中热水泥、低热矿渣水泥等。水化热的数值可根据国家标准规定的方法测定。

10. 碱含量

若水泥中碱含量高，当选用含有活性 SiO_2 的骨料配制混凝土时，会产生碱骨料反应，严重时，会导致混凝土不均匀膨胀破坏。因此，国标将碱含量也列入技术要求。根据我国实际情况，国标规定：水泥中碱含量按 $Na_2O+0.658K_2O$ 计算值来表示，若使用活性骨料，用户要求提供低碱水泥时，则水泥中的碱含量应不大于 0.60%或由双方商定。

11. 抗蚀性

对于水泥石耐久性有害的环境介质主要为软水、酸与酸性水、硫酸盐溶液和碱溶液等。

（1）软水侵蚀

硅酸盐水泥属于水硬性胶凝材料，理应有足够的抗水能力，但是硬化浆体如不断受到软水的侵蚀时，其中一些水化产物（如 $Ca(OH)_2$ 等）将按照溶解度的大小，依次逐渐被水溶解，产生溶出性侵蚀，最终会导致水泥石破坏。

在各种水化产物中，$Ca(OH)_2$ 溶解度最大，所以首先被溶解，如水量不多，水中的 $Ca(OH)_2$ 的浓度很快就达到饱和程度，溶出也就停止，但在流动水中，特别是在有水压作用且混凝土的渗透性又较大的情况下，水流就不断将 $Ca(OH)_2$ 溶出并带走，不仅增加了孔隙率，使水更易渗透，而且由于液相中 $Ca(OH)_2$ 浓度降低，还会使其他水化产物发生分解。

对于抗渗性良好的混凝土、水泥石，软水溶出过程一般发展很慢，几乎可以忽略不计。

（2）酸类侵蚀

水泥石属于碱性物质，含有较多的氢氧化钙，因此遇酸类将发生中和反应，生成盐类。酸类对水泥石的侵蚀主要有碳酸侵蚀和一般酸的侵蚀作用。

碳酸的侵蚀指溶于环境水中的二氧化碳对水泥石的侵蚀作用，其反应式如下：

$$Ca(OH)_2+CO_2+H_2O=CaCO_3+2H_2O \tag{3-6}$$

生成的碳酸钙再与含碳酸的水反应生成重碳酸盐，其反应式如下：

$$CaCO_3+CO_2+H_2O=Ca(HCO_3)_2 \tag{3-7}$$

式（3-7）是可逆反应，如果环境中碳酸含量较少，则以式（3-6）反应为主，即生成较多的碳酸钙，只有少量的碳酸氢钙生成，对水泥石没有侵蚀作用；但是如果环境水中碳酸浓度较高，则式（3-7）反应向右进行，大量生成易溶于水的碳酸氢钙，则水泥石中的氢氧化钙大量溶失，导致破坏。

除了碳酸、硫酸、盐酸等无机酸之外，环境中的有机酸对水泥石也有侵蚀作用。这些酸类可能与水泥石中的 $Ca(OH)_2$ 反应，或者生成易溶于水的物质，或者体积膨胀性的物质，从而对水泥石起侵蚀作用。

（3）硫酸盐侵蚀

在海水、湖水、地下水及工业污水中，常含有较多的硫酸根离子，与水泥石中的氢氧化钙起置换作用生成硫酸钙。硫酸钙与水泥石中的固态水化铝酸钙作用将生成高硫型水化硫铝酸钙。生成的高硫型水化硫铝酸钙比原来反应物的体积大 1.5～2.0 倍，由于水泥石已完全硬化，变形能力很差，体积膨胀带来的强大压力将致使水泥石开裂破坏。

（4）含碱溶液

一般情况下，水泥混凝土能抵抗碱类的侵蚀。但如果长期处于较高浓度（>10%）的含碱溶液中，也会发生缓慢的破坏。温度升高时，侵蚀作用会加速。碱溶液侵蚀主要包括化学侵蚀反应和结晶侵蚀两方面作用。

化学侵蚀是碱溶液与硬化水泥浆组分之间产生化学反应，生成胶结力弱、易为碱溶液析出的产物。结晶侵蚀则是因碱液渗入浆体孔隙，然后蒸发呈结晶析出，产生结晶应力引起的胀裂。

五、常用水泥的基本特性与用途

1. 硅酸盐水泥

硅酸盐水泥强度较高，常用于重要结构的高强混凝土和预应力混凝土工程中。由于硅酸盐水泥凝结硬化较快，抗冻和耐磨性好，因此也适用于要求凝结快、早期强度高、冬期施工及严寒地区遭受反复冻融的工程。

硅酸盐水泥水化后含有较多的氢氧化钙，因此其水泥石抵抗软水侵蚀和抗化学腐蚀的能力差，故不宜用于受流动的软水和有压力水作用的工程，也不宜用于受海水和矿物水作用的工程。由于硅酸盐水泥水化时放出的热量大，因此不宜用于大体积混凝土工程中。不能用硅酸盐水泥配制耐热混凝土，也不宜用于耐热要求高的工程中。

普通水泥其性能与同强度等级的硅酸盐水泥相近，广泛用于各种混凝土或钢筋混凝土工程。

2. 矿渣水泥

矿渣水泥中熟料含量比硅酸盐水泥少，而且混合材料在常温下水化反应比较缓慢，因此，凝结硬化较慢，早期强度低，水化热低，适用于大体积混凝土工程。

矿渣水泥水化硬化过程对环境的温、湿度条件较为敏感。由于矿渣水泥早期水化速度慢，水化热低，施工时尤其要注意早期养护温度，低温下凝结硬化更加缓慢，所以矿渣水泥不适用于冬期施工和早期强度要求较高的工程；高温高湿的养护条件下有利于矿渣水泥的强度发展，适用于制作蒸汽养护混凝土构件。

矿渣水泥中氢氧化钙较少，水化产物碱度低，抗碳化能力较差，但抗软水、海水和硫酸盐侵蚀能力较强，宜用于水工工程和海港工程。矿渣水泥有一定的耐热性，可用于耐热混凝土工程。

矿渣水泥中混合材料掺量较多，其标准稠度用水量较大，但保持水分的能力较差，泌水性较大，且干缩性较大，容易使水泥石内部形成毛细管通道或粗大孔隙，且养护不当容易产生裂纹。因此，矿渣水泥的抗冻性、抗渗性和抵抗干缩交替循环性能均不及硅酸盐水泥和普通水泥。

3. 火山灰水泥

火山灰水泥强度发展与矿渣水泥相似，早期发展慢，后期发展较快。养护温度对其强度发展影响显著，环境温度低，硬化显著变慢，所以不宜用于冬期施工，采用蒸汽养护或湿热处理时，硬化加速。

与矿渣水泥相似，火山灰水泥石氢氧化钙含量低，具有较高的抗硫酸盐侵蚀的性能。在酸性水中，特别是碳酸水中，火山灰水泥的抗蚀性较差，在大气中的 CO_2 长期作用下，水化产物会分解，而使水泥石结构遭到破坏，因而这种水泥的抗大气稳定性较差。

火山灰水泥的需水量和泌水性与所掺混合材料的种类关系很大，采用硬质混合材料如凝灰岩时，需水量与硅酸盐水泥相近，而采用软质混合材料如硅藻土时，需水量增大，泌水性降低，但收缩变形增大。

火山灰水泥最适宜用于地下或水下工程，特别是用于抗渗要求高、需要抗软水或抗硫酸盐侵蚀的工程。火山灰水泥不宜用于干燥地区的混凝土工程。

4. 粉煤灰水泥

粉煤灰水泥水化硬化较慢，早期强度较低，但后期强度可以赶上甚至超过普通水泥。与火山灰水泥相似，其水化热较小，适用于大体积混凝土工程。与大多数火山灰质混合材料相比，由于粉煤灰颗粒的结构比较致密，而且含有球状玻璃体颗粒，所以，粉煤灰水泥的需水量小，配制成的混凝土和易性好。因此，该水泥干缩性小，抗裂性较好。

粉煤灰水泥抗硫酸盐侵蚀能力较强，但次于矿渣水泥，适用于水工工程和海港工程。粉煤灰水泥抗碳化能力差，抗冻性较差。

5. 复合水泥

复合水泥的特性取决于其所掺两种混合材料的种类、掺量及相对比例，其特性与矿渣水泥、火山灰水泥、粉煤灰水泥有不同程度的相似之处，其适用范围可根据其掺入的混合材料种类，参照其他混合材料水泥适用范围选用。

常用水泥的选用原则见表 3-6。

常用水泥的选用

表 3-6

混凝土工程特点及所处环境条件			优先选用	可以选用	不宜使用
普通混凝土	1	在一般气候环境中的混凝土	普通水泥	矿渣水泥、火山灰水泥、粉煤灰水泥、复合水泥、硅酸盐水泥	
	2	在干燥环境中的混凝土	普通水泥	矿渣水泥、复合水泥、硅酸盐水泥	火山灰水泥、粉煤灰水泥
	3	在高湿度环境中或长期处于水中的混凝土	矿渣水泥	普通水泥、硅酸盐水泥、火山灰水泥、粉煤灰水泥、复合水泥	
	4	厚大体积的混凝土	矿渣水泥、火山灰水泥、粉煤灰水泥、复合水泥		硅酸盐水泥
有特殊要求的混凝土	1	要求快硬、高强（＞C40）的混凝土	硅酸盐水泥	普通水泥	矿渣水泥、火山灰水泥、粉煤灰水泥、复合水泥
	2	严寒地区的露天混凝土，寒冷地区处于水位升降范围内的混凝土	普通水泥	矿渣水泥（强度等级≥32.5）、复合水泥（强度等级≥42.5）	火山灰水泥、粉煤灰水泥
	3	严寒地区处于水位升降范围内的混凝土	普通水泥（强度等级≥42.5）		矿渣水泥、火山灰水泥、粉煤灰水泥、复合水泥
	4	有抗渗要求的混凝土	普通水泥、火山灰水泥	复合水泥、硅酸盐水泥	矿渣水泥
	5	有耐磨要求的混凝土	硅酸盐水泥、普通水泥（强度等级≥42.5）	矿渣水泥（强度等级≥42.5）、复合水泥（强度等级≥42.5）	火山灰水泥、粉煤灰水泥
	6	受侵蚀性介质作用的混凝土	矿渣水泥、火山灰水泥、粉煤灰水泥、复合水泥		硅酸盐水泥

第二节 其他品种水泥

为了满足工程建设中的多种需要，我国水泥工业还生产了具有特殊性能的水泥，如以铝酸盐水泥熟料（熟料中水硬性矿物主要为铝酸钙）配制的铝酸盐水泥；快硬型水泥；膨胀型水泥；抗硫酸盐水泥等。也生产某些特定需要的专用水泥，如油井水泥、道路水泥、白色水泥、砌筑水泥等。

一、铝酸盐水泥

铝酸盐水泥是以铝矾土和石灰石作为原料，按适当比例配合进行烧结或熔融，得到以铝酸钙为主的铝酸盐水泥熟料，磨细制成的水硬性胶凝材料，由于水泥中 Al_2O_3 含量较高，通常又叫做高铝水泥，代号为 CA。

1. 分类

根据《铝酸盐水泥》（GB 201—2000）规定，铝酸盐水泥按 Al_2O_3 含量百分数分为四类：

$$CA—50 \quad 50\% \leqslant Al_2O_3 < 60\%;$$
$$CA—60 \quad 60\% \leqslant Al_2O_3 < 68\%;$$
$$CA—70 \quad 68\% \leqslant Al_2O_3 < 77\%;$$
$$CA—80 \quad Al_2O_3 \geqslant 77\%.$$

2. 技术性能

铝酸盐水泥常为黄色或黄褐色，也有呈灰色。铝酸盐水泥的密度和堆积密度与硅酸盐水泥相近。按《铝酸盐水泥》（GB 201—2000）要求：

1）细度：要求比表面积不小于 $300m^2/kg$ 或 0.045mm 方孔筛筛余不大于 20%。

2）凝结时间：初凝时间：CA—50、CA—70、CA—80 不得早于 30min，CA—60 不得早于 60min；终凝时间：CA—50、CA—70、CA—80 不得迟于 6h，CA—60 不得迟于 18h。

3）强度：强度试验按国家标准 GB/T 17671—1999 规定的方法进行，但水灰比应按 GB 201—2000规定调整。各类型、各龄期强度值不得低于表 3-7 规定的数值。

铝酸盐水泥各龄期强度要求 表 3-7

水泥类型	抗压强度（MPa）				抗折强度（MPa）			
	6h	1d	3d	28d	6h	1d	3d	28d
CA—50	20	40	50	—	3.0	5.5	6.5	—
CA—60	—	20	45	85	—	2.5	5.0	10.0
CA—70	—	30	40	—	—	5.0	6.0	—
CA—80	—	25	30	—	—	4.0	5.0	—

3. 特性及应用

（1）特性

1）凝结速度快，早期强度高。1d 强度可达最高强度的 80% 以上。

铝酸盐水泥的水化产物主要是含水铝酸一钙—$CaO \cdot Al_2O_3 \cdot 10H_2O$（简写为 CAH_{10}）；含水铝酸二钙（C_2AH_8）和铝胶（AH_3）。水化产物 CAH_{10} 与 C_2AH_8 为针状或板状结晶，能相互交织成坚固的结晶共生体，析出的氢氧化铝凝胶（$Al_2O_3.3H_2O$）难溶于水，填充于晶体骨架的空隙中，形成比较致密的结构，使水泥石获得很高的强度。经 5~7d 后，水化物的数量就很少增加，因此，铝酸盐水泥的早期强度增长很快，1d 即可达到极限强度锝 80% 左右，后期强度则增长不显著。

2）长期强度降低，一般会降低 40%~50%。

CAH_{10} 与 C_2AH_8 是压稳定的，在温度高于 30℃ 的潮湿环境中，会逐渐转化为比较稳定的含水铝酸三钙—$3CaO \cdot Al_2O_3 \cdot 6H_2O$（简写为 C_3AH_6）。转化过程随着温度升高而加速。转化结果使水泥石内析出游离水，增大了孔隙体积，同时由于晶体本身缺陷较多，强度较低，晶体间的结合比较差，因而会降低水泥石的强度，使铝酸盐水泥制品的长期强度有降低的趋势。

3）水化热大，且放热量集中。最初 1d 内的放热量为总放热量的 70%~80% 以上。

4）抗硫酸盐腐蚀性较强，其主要原因是水化产物中没有 $Ca(OH)_2$。

5）耐热性好，能承受 1300~1400℃ 高温。

（2）应用

宜用于要求早期强度高的特殊工程，如紧急军事及抢修工程，也可用于寒冷地区冬期施工的混凝土工程。

铝酸盐水泥在高温时，水化物产生固相反应，以烧结结合逐步代替了水化结合，使制品虽在高温下，仍能保持较高的强度。如果采用耐火的粗、细骨料。可以制成使用温度达 1300~1400℃ 的耐热混凝土。

铝酸盐水泥不宜用于大体积混凝土工程及长期承重的结构和高温潮湿环境中的工程。不得用于接触碱性溶液的工程。在施工中，不能与硅酸盐水泥或石灰等能析出氢氧化钙的胶凝物质混合，以防止凝结时间失控。

铝酸盐水泥使用时，未经试验，不得加入任何外加物。若用蒸汽养护时，其养护温度不得高于 50℃。不得与未硬化的硅酸盐水泥混凝土接触使用；可以与具有脱模强度的硅酸盐水泥混凝土接触使用，但接茬处不应长期处于潮湿状态。

二、快硬型水泥

1. 快硬硅酸盐水泥

它是以硅酸盐水泥熟料和适量石膏磨细制成的，以 3d 抗压强度表示强度等级的水硬性胶凝材料，称为快硬硅酸盐水泥，简称快硬水泥。

快硬水泥的生产方法与普通硅酸盐水泥基本相同，只是较严格地控制生产工艺条件。包括：原料含有害杂质少；设计合理的矿物组成，其硅酸三钙和铝酸三钙含量较高，前者含量约为 50%~60%，后者为 8%~14%；水泥的比表面积较大，一般控制在 330~450m^2/kg。

快硬水泥的初凝时间不得早于 45min，终凝时间不得迟于 10h，安定性必须合格。水泥的强度等级以 3d 抗压强度表示，分为 32.5、37.5 和 42.5 三个等级。各龄期的强度均不得低于表 3-8 的规定。

强度等级	抗压强度（MPa）			抗折强度（MPa）		
	1d	3d	28d	1d	3d	28d
32.5	15.0	32.5	52.5	3.5	5.0	7.2
37.5	17.0	37.5	57.5	4.0	6.0	7.6
42.5	19.0	42.5	62.5	4.5	6.4	8.0

快硬硅酸盐水泥可用于紧急抢修工程和低温施工工程，可配制早强、高等级混凝土。快硬水泥易受潮变质，贮运时须注意防潮，并应及时使用，不宜久存。从出厂日起，超过1个月，应重新检验，合格后方可使用。

2. 快硬铁铝酸盐水泥

以适当成分的生料，经煅烧所得以无水硫铝酸钙、铁相和硅酸二钙为主要矿物成分的熟料，加入适量石膏和0～10%的石灰石，经磨细制成的早期强度高的水硬性胶凝材料，称为快硬铁铝酸盐水泥。

该水泥比表面积不小于350m²/kg。初凝时间不早于25min，终凝不迟于3h。强度等级以3d抗压强度表示，分为42.5、52.5、62.5、72.5级四个等级，各龄期强度不得低于表3-9规定的数值。

快硬铁铝酸盐水泥各龄期强度 表 3-9

强度等级	抗压强度（MPa）			抗折强度（MPa）		
	1d	3d	28d	1d	3d	28d
42.5	33.0	42.5	45.0	6.0	6.5	7.0
52.5	42.0	52.5	55.0	6.5	7.0	7.5
62.5	50.0	62.5	65.0	7.0	7.5	8.0
72.5	56.0	72.5	75.0	7.5	8.0	8.5

该水泥适用于要求快硬、早强、耐腐蚀、负温施工的海工、道路等工程。

3. 快硬硫铝酸盐水泥

以适当成分的生料，经煅烧所得以无水硫铝酸钙和硅酸二钙为主要矿物成分的熟料，加入适量石膏和0～10%的石灰石，经磨细制成的早期强度高的水硬性胶凝材料，称为快硬硫铝酸盐水泥。

该水泥的细度、凝结时间、强度等级的划分和要求均与快硬铁铝酸盐水泥相同。该水泥适用于配制早强、抗渗和抗硫酸盐腐蚀的混凝土，也可用于负温施工、地质固井、抢修、堵漏等工程和一般建筑工程。

三、膨胀型水泥

在水化硬化过程中产生体积膨胀的水泥，属膨胀类水泥。根据在约束条件下所产生的膨胀量（自应力值）和用途，可分为收缩补偿型膨胀水泥（简称膨胀水泥）及自应力型膨胀水泥（简称自应力水泥）两大类。前者表示水泥水化硬化过程中的体积膨胀，在实用上具有补偿收缩的性能，其自应力值小于2.0MPa，通常为0.5MPa，因而可减少和防止混凝土的收缩裂缝，并增加其密实度；后者表示水泥水化硬化后的体积膨胀，能使砂浆或混凝土在受约束条件下产生可应用的化学预应力的性能，其自应力水泥砂浆或混凝土膨胀变形稳定后的自应力值不小于 2.0MPa。

根据膨胀水泥的基本组成，可分为以下五种：

（1）硅酸盐膨胀水泥

以硅酸盐水泥为主，外加铝酸盐水泥和石膏配制而成。

（2）明矾石膨胀水泥

以硅酸盐水泥熟料为主，外加天然明矾石、石膏和粒化高炉矿渣（或粉煤灰）配制而成。

（3）铝酸盐膨胀水泥

由铝酸盐水泥熟料和二水石膏配制而成。

（4）铁铝酸盐膨胀水泥

由铁铝酸盐水泥熟料，加入适量石膏，磨细而成。

（5）硫铝酸盐膨胀水泥

由硫铝酸盐水泥熟料，加入适量石膏，磨细而成。

上述水泥的膨胀作用，主要是由水泥水化硬化过程中形成的钙矾石所致。通过调整各组成的配合比例，可得到不同膨胀值的膨胀水泥。有关膨胀水泥的技术性质和规定，可查阅相关的技术标准。

膨胀水泥适用于补偿收缩混凝土结构工程，防渗抗裂混凝土工程，补强和防渗抹面工程，大口径混凝土管及其接缝，梁柱和管道接头，固结机器底座和地脚螺栓等。

四、白色及彩色硅酸盐水泥

由白色硅酸盐水泥熟料加入适量石膏，经磨细制成的水硬性胶凝材料称为白色硅酸盐水泥（简称"白水泥"）。磨制水泥时，允许加入不超过水泥质量 5% 的石灰石或窑灰作为外加物。水泥粉磨时允许加入不损害水泥性能的助磨剂，加入量不得超过水泥质量的 1%。

白色水泥要求使用含着色杂质（铁、铬、锰等）极少的较纯原料，如纯净的高岭土、纯石英砂、纯石灰石、白垩等。在煅烧、粉磨、运输、包装过程中，应防止着色杂质混入。同时，对磨机衬板要求采用质坚的花岗石、陶瓷或优质耐磨特殊钢等；研磨体应采用硅质卵石（白卵石）或人造瓷球等；燃料应为无灰分的天然气或液体燃料。

白色水泥熟料中氧化镁含量不得超过 4.5%，水泥中三氧化硫含量不得超过 3.5%，细度要求 $80\mu m$ 方孔筛筛余不得超过 10%，初凝不得早于 45min，终凝不得迟于 12h，安定性用沸煮法检验必须合格。各等级白水泥各龄期强度不得低于表 3-10 规定的数值。

白水泥各龄期强度　　　　　　　　　　　　　　　　表 3-10

强度等级	抗压强度（MPa）		抗折强度（MPa）	
	3d	28d	3d	28d
32.5	12.0	32.5	3.0	6.0
42.5	17.0	42.5	3.5	6.5
52.5	22.0	52.5	4.0	7.0

白水泥的技术要求中与其他品种水泥最大的不同是有白度要求，按照建筑材料与非金属矿产品白度试验方法测定并计算白度，并根据白度值将白色水泥划分为特级、一级、二级和三级，其白度分别为 86%、84%、80% 和 75%。

白色水泥主要用于建筑装饰，粉磨时加入碱性颜料，可制成彩色水泥。以白色水泥为胶凝材料拌制混凝土时加入有机或无机颜料可生产彩色混凝土，用于彩色路面、建筑物外饰面或装饰性混凝土构件。

彩色硅酸盐水泥，简称彩色水泥，按生产方法可分为两大类：一类是在白水泥的生料中加少量金属氧化物，直接烧成彩色水泥熟料，然后再加入适量石膏磨细而成。另一类为白水泥熟料、适量石膏和碱性颜料，共同磨细而成。后者所用颜料，要求不溶于水且分散性好，耐碱性强，抗大气稳定性好，掺入水泥中不显著降低其强度，且不含有可溶盐类。通常采用的颜料有：氧化铁（红、黄、褐、黑色）、二氧化锰（黑、褐色）、氧化铬（绿色）、赭石（赭色）、群青蓝（蓝色）等，但配制红、褐、黑等深色水泥时，可用普通硅酸盐水泥熟料。

五、道路水泥

道路硅酸盐水泥，简称道路水泥。是由道路硅酸盐水泥熟料、0～10% 活性混合材料和适量石膏，经磨细制成的水硬性胶凝材料。

道路硅酸盐水泥熟料含有较多的铁铝酸钙。该熟料中铝酸三钙的含量不得大于 5.0%，铁铝酸四钙的含量不得小于 16.0%。水泥中氧化镁含量不得超过 5.0%，三氧化硫含量不得超过 3.5%。水泥的初凝不得早于 1h，终凝不得迟于 10h。在 $80\mu m$ 方孔筛上的筛余不得超过 10%。道路硅酸盐水泥分为 32.5、42.5 级和 52.5 级三个强度等级，各龄期的强度值见表 3-11。

道路硅酸盐水泥各龄期强度　　　　　　　　　　表 3-11

强度等级	抗压强度（MPa）		抗折强度（MPa）	
	3d	28d	3d	28d
32.5	16.0	32.5	3.5	6.5
42.5	21.0	42.5	4.0	7.0
52.5	26.0	52.5	5.0	7.5

道路水泥的安定性用沸煮法检验必须合格，28d 的干缩率不得大于 0.10%。耐磨性以磨损量表示，不得大于 $3.60kg/m^2$。

道路水泥早期强度较高，干缩值小，耐磨性好。适用于修筑道路路面和飞机场地面，也可用于一般土建工程。

第四章 混 凝 土

第一节 概 述

一、基本概念与分类

混凝土，一般是指由胶凝材料（胶结料），粗、细骨料（或称集料），水分及其他材料，按适当比例配制并硬化而成的具有所需的形体、强度和耐久性的人造石材。混凝土的种类很多，根据不同的研究角度和考虑问题的出发点，通常有以下分类方法和种类。

1. 按表观密度分类

按照表观密度，混凝土可分为重混凝土、普通混凝土和轻混凝土。重混凝土表观密度大于 $2600kg/m^3$，是采用密度很大的重晶石、铁矿石、钢屑等重骨料和钡水泥、锶水泥等重水泥配制而成。重混凝土具有防射线的性能，又称为防辐射混凝土，主要用作核能工程的屏蔽结构材料。普通混凝土表观密度为 $2000\sim2500kg/m^3$，是用普通的天然砂石为骨料配制而成，为建筑工程中常用的混凝土。主要用作各种建筑的承重结构材料。轻混凝土密度小于 $1950\ kg/m^3$，是采用陶粒等轻质多孔骨料配制的混凝土以及无砂的大孔混凝土，或者不采用骨料而掺入加气剂或泡沫剂，形成多孔结构的混凝土。主要用作轻质结构材料和隔热保温材料。

2. 按用途分类

按照在工程中的用途或使用部位，混凝土可分为结构混凝土、防水混凝土、耐热混凝土、耐酸混凝土、装饰混凝土、大体积混凝土、膨胀混凝土、防辐射混凝土、道路混凝土等。

3. 按所用胶凝材料分类

按照所用胶凝材料的种类，混凝土可分为水泥混凝土、聚合物混凝土、树脂混凝土、石膏混凝土、沥青混凝土、水玻璃混凝土、硅酸盐混凝土等。

4. 按生产和施工方法分类

按照搅拌（生产）方式，混凝土可分为预拌混凝土（也叫做商品混凝土）和现场搅拌混凝土。按照施工方法分为泵送混凝土、喷射混凝土、压力灌浆混凝土、挤压混凝土、离心混凝土、真空吸水混凝土、碾压混凝土等。

二、混凝土的性能特点

1. 易于加工成型

新拌混凝土有良好的可塑性和浇注性，可满足设计要求的形状和尺寸。

2. 可调整性强

因混凝土的性能决定于其组成材料的质量和组合情况，因此可通过调整各组成材料的品种、质量和组合比例，达到所要求的性能。即可根据使用性能的要求与设计来配制相应的混凝土。

3. 热膨胀系数与钢筋相近

且与钢筋有牢固的粘结力，二者可结合在一起共同工作，制成钢筋混凝土。

4. 经久耐用，维修费用低

混凝土的缺点是自重大、比强度小、抗拉强度低、变形能力差和易开裂。

建筑工程中使用的混凝土，一般要满足以下四项要求：

（1）各组成材料经拌合后形成的拌合物应具有一定的和易性，以便于施工。

（2）混凝土应在规定龄期达到设计要求的强度。

（3）硬化后的混凝土应具有适应其所处环境的耐久性。

（4）经济合理，在保证质量的前提下，节约造价。

混凝土的技术性能也在不断发展，高性能混凝土（HPC）将是今后混凝土的发展方向之一。高性能混凝土除了要求具有高强度等级外，还必须具备良好的工作性、体积稳定性和耐久性。目前，我国发展高性能混凝土的主要途径有两方面：1）采用高性能的原料以及与之相适应的工艺。2）采用多元复合途径提高混凝土的综合性能。可在基本组成材料之外加入其他有效材料，如高效减水剂、缓凝剂、引气剂、硅灰、优质粉煤灰等一种或多种复合的外加组分，以调整和改善混凝土的浇筑性能及内部结构，综合提高混凝土的性能和质量。

从节约资源、能源、减少工业废料排放和保护自然环境的角度考虑，则要求混凝土及其原材料的开发、生产、建筑施工作业等均应既能满足当代人的建设需要，又要不危及后代人的延续生存环境，因此绿色高性能混凝土（GHPC）也将成为今后的发展方向。

第二节　普通混凝土的组成材料

普通混凝土的基本组成材料是水泥、水、天然砂和石子，另外还常掺入适量的掺合料和外加剂。砂、石在混凝土中起骨架作用，故称为骨料（或称集料）。水泥和水形成水泥浆，包裹在砂粒表面并填充砂粒间的空隙而形成水泥砂浆，水泥砂浆又包裹了石子，并填充石子间的空隙而形成混凝土（图 4-1）。在混凝土硬化前，水泥浆起润滑作用，赋予混凝土拌合物一定的流动性，便于施工。水泥浆硬化后，起胶结作用，把砂石骨料胶结在一起，成为坚硬的人造石材，并产生力学强度。

混凝土是一个宏观匀质、微观非匀质的堆聚结构，混凝土的质量和技术性能，很大程度上是原材料的性质及其相对含量所决定的，同时也与施工工艺（配料、搅拌、捣实成型、养护等）有关。因此，首先必须了解混凝土原材料的性质、作用及质量要求，合理选择原材料，以保证混凝土的质量。

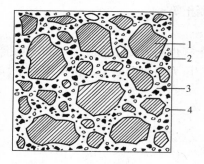

图 4-1　硬化混凝土结构

1—石子；2—砂子；3—水泥浆；4—气孔

一、水泥

1. 水泥品种的选择

配制混凝土时，应根据工程性质、部位、施工条件、环境状况等，按各品种水泥的特性合理选择水泥的品种。常用水泥品种的选用见表3-6。

2. 水泥强度等级的选择

水泥强度等级的选择，应与混凝土的设计强度等级相适应。原则上是配制高强度等级的混凝土选用高强度等级水泥，低强度等级的混凝土选用低强度等级水泥。若用低强度等级水泥配制高强度等级混凝土，为满足强度要求必然使水泥用量过多，这不仅不经济，而且会使混凝土收缩和水化热增大；若用高强度等级水泥配制低强度等级的混凝土，从强度考虑，少量水泥就能满足要求，但为满足混凝土拌合物的和易性和混凝土的耐久性，就需额外增加水泥用量，造成水泥浪费。

二、骨料

普通混凝土所用骨料，按其粒径大小不同分为细骨料和粗骨料。粒径在 $150\mu m \sim 4.75mm$ 之间的岩石颗粒，称为细骨料；粒径大于 $4.75mm$ 的称为粗骨料。粗、细骨料的总体积占混凝土体积的 $70\% \sim 80\%$，因此骨料的性能对所配制的混凝土性能有很大影响。为保证混凝土的质量，对骨料技术性能的要求主要有：有害杂质含量少；具有良好的颗粒形状，适宜的颗粒级配和细度；表面粗糙，与水泥粘结牢固；性能稳定，坚固耐久等。

1. 普通混凝土砂石骨料

（1）混凝土的细骨料

主要采用天然砂或机制砂。

天然砂是自然生成的，经人工开采和筛分的粒径小于 $4.75mm$ 的岩石颗粒，包括河砂、湖砂、山砂和淡化海砂，但不包括软质、风化的岩石颗粒。河砂和海砂由于长期受水流的冲刷作用，颗粒表面比较圆滑、洁净，且产源较广，但海砂中常含有贝壳碎片及可溶盐等有害杂质。山砂颗粒多具棱角，表面粗糙，砂中含泥量及有机质等有害杂质较多。建筑工程中一般都采用河砂作为细骨料。

机制砂为经除土处理，由机械破碎、筛分制成的，粒径小于 $4.75mm$ 的岩石、矿山尾矿或工业废渣颗粒，但不包括软质、风化的颗粒，俗称人工砂。

根据现行国家标准《建设用砂》（GB/T 14684—2011）的规定，砂按细度模数大小分为粗、中、细三种规格；按技术要求分为Ⅰ类、Ⅱ类、Ⅲ类三种类别。Ⅰ类宜用于强度等级大于 C60 的混凝土；Ⅱ类宜用于强度等级 C30～C60 及抗冻、抗渗或其他要求的混凝土；Ⅲ类宜用于强度等级小于 C30 的混凝土和建筑砂浆。

（2）普通混凝土通常所用的粗骨料

主要有碎石和卵石两种。

卵石是由自然风化、水流搬运和分选、堆积形成的，粒径大于 $4.75mm$ 的岩石颗粒。按其产源可分为河卵石、海卵石、山卵石等几种。其中河卵石应用较多。碎石是由天然岩石、卵石或矿山废石经机械破碎、筛分制成的，粒径大于 $4.75mm$ 的岩石颗粒。卵石、碎石的规格按其粒径尺寸分为单粒粒级和连续粒级。也可根据需要，采用不同单级粒级卵石、碎石混合成特殊粒级的卵石、碎石。

卵石、碎石按技术要求分为Ⅰ类、Ⅱ类、Ⅲ类三种类别。Ⅰ类宜用于强度等级大于C60的混凝土；Ⅱ类宜用于强度等级C30～C60及抗冻、抗渗或其他要求的混凝土；Ⅲ类宜用于强度等级小于C30的混凝土。

2. 普通混凝土用砂、石的技术质量要求

(1) 泥和泥块含量

含泥量是指骨料中粒径小于$75\mu m$颗粒的含量。

泥块含量在细骨料中是指粒径大于1.18mm，经水浸洗、手捏后小于$600\mu m$的颗粒含量；在粗骨料中则是指粒径大于4.75mm经水浸洗、手捏后小于2.36mm的颗粒含量。

根据国家标准，骨料中泥和泥块含量必须符合表4-1的规定。

天然砂、石中含泥量和泥块含量　　表4-1

项　　目		指　标		
		Ⅰ　类	Ⅱ　类	Ⅲ　类
含泥量（按质量计）（%）	天然砂	≤1.0	≤3.0	≤5.0
	碎石、卵石	≤0.5	≤1.0	≤1.5
泥块含量（按质量计）（%）	天然砂	0	≤1.0	≤2.0
	碎石、卵石	0	≤0.2	≤0.5

机制砂亚甲蓝（MB）值≤1.4或快速法试验合格时，石粉含量和泥块含量应符合表4-2的规定；机制砂MB值＞1.4或快速法试验不合格时，石粉含量和泥块含量应符合表4-3的规定。

石粉含量和泥块含量（MB值≤1.4或快速法试验合格）　　表4-2

类　　别	Ⅰ	Ⅱ	Ⅲ
MB值	≤0.5	≤1.0	≤1.4或合格
石粉含量（按质量计）（%）ᵃ		≤10.0	
泥块含量（按质量计）（%）	0	≤1.0	≤2.0

ᵃ 此指标根据使用地区和用途，经试验验证，可由供需双方协商确定。

石粉含量和泥块含量（MB值＞1.4或快速法试验不合格）　　表4-3

类　　别	Ⅰ	Ⅱ	Ⅲ
石粉含量（按质量计）（%）	≤1.0	≤3.0	≤5.0
泥块含量（按质量计）（%）	0	≤1.0	≤2.0

(2) 有害物质含量

混凝土用粗、细骨料中不应混有草根、树叶、树枝、塑料、炉渣、煤块等杂物，且骨料中所含硫化物、硫酸盐和有机物等的含量要符合表4-4的规定。对于砂，除了上面两项外，还有云母、轻物质（指密度小于$2000kg/m^3$的物质）含量、贝壳含量也须符合表4-4的规定。如果是海砂，还应考虑氯盐含量。

骨料中有害物质含量限值　　　　　　　　　　　　　　　　　表 4-4

项　　目		指　　标		
		Ⅰ类	Ⅱ类	Ⅲ类
硫化物及硫酸盐含量（折算成 SO_3，按质量计）（%）	砂	≤0.5	≤0.5	≤0.5
	石	≤0.5	≤1.0	≤1.0
有机物含量（用比色法试验）	砂和石	合格	合格	合格
云母含量（按质量计）（%）	砂	≤1.0	≤2.0	≤2.0
轻物质含量（按质量计）（%）	砂	≤1.0	≤1.0	≤1.0
氯化物（以氯离子质量计）（%）	砂	≤0.01	≤0.02	≤0.06
贝壳（按质量计）（%）[a]	砂	≤3.0	≤5.0	≤8.0

[a]　该指标仅适用于海砂，其他砂种不作要求。

（3）坚固性

骨料的坚固性，按标准规定用硫酸钠溶液检验，试样经 5 次循环后，其质量损失应符合表 4-5 的规定。

骨料坚固性指标　　　　　　　　　　　　　　　　　表 4-5

项　　目	指　　标		
	Ⅰ类	Ⅱ类	Ⅲ类
砂质量损失（%），≤	8	8	10
石质量损失（%），≤	5	8	12

（4）碱活性

水泥、外加剂等混凝土组成物及环境中的碱与骨料中碱活性矿物在潮湿环境下会缓慢发生导致混凝土开裂破坏的膨胀反应，所以，骨料应进行碱骨料反应试验。经碱骨料反应试验后，由砂、石制备的试件应无裂缝、酥裂、胶体外溢等现象，并在规定的试验龄期膨胀率应小于 0.01%。

（5）级配和粗细程度

骨料的级配是指骨料中不同粒径颗粒的分布情况。良好的级配应当能使骨料的空隙率和总表面积均较小，从而不仅使所需水泥浆量较少，而且还可以提高混凝土的密实度、强度及其他性能。若骨料的粒径分布全在同一尺寸范围内，则会产生很大的孔隙率，如图 4-2（a）所示；若骨料的粒径分布在两种尺寸范围内，孔隙率就减小，如图 4-2（b）所示；若骨料的粒径分布在更多的尺寸范围内，则孔隙率就更小了，见图 4-2（c）。由此可见，只有适宜的骨料粒径分布，才能达到良好级配的要求。

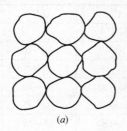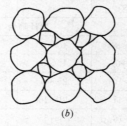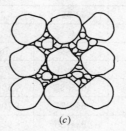

（a）　　　　　　　　　　（b）　　　　　　　　　　（c）

图 4-2　骨料的颗粒级配

骨料的粗细程度是指不同粒径的颗粒混在一起的平均粗细程度。相同质量的骨料，粒径小，总表面积大；粒径大，总表面积小，因而大粒径的骨料所需包裹其表面的水泥浆量就少。即相同的水泥浆量，包裹在大粒径骨料表面的水泥浆层就厚，便能减小骨料间的摩擦。砂、石的级配和粗细程度要求如下：

1）砂的颗粒级配和粗细程度。

砂的颗粒级配和粗细程度，常用筛分析的方法进行测定。用级配区表示砂的级配，用细度模数表示砂的粗细程度。筛分析的方法，是用一套方孔孔径（净尺寸）依次为 9.50mm、4.75mm、2.36mm、1.18mm、$600\mu m$、$300\mu m$、$150\mu m$ 的 7 个标准筛。筛分前将砂样烘干至恒重，筛除大于 9.50mm 的颗粒，并计取其筛余百分率。称取烘干砂试样 500g，由粗到细依次通过标准筛，然后称量余留在各筛上的砂量，并计算出各筛上的分计筛余百分率（各筛上的筛余量占砂样总质量的百分率）a_1、a_2、a_3、a_4、a_5、a_6 及累计筛余百分率（各筛和比该筛粗的所有分计筛余百分率之和）β_1、β_2、β_3、β_4、β_5、β_6。累计筛余百分率与分计筛余百分率的关系见表 4-6。

累计筛余百分率与分计筛余百分率的关系　　　　　表 4-6

筛孔尺寸	分计筛余（%）	累计筛余（%）
4.75mm	a_1	$\beta_1 = a_1$
2.36mm	a_2	$\beta_2 = a_1 + a_2$
1.18mm	a_3	$\beta_3 = a_1 + a_2 + a_3$
$600\mu m$	a_4	$\beta_4 = a_1 + a_2 + a_3 + a_4$
$300\mu m$	a_5	$\beta_5 = a_1 + a_2 + a_3 + a_4 + a_5$
$150\mu m$	a_6	$\beta_6 = a_1 + a_2 + a_3 + a_4 + a_5 + a_6$

砂的粗细程度用细度模数（μ_f）表示，其计算公式为：

$$\mu_f = \frac{(\beta_2 + \beta_3 + \beta_4 + \beta_5 + \beta_6) - 5\beta_1}{100 - \beta_1} \tag{4-1}$$

细度模数（μ_f）越大，表示砂越粗，普通混凝土用砂的细度模数范围一般在 3.7~1.6，其中 μ_f 在 3.7~3.1 为粗砂，μ_f 在 3.0~2.3 为中砂，μ_f 在 2.2~1.6 为细砂。

砂的颗粒级配用级配区表示，以级配区或筛分曲线判定砂级配的合格性。对细度模数为 3.7~1.6 的普通混凝土用砂，根据 $600\mu m$ 孔径筛（控制粒级）的累计筛余百分率，划分成为 1 区、2 区、3 区三个级配区（见表 4-7）。砂的颗粒级配，应符合表 4-7 的规定；砂的级配类别应符合表 4-8 的规定。

颗　粒　级　配　　　　　表 4-7

砂的分类	天　然　砂			机　制　砂		
级配区	1 区	2 区	3 区	1 区	2 区	3 区
方筛孔	累计筛余（%）					
4.75mm	10~0	10~0	10~0	10~0	10~0	10~0
2.36mm	35~5	25~0	15~0	35~5	25~0	15~0
1.18mm	65~35	50~10	25~0	65~35	50~10	25~0
$600\mu m$	85~71	70~41	40~16	85~71	70~41	40~16
$300\mu m$	95~80	92~70	85~55	95~80	92~70	85~55
$150\mu m$	100~90	100~90	100~90	97~85	94~80	94~75

类　别	I	II	III
级　配　区	2 区	1、2、3 区	

注：砂的实际颗粒级配与表中所列数字相比，除 4.75mm 和 600μm 筛档外，可以略有超出，但各级累计筛余超出值总合应不大于 5%。

以累计筛余百分率为纵坐标，以筛孔尺寸为横坐标，根据表 4-7 的数值可以画出砂 1、2、3 区三个级配区的筛分曲线（图 4-3）。通过观察所计算的砂的筛分曲线是否完全落在三个级配区的任一区内，即可判定该砂级配的合格性。同时，也可根据筛分曲线偏向情况，大致判断砂的粗细程度。当筛分曲线偏向右下方时，表示砂较粗；筛分曲线偏向左上方时，表示砂较细。

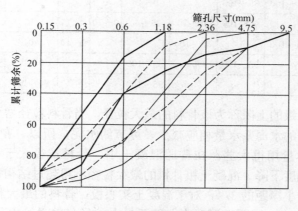

图 4-3　筛分曲线

配制混凝土时，宜优先选用 2 区砂。当采用 1 区砂时，应适当提高砂率，并保证足够的水泥用量，以满足混凝土的和易性；当采用 3 区砂时，宜适当降低砂率，以保证混凝土强度。

2）石子的颗粒级配和最大粒径。

石子的级配分为连续粒级和单粒级两种。连续级配是按颗粒尺寸由小到大连续分级，每级骨料都占有一定比例，如天然卵石。连续级配颗粒级差小，颗粒上、下限粒径之比接近 2，配制的混凝土拌合物和易性好，不易发生离析。间断级配是人为剔除某些中间粒级颗粒，大颗粒的空隙直接由比它小得多的颗粒去填充，颗粒级差大，颗粒上、下限粒径之比接近 6，孔隙率的降低比连续级配快得多，可最大限度地发挥骨料的骨架作用，减少水泥用量。但由于骨料颗粒之间粒径相差较大，小粒径的石子很容易从大空隙中分离出来，所以间断级配的石子容易使混凝土产生离析现象，从而导致施工困难。

粗骨料的级配也是通过筛分析试验来确定，其方孔标准筛为孔径 2.36mm、4.75mm、9.50mm、16.0mm、19.0mm、26.5mm、31.5mm、37.5mm、53.0mm、63.0mm、75.0mm、90.0mm 共十二个筛。分计筛余百分率及累计筛余百分率的计算与砂相同。依据国家标准，普通混凝土用碎石及卵石的颗粒级配应符合表 4-9 的规定。

公称粒级 (mm)		累计筛余百分率（%）											
		筛孔尺寸（mm）											
		2.36	4.75	9.50	16.0	19.0	26.5	31.5	37.5	53.0	63.0	75.0	90
连续粒级	5～16	95～100	85～100	30～60	0～10	0							
	5～20	95～100	90～100	40～80	—	0～10	0						
	5～25	95～100	90～100	—	30～70	—	0～5	0					
	5～31.5	95～100	90～100	70～90	—	15～45	—	0～5	0				
	5～40	—	95～100	70～90	—	30～65	—	—	0～5	0			
单粒粒级	5～10	95～100	80～100	0～15	0								
	10～16		95～100	80～100	0～15								
	10～20		95～100	85～100		0～15	0						
	16～25			95～100	55～70	25～40	0～10						
	16～31.5		95～100		85～100			0～10	0				
	20～40			95～100	80～100				0～10	0			
	40～80					95～100			70～100		30～60	0～10	0

粗骨料中公称粒级的上限称为该骨料的最大粒径。当骨料粒径增大时，其总表面积减小，包裹它表面所需的水泥浆水量相应减少，可节约水泥，所以，在条件许可的情况下，粗骨料最大粒径应尽量用得大些。在普通混凝土中，骨料粒径大于 40mm 并没有好处，有可能造成混凝土强度下降。混凝土粗骨料的最大粒径不得超过结构截面最小尺寸的 1/4，同时不得大于钢筋最小净距的 3/4；对于混凝土实心板，骨料的最大粒径不宜超过板厚的 1/2，且不得超过 50mm；对泵送混凝土，碎石最大粒径与输送管内径之比，宜小于或等于 1∶3，卵石宜小于或等于 1∶2.5。

（6）骨料的形状和表面特征

骨料的颗粒形状近似球形或立方体形，且表面光滑时，表面积较小，对混凝土流动性有利，然而表面光滑的骨料与水泥石的粘结较差。砂的颗粒较小，一般较少考虑其形貌，可是石子就必须考虑其针、片状颗粒的含量。石子中的针状颗粒是指长度大于该颗粒所属相应粒级平均粒径（该粒级上、下限粒径的平均值）的 2.4 倍者；而片状颗粒是指其厚度小于平均粒径 0.4 倍者。针、片状颗粒不仅受力时易折断，而且会增加骨料间的空隙，对针、片状颗粒含量的限量要求见表 4-10。

卵石和碎石的针、片状颗粒含量限值　　表 4-10

类　　别	Ⅰ	Ⅱ	Ⅲ
针、片状颗粒总含量（按质量计）%	≤5	≤10	≤15

（7）强度

骨料的强度是指粗骨料的强度。为了保证混凝土的强度，粗骨料必须致密并具有足够的强度。碎石的强度可用岩石抗压强度和压碎指标值表示，卵石的强度可用压碎指标值表示。

1）碎石的抗压强度测定：将其母岩制成边长为 50mm 的立方体（或直径与高均为 50mm 的圆柱体）试件，在水饱和状态下测定其极限抗压强度值。碎石抗压强度一般在混凝土强度等级大于或等于 C60 时才检验，其他情况如有怀疑或必要时，也可进行抗压强度检验。通常，要求岩石抗压强度与混凝土强度等级之比不应小于 1.5，火成岩强度不宜低于 80MPa，变质岩强度不宜低于 60MPa，水成岩强度不宜低于 30MPa。

2）碎石和卵石的压碎指标值测定：将一定气干状态下粒径为 9.50～19.0mm 的石子装入标准圆模内，放在压力机上均匀加荷至 200kN，并持荷 5s，然后卸荷。卸荷后称取试样质量 G_1，然后用孔径为 2.36mm 的标准筛筛除被压碎的细粒，称出剩余在筛上的试样质量 G_2，按下式计算压碎指标值 Q_e：

$$Q_e = \frac{G_1 - G_2}{G_1} \times 100 \tag{4-2}$$

压碎指标值越小，说明粗骨料抵抗受压破碎能力越强。根据标准，对石子压碎指标值的限值见表 4-11。

石子的压碎指标 表 4-11

项 目	指 标		
	Ⅰ类	Ⅱ类	Ⅲ类
碎石压碎指标（%）	≤10	≤20	≤30
卵石压碎指标（%）	≤12	≤14	≤16

（8）骨料的表观密度、堆积密度、空隙率

砂表观密度、松散堆积密度应符合如下规定：表观密度不小于 2500kg/m³；松散堆积密度不小于 1400kg/m³；空隙率不大于 44%。卵石、碎石表观密度、连续级配松散堆积空隙率应符合如下规定：表观密度不小于 2600kg/m³；连续级配松散堆积空隙率，根据卵石、碎石的类别不同，要求分别为：Ⅰ类：≤43%；Ⅱ类：≤45%；Ⅲ类：≤47%。

（9）骨料的含水状态

骨料的含水状态可分为干燥状态、气干状态、饱和面干状态和湿润状态四种，如图 4-4 所示。干燥状态的骨料含水率等于或接近于零；气干状态的骨料含水率与大气湿度相平衡，但未达到饱和状态；饱和面干状态的骨料，其内部孔隙含水达到饱和，而其表面干燥；湿润状态的骨料，不仅内部孔隙含水达到饱和，而且表面还附着一部分自由水。计算普通混凝土配合比时，一般以干燥状态的骨料为基准，而一些大型水利工程，常以饱和面干状态的骨料为基准。

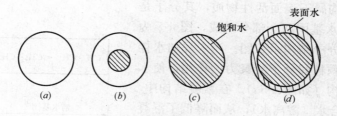

图 4-4 骨料的含水状态
(a) 干燥状态；(b) 气干状态；(c) 饱和面干状态；(d) 湿润状态

三、混凝土用水

混凝土用水的基本要求是：不影响混凝土的凝结和硬化；无损于混凝土强度发展及耐久性；不加快钢筋锈蚀；不引起预应力钢筋脆断；不污染混凝土表面。混凝土用水中的物质含量限值见表 4-12。

水中物质含量限值 表 4-12

项　目	预应力混凝土	钢筋混凝土	素混凝土
pH 值	>4	>4	>4
不溶物（mg/L）	<2000	<2000	<5000
可溶物（mg/L）	<2000	<5000	<10000
氯化物（以 CL^- 计）（mg/L）	<500	<1200	<3500
硫酸盐（以 SO_4^{2-} 计）（mg/L）	<600	<2700	<2700
硫化物（以 S^{2-} 计）（mg/L）	<100	—	—

四、外加剂

混凝土外加剂是一种在混凝土搅拌之前或拌制过程中加入的、用以改善新拌混凝土和（或）硬化混凝土性能的材料。

1. 外加剂的分类

混凝土外加剂种类繁多，根据《混凝土外加剂定义、分类、命名与术语》（GB/T 8075—2005）的规定，混凝土外加剂按其主要使用功能分为四类：

（1）改善混凝土拌合物流变性能的外加剂，包括减水剂、引气剂和泵送剂等。

（2）调节混凝土凝结时间、硬化性能的外加剂，包括缓凝剂、促凝剂和速凝剂等。

（3）改善混凝土耐久性的外加剂，包括引气剂、防水剂、阻锈剂和矿物外加剂等。

（4）改善混凝土其他性能的外加剂，包括膨胀剂、防冻剂、着色剂等。

目前，在工程中常用的外加剂主要有减水剂、引气剂、促凝剂、缓凝剂、防冻剂等。

2. 减水剂

减水剂是指在混凝土坍落度基本相同的条件下，能显著减少混凝土拌合用水量的外加剂。根据减水剂的作用效果及功能情况，可分为普通减水剂、高效减水剂、高性能减水剂、引气减水剂等。

（1）减水剂的作用原理

常用减水剂均属于表面活性物质，其分子是由亲水基团和憎水基团两个部分组成，图 4-5 为磺酸盐类减水剂分子结构示意图。当水泥加水拌合后，由于水泥颗粒间分子凝聚力的作用，使水泥浆形成絮凝结构（如图 4-6a）。在絮凝结构中，包裹了一定的拌合水（游离水），从而降低了混凝土拌合物的和易性。如在水泥浆中加入适量的减水剂，由于减水剂的表面活性作用，致使憎水基

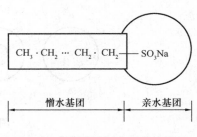

图 4-5　表面活性剂分子结构模型

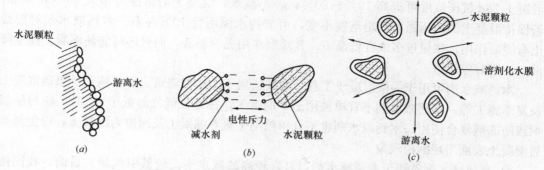

图 4-6 水泥浆的絮凝结构和减水剂作用示意图

团定向吸附于水泥颗粒表面，亲水基团指向水溶液，使水泥颗粒表面带有相同的电荷，在电斥力作用下，水泥颗粒互相分开（如图 4-6b），絮凝结构解体，包裹的游离水被释放出来，从而有效地增加了混凝土拌合物的流动性（如图 4-6c）。当水泥颗粒表面吸附足够的减水剂后，在水泥颗粒表面形成一层稳定的溶剂化膜层，它阻止了水泥颗粒间的直接接触，并在颗粒间起润滑作用，也改善了混凝土拌合物的和易性。此外，由于水泥颗粒被有效分散，颗粒表面被水分充分润湿，增大了水泥颗粒的水化面积，使水化比较充分，从而提高了混凝土的强度。

（2）减水剂的技术经济效果

1）增加流动性。在用水量及水灰比不变时，混凝土坍落度可增大 100～200mm，且不影响混凝土的强度。

2）提高混凝土的强度。在保持流动性及水泥用量不变的条件下，可减少拌合水量 10%～15%，从而降低了水灰比，使混凝土强度提高 15%～20%，特别是早期强度提高更为显著。

3）节约水泥。在保持流动性及水灰比不变的条件下，可以在减少拌合水量的同时，相应减少水泥用量，即在保持混凝土强度不变时，可节约水泥用量 10%～15%。

4）改善混凝土的耐久性。由于减水剂的掺入，显著地改善了混凝土的孔结构，使混凝土的密实度提高，透水性降低，从而可提高抗渗、抗冻、抗化学腐蚀及防锈蚀等能力。

此外，掺入减水剂后，还可以改善混凝土拌合物的泌水、离析现象，延缓混凝土拌合物的凝结时间，减慢水泥水化放热速度。

（3）常用的减水剂

减水剂种类很多。按减水效果可分为普通减水剂、高效减水剂和高性能减水剂；按凝结时间可分为标准型、早强型、缓凝型三种；按是否引气可分为引气型和非引气型两种。

1）普通减水剂的主要成分为木质素磺酸盐，常用的有木质素磺酸钙（木钙）、木质素磺酸钠（木钠）、木质素磺酸镁（木镁），都具有一定的缓凝、减水和引气作用。以其为原料，加入不同类型的调凝剂，可制得不同类型的减水剂，如早强型、标准型和缓凝型的减水剂。下面重点介绍一下使用比较多的木钙减水剂。

木钙减水剂是以生产纸浆或纤维浆剩余下来的亚硫酸浆废液为原料，采用石灰乳中和，经生物发酵除糖、蒸发浓缩、喷雾干燥而制得的棕黄色粉末。

木钙减水剂的适宜掺量，一般为水泥质量的 0.2%～0.3%。其减水率为 10%～15%，混凝土 28d 抗压强度可提高 10%～20%；若不减水，混凝土坍落度可增大 80～100mm；若保持混凝土的抗压强度和坍落度不变，可节约水泥用量 10% 左右。木钙减水剂对混凝土有缓凝作用，掺量过多或在低温下，其缓凝作用更为显著，而且还可能使混凝土强度降低，使用时应注意。

木钙减水剂可用于一般混凝土工程，尤其适用于大体积浇筑、滑模施工、泵送混凝土及夏季施工等。木钙减水剂不宜单独用于冬期施工，在日最低气温低于 5C 时，应与早强剂或防冻剂复合使用。木钙减水剂也不宜单独用于蒸养混凝土及预应力混凝土，以免蒸养后混凝土表面出现酥松现象。

2) 高效减水剂不同于普通减水剂，具有较高的减水率，较低引气量。目前，我国使用的高效减水剂品种较多，主要有：萘系减水剂、氨基磺酸盐系减水剂、脂肪族（醛酮缩合物）减水剂、密胺系及改性密胺系减水剂、蒽系减水剂等。下面主要介绍一下萘系减水剂。

萘系减水剂，是用萘或萘的同系物经磺化与甲醛缩合而成。目前，我国生产的主要有 NNO、NF、FDN、UNF、MF、建 I 型等减水剂，其中大部分品牌为非引气型减水剂。

萘系减水剂的适宜掺量为水泥质量的 0.5%～1.0%，减水率为 10%～25%，混凝土 28d 强度可提高 20% 以上。在保持混凝土强度和坍落度相近时，可节约水泥 10%～20%。掺入萘系减水剂后，混凝土的其他力学性能以及抗渗、耐久性等均有所改善，且对钢筋无腐蚀作用。

萘系减水剂的减水增强效果好，对不同品种水泥的适应性较强。适用于配制早强、高强、流态、蒸养混凝土。

3) 高性能减水剂是一种比高效减水剂具有更高减水率、更好坍落度保持性能、较小干燥收缩，且具有一定引气性能的减水剂。高性能减水剂是国内外近年来开发的新型外加剂品种，目前主要为聚羧酸盐类产品。它具有"梳状"的结构特点，有带有游离的羧酸阴离子团的主链和聚氧乙烯基侧链组成，用改变单体的种类、比例和反应条件可生产具各种不同性能和特性的高性能减水剂。早强型、标准型和缓凝型高性能减水剂可由分子设计引入不同功能团而生产，也可掺入不同组分复配而成。其主要特点为：

① 掺量低，减水率高；

② 混凝土拌合物工作性及工作性保持性较好；

③ 外加剂中氯离子和碱含量较低；

④ 用其配制的混凝土收缩率较小，可改善混凝土的体积稳定性和耐久性；

⑤ 对水泥的适应性较好；

⑥ 生产和使用过程中不污染环境，是环保型的外加剂。

3. 引气剂

引气剂，是指在混凝土搅拌过程中，能引入大量分布均匀、稳定而封闭的微小气泡且能保留在硬化混凝土中的外加剂，引气剂的种类较多，主要有：可溶性树脂酸盐（松香酸）、皂化的吐尔油、十二烷基磺酸钠、十二烷基苯磺酸钠、磺化石油羟类的可溶性盐等。

引气剂属憎水性表面活性剂，由于能显著降低水的表面张力和界面能，使水溶液在搅拌过程中极易产生许多微小的封闭气泡，气泡直径多在 50～250μm。同时，因引气剂定向吸附在气泡表面，形成较为牢固的液膜，使气泡稳定而不破裂。按混凝土含气量3%～5%计（不加引气剂的混凝土含气量为1%），$1m^3$混凝土拌合物中含数百亿个气泡。由于大量微小、封闭并均匀分布的气泡的存在，使混凝土的某些性能得到明显改善或改变。

（1）改善混凝土拌合物的和易性

由于大量微小封闭球状气泡在混凝土拌合物内形成，如同滚珠一样，减少了颗粒间的摩擦阻力，使混凝土拌合物流动性增加。同时，由于水分均匀分布在大量气泡的表面，使能自由移动的水量减少，混凝土拌合物的保水性、黏聚性也随之提高。

（2）显著提高混凝土的抗渗性、抗冻性

大量均匀分布的封闭气泡切断了混凝土中的毛细管渗水通道，改变了混凝土的孔结构，使混凝土抗渗性显著提高。同时，封闭气泡有较大的弹性变形能力，对由水结冰所产生的膨胀应力有一定的缓冲作用，因而混凝土的抗冻性得到提高。

（3）降低混凝土强度

混凝土内部大量的气泡存在，减少了混凝土的有效受压面积，因此，掺入引气剂使混凝土的强度和弹性模量有所下降。一般混凝土的含气量每增加1%，其抗压强度将降低4%～6%，抗折强度下降2%～3%。为了使混凝土的强度不致明显降低，要严格控制引气剂的掺量；可根据需要减少拌合用水量5%左右，以补偿由于引气造成的强度损失；同时要使用优质的引气剂，使气泡微小，分布均匀；施工时尽量密实成型，

引气剂可用于抗渗混凝土、抗冻混凝土、抗硫酸盐侵蚀混凝土、泌水严重的混凝土、轻混凝土，以及对饰面有要求的混凝土等，但引气剂不宜用于蒸养混凝土及预应力混凝土。引气剂的主要性能指标是掺引气剂混凝土的含气量，要大于3%，由于引气将造成强度下降，因此要检验掺引气剂的混凝土3d、7d、28d的抗压强度比必须满足规定的指标。

4. 早强剂

早强剂是能加速水泥水化和硬化，促进混凝土早期强度增长的外加剂，可缩短混凝土养护龄期，加快施工速度，提高模板和场地周转率。早强剂可以在常温、低温和负温（不低于−5℃）条件下加速混凝土的硬化过程，多用于冬期施工和抢修工程。早强剂主要有无机盐类（氯盐类、硫酸盐类）和有机胺及有机-无机的复合物三大类。

早强剂最主要的技术性能指标是1d和28d抗压强度比。按照国家标准规定，掺入早强剂的混凝土与基准混凝土1d抗压强度之比不能低于125%，28d抗压强度比不低于95%。

（1）氯盐类早强剂

氯盐类早强剂主要有氯化钙、氯化钠、氯化钾、氯化铝及三氯化铁等，其中以氯化钙应用最广。氯化钙为白色粉状物，其适宜掺量为水泥质量的0.5%～1.0%，能使混凝土3d强度提高50%～100%，7d强度提高20%～40%，同时能降低混凝土中水的冰点，防止混凝土早期受冻。

氯化钙对混凝土产生早强作用的主要原因，一般认为是它能与水泥中的C_3A作用，生成不溶性水化氯铝酸钙（$C_3A \cdot CaCl_2 \cdot 10H_2O$），并与$C_3S$水化析出的氢氧化钙作用，生成不溶性氧氯化钙（$CaCl_2 \cdot 3Ca(OH)_2 \cdot 12H_2O$）。这些复盐的形成，增加了水泥浆中固相的比例，有助于水泥石结构的形成。同时，由于氯化钙与氢氧化钙的迅速反应，降低了液相中的碱度，使C_3S水化反应加快，有利于提高水泥石早期强度。

采用氯化钙作早强剂，最大的缺点是含有 Cl⁻ 离子，会使钢筋锈蚀，并导致混凝土开裂。

因此，《混凝土结构工程施工质量验收规范》（GB 50204）规定，在钢筋混凝土中，氯化钙的掺量不得超过水泥质量的 1%，在无筋混凝土中掺量不得超过 3%，在使用冷拉和冷拔低碳钢丝的混凝土结构及预应力混凝土结构中，不允许掺用氯化钙。同时还规定，在下列结构的钢筋混凝土中不得掺用氯化钙和含有氯盐的复合早强剂：在高湿度空气环境中、处于水位升降部位、露天结构或经受水淋的结构；与含有酸、碱或硫酸盐等侵蚀性介质相接触的结构；使用过程中经常处于环境温度为 60℃ 以上的结构；直接靠近直流电源或高压电源的结构等。

为了抑制氯化钙对钢筋的锈蚀作用，常将氯化钙与阻锈剂亚硝酸钠（$NaNO_2$）复合使用。

（2）硫酸盐类早强剂

硫酸盐类早强剂，主要有硫酸钠、硫代硫酸钠、硫酸钙、硫酸铝、硫酸铝钾等，其中硫酸钠应用较多。硫酸钠为白色粉状物，一般掺量为水泥质量 0.5%～2.0%，当掺量为 1%～1.5% 时，达到混凝土设计强度 70% 的时间，可缩短一半左右。

硫酸钠掺入混凝土后产生早强的原因，一般认为是硫酸钠与水泥水化产物 $Ca(OH)_2$ 作用，生成高分散性的硫酸钙，均匀分布在混凝土中，而它与 C_3A 的反应比外掺石膏的作用快得多，能使水化硫铝酸钙迅速生成，大大加快了水泥的硬化。同时，由于上述反应的进行，使得溶液中 $Ca(OH)_2$ 浓度降低，从而促使 C_3S 水化加速，使混凝土早期强度提高。

硫酸钠对钢筋无锈蚀作用，适用于不允许掺用氯盐的混凝土。但由于它与 $Ca(OH)_2$ 作用生成强碱 NaOH，为防止碱-骨料反应，硫酸钠严禁用于含有活性骨料的混凝土。同时，应注意不能超量掺加，以免导致混凝土产生后期膨胀开裂破坏，并防止混凝土表面产生"白霜"。

（3）有机胺类早强剂

有机胺类早强剂，主要有三乙醇胺、三异丙醇胺等，其中早强效果以三乙醇胺为佳。

三乙醇胺为无色或淡黄色油状液体，呈碱性，能溶于水。掺量为水泥质量的 0.02%～0.05%，能使混凝土早期强度提高。与其他外加剂（如氯化钠、氯化钙、硫酸钠等）复合使用，效果更加显著。

三乙醇胺对混凝土稍有缓凝作用，掺量过多会造成混凝土严重缓凝和混凝土强度下降，故应严格控制掺量。

5. 缓凝剂

缓凝剂是可在较长时间内保持混凝土工作性、延缓混凝土凝结和硬化时间的外加剂。缓凝剂主要有四类：糖类，如糖蜜；木质素磺酸盐类，如木钙、木钠；羟基羧酸及其盐类，如柠檬酸、酒石酸、葡萄糖酸；无机盐类，如锌盐、硼酸盐等。常用的缓凝剂是木钙和糖蜜，其中糖蜜的缓凝效果最好。

糖蜜缓凝剂是制糖下脚料经石灰处理而成，也是表面活性剂，掺入混凝土拌合物中，能吸附在水泥颗粒表面，形成同种电荷的亲水膜，使水泥颗粒相互排斥，并阻碍水泥水化，从而起缓凝作用。糖蜜的适宜掺量为水泥质量 0.1%～0.3%，混凝土凝结时间可延长 2～4h。掺量过大，会使混凝土长期酥松不硬，强度严重下降。

缓凝剂具有缓凝、减水、降低水化热和增强作用，对钢筋也无锈蚀作用。主要适用于大体积混凝土和炎热气候下施工的混凝土，以及需长时间停放或长距离运输的混凝土。缓凝剂不宜用于日最低气温 5℃ 以下施工的混凝土，也不宜单独用于有早强要求的混凝土及蒸养混凝土。

6. 速凝剂

速凝剂是指能使混凝土迅速凝结硬化的外加剂。速凝剂主要有无机盐类（硅酸钠、铝酸钠、磺酸盐）和有机物类（聚丙烯酸、聚甲基丙烯酸、羟基胺）。我国常用的速凝剂多为无机盐类，主要由以 $NaAlO_2$ 为主要成分的铝氧熟料＋碳酸钠＋生石灰或铝氧熟料＋无水石膏组成。

速凝剂掺入混凝土后，能使混凝土在 5min 内初凝，10min 内终凝，1h 就产生强度，1d 强度提高 2～3 倍，但后期强度会下降，28d 强度约为不掺时的 80%～90%。速凝剂的速凝早强作用机理，是使水泥中的石膏变成 Na_2SO_4，失去缓凝作用，从而促进 C_3A 迅速水化，并在溶液中析出其水化产物晶体，导致水泥浆迅速凝固。

速凝剂主要用于矿山井巷、铁路隧道、引水涵洞、地下工程以及喷锚支护时的喷射混凝土或喷射砂浆工程中。

7. 防冻剂

防冻剂是能使混凝土在负温下硬化，并在规定养护条件下达到预期性能的外加剂。常用的防冻剂有氯盐类（氯化钙、氯化钠），氯盐阻锈类（以氯盐与亚硝酸钠阻锈剂复合而成），无氯盐类（以硝酸盐、亚硝酸盐、碳酸盐、乙酸钠或尿素复合而成）。

氯盐类防冻剂适用于无筋混凝土；氯盐阻锈类防冻剂可用于钢筋混凝土；无氯盐类防冻剂可用于钢筋混凝土工程和预应力钢筋混凝土工程。硝酸盐、亚硝酸盐、碳酸盐易引起钢筋的应力腐蚀，故此类防冻剂不适用于预应力混凝土以及与镀锌钢材相接触部位的钢筋混凝土结构。另外，含有六价铬盐、亚硝酸盐等有毒成分的防冻剂，严禁用于饮水工程及与食品接触的部位。

8. 外加剂性能指标

外加剂的质量必须均匀、稳定、性能良好。根据我国标准《混凝土外加剂》（GB 8076—2008）规定，对应用于混凝土的各类外加剂产品须经过检测，其匀质性指标及掺外加剂混凝土性能指标，均应符合标准所规定的要求。

9. 外加剂的选择和使用

在混凝土中掺用外加剂，若选择和使用不当，会造成质量事故。因此，应注意以下几点：

（1）外加剂品种的选择

外加剂品种、品牌很多，效果各异，特别是对不同品种水泥效果不同。在选择外加剂时，应根据工程需要，现场的材料条件，参考有关资料，通过试验确定。

（2）外加剂掺量的确定

混凝土外加剂均有适宜掺量。掺量过小，往往达不到预期效果；掺量过大，则会影响混凝土质量，甚至造成质量事故。因此，应通过试验试配，确定最佳掺量。

（3）外加剂的掺加方法

外加剂的掺量很少，必须保证其均匀分散，一般不能直接加入混凝土搅拌机内。对于可溶于水的外加剂，应先配成一定浓度的溶液，随水加入搅拌机。对于不溶于水的外加剂，应与适量水泥或砂混合均匀后，再加入搅拌机内。另外，外加剂的掺入时间，对其效果的发挥有很大影响，减水剂有同掺法、后掺法、分掺法三种方法。同掺法，为减水剂在混凝土搅拌时一起掺入；后掺法，是搅拌好混凝土后间隔一定时间，然后再掺入；分掺法，是一部分减水剂在混凝土搅拌时掺入，另一部分在间隔一段时间后再掺入。而实践证明，后掺法最好，能充分发挥减水剂的功能。

五、掺合料

以天然的矿物质材料或工业废渣为原材料，直接使用或经预先磨细、在拌制混凝土时作为一种组分直接掺入拌合物中的细粉材料叫做混凝土的矿物掺合料。与水泥的混合材料相比，混凝土的矿物掺合料可以根据需要磨得更细，其掺量也可根据工程要求灵活控制。活性的矿物掺合料具有很好的化学反应活性，掺入混凝土中不仅可以取代部分水泥，降低混凝土的造价，而且可以改善混凝土的性能，例如降低水化热，改善拌合物的工作性，提高混凝土的抗腐蚀性，提高耐久性等。随着混凝土技术的发展，高强度、大流动性等高性能混凝土的应用越来越多，矿物掺合料已经作为高性能混凝土不可缺少的组分之一。

用于混凝土中的掺合料可分为活性矿物掺合料和非活性矿物掺合料两大类。非活性矿物掺合料一般与水泥组分不起化学作用，或化学作用很小，如磨细石英砂、石灰石、硬矿渣之类材料。活性矿物掺合料虽然本身不硬化或硬化速度很慢，但能与水泥水化生成的 $Ca(OH)_2$ 发生化学反应，生成具有水硬性的胶凝材料。如粒化高炉矿渣、火山灰质材料、粉煤灰、硅灰等。

常用的矿物掺合料有粉煤灰、硅灰、沸石粉、磨细矿渣、磨细煤矸石、磨细石灰石粉等。

1. 粉煤灰

粉煤灰是火力发电厂煤粉燃烧后排放出来的废料，属于火山灰质活性混合材料，其主要成分是硅、铝和铁的氧化物，具有潜在的化学活性，粉煤灰单独与水拌合不具有水硬活性，但在有 $Ca(OH)_2$ 存在的条件下，能够与水反应生成类似于水泥凝胶体的胶凝物质，并具有一定的强度。由于煤粉微细，且在高温燃烧过程中形成玻璃微珠，因此粉煤灰颗粒多数呈球形。粉煤灰粒径多在 $45\mu m$ 以下，可以不用粉磨直接用作混凝土的掺合料。

（1）粉煤灰掺入混凝土中的作用

粉煤灰中具有潜在的化学活性，颗粒微细，且含有大量玻璃微珠，掺入混凝土中可以发挥以下三种效应，即活性效应、形态效应和微粒填充效应。

1）活性效应。活性 SiO_2、Al_2O_3、Fe_2O_3 等活性物质的含量超过 70%，尽管这些活性成分单独不具备水硬性，但在水泥水化析出 $Ca(OH)_2$ 后，能够与这些活性物质发生二次水化反应，生成水化硅酸钙、水化铁酸钙等凝胶体，具有胶结能力。

2）形态效应。粉煤灰中含有大量的玻璃微珠体，呈球形，掺入混凝土中可减少混凝土拌合物的内摩擦阻力，提高流动性或减少用水量，改善拌合物的工作性。

3）微粒填充作用。粉煤灰粒径大多数小于 $45\mu m$，尤其是一级灰，总体上比水泥颗粒还细，所以可以填充在水泥凝胶体的毛细孔和气孔之中，使水泥凝胶体更加密实。

因此，粉煤灰作为混凝土的矿物掺合料，既有一定的活性效应，不至于使混凝土的强度降低过多，同时微细、球形的颗粒能改善拌合物的和易性，降低混凝土的早期水化热，减少温度裂缝，并且能够使硬化后混凝土更加密实，提高混凝土的渗透性，改善耐久性。

（2）粉煤灰技术性质

粉煤灰作为混凝土掺合料时要检测其细度、烧失量、需水量比等主要技术指标。国家标准根据这些技术指标将粉煤灰划分为Ⅰ、Ⅱ、Ⅲ级，如表 4-13 所示。工程中使用粉煤灰时要取样进行性能检测，确定粉煤灰的等级。

粉煤灰的品质指标和分类

表 4-13

序 号	指 标	粉煤灰级别		
		Ⅰ	Ⅱ	Ⅲ
1	细度（0.045mm 方孔筛筛余%）	≤12	≤20	≤45
2	需水量比（%）	≤95	≤105	≤115
3	烧失量（%）	≤5	≤8	≤15
4	三氧化硫（%）	≤3		
5	含水量（%）	≤1	≤1	不规定

1）细度。粉煤灰的细度用 0.045mm 方孔筛的筛余百分率表示。粉煤灰的颗粒越细，其活性作用和填充作用发挥得越好。因此，粉煤灰颗粒越细越好。为了提高粉煤灰的细度，也可以将粉煤灰再度粉磨，但是由于原灰中含有的颗粒大部分呈球形，对改善混凝土拌合物的和易性极为有利，粉磨后不能保证颗粒形状，所以不是特殊需要，粉煤灰应尽量使用原灰，既节省再度粉磨加工的费用，又可充分发挥粉煤灰的粒形效应。

2）需水量比。所谓需水量比是指按照规定的试验方法，测定砂浆流动性基本相同时，掺粉煤灰后的砂浆需水量与不掺粉煤灰的砂浆需水量之比。该值反映了粉煤灰的掺入对混凝土流动性的改善能力。试验砂浆按照硅酸盐水泥：粉煤灰：标准砂＝210g：90g：750g，对比砂浆按照硅酸盐水泥：标准砂＝300g：750g，分别加水拌制砂浆，按照水泥胶砂流动度试验方法测定砂浆流动度达到 125～135mm 时各自所加水量，试验砂浆需水量与对比砂浆需水量之比即为该粉煤灰的需水量比。

3）烧失量。烧失量是指将干燥的粉煤灰试样在高温下（950～1000℃）反复灼烧后至恒重，所损失的质量占试样原重的百分比。

（3）粉煤灰在混凝土中的使用

粉煤灰作为混凝土的矿物掺合料使用时，要根据混凝土的强度、工作性及耐久性等性能要求和粉煤灰的等级进行合理的配合比设计，同时还要在试验室内通过试配试验最终确定混凝土的配合比。粉煤灰掺入方法有两种，即等量取代法和超量取代法。

1）等量取代法。用等量的粉煤灰取代等量的水泥。其目的是节约水泥用量，降低早期水化热和改善和易性，但相应地混凝土的早期强度将有所下降。粉煤灰掺量以粉煤灰量占胶凝材料总量（水泥和粉煤灰质量之和）的百分率表示。

2）超量取代法。粉煤灰的掺入量大于所取代的水泥量，超量部分取代等体积的砂子。这样既能保持强度和拌合物的和易性等效，又能节约水泥用量。超量部分的粉煤灰所产生的强度增加效应，可以补偿以粉煤灰等量取代水泥所降低的早期强度，从而保持粉煤灰掺入后混凝土强度基本不变。超量取代中掺入的粉煤灰量与被取代的水泥质量之比叫做超量取代系数,一般在 1.1～2.0,粉煤灰的质量越好,即等级越高,超量取代系数可以小一些。

2. 粒化高炉矿渣粉

将炼铁高炉熔融物水淬后得到的粒化高炉矿渣经干燥、粉磨(或添加少量石膏一起粉磨)达到相当细度且符合相应活性指数的粉体,叫做粒化高炉矿渣粉,简称矿渣粉。

(1) 矿渣粉作为掺合料使用的优点

粒化高炉矿渣是炼铁工业副产品,含有较多的活性 SiO_2、Al_2O_3 等具有潜在活性的化学成分。由于从高温熔融状态急剧水淬冷却形成玻璃体,具有很高的化学活性,长期以来一直作为水泥的混合材料,与水泥熟料、石膏同时粉磨生产矿渣水泥。近年来,随着高强、高性能混凝土的普遍应用,以粒化高炉矿渣为原料单独制粉,并逐步形成了矿渣粉末生产体系。与使用矿渣水泥相比,直接将磨细的矿渣粉掺入混凝土中具有以下优点。

1) 粒化高炉矿渣比较坚硬,与水泥熟料混在一起,不容易同步磨细。所以矿渣水泥往往保水性差,容易泌水,使硬化后的混凝土抗渗性较差。同时,较粗颗粒的粒化矿渣活性不能得到充分发挥,所以使用矿渣水泥的混凝土往往早期强度较低。而将粒化高炉矿渣单独粉磨或加入少量石膏或助磨剂一起粉磨,可以根据需要控制粉磨工艺,得到所需细度的矿渣粉,有利于其中活性组分更快、更充分地水化,保证混凝土所需强度,并且微细粉体具有填充作用,使混凝土内部结构更加密实。

2) 可以根据工程需要灵活调整矿渣粉的细度,以及根据配合比设计确定合理的矿渣粉掺量。使矿渣粉的优势得到充分利用。

3) 如果将矿渣粉磨得很细(例如比表面积超过 $600m^2/kg$),除了能降低混凝土的水化热、提高抗腐蚀性外,由于微细粉体的填充作用,使混凝土的密实度得到很大提高,因此能够大幅度提高混凝土的强度。这从根本上改变了在混凝土中掺入非煅烧胶凝材料会降低强度的传统观念,通过物理上细度的提高获得更高强度。

(2) 矿渣粉的技术性质

矿渣粉作为混凝土的掺合料使用必须符合国家标准规定的技术指标要求,矿渣粉按照活性高低分为 S105、S95、S75 三个级别,各级别产品的技术指标见表 4-14。

磨细矿渣粉的技术指标　　　　　　　　　　　表 4-14

项　目		级　别		
		S105	S95	S75
密度(g/cm³)		≥2.8		
比表面积(m²/kg)		≥350		
活性指数(%)	7d	≥95	≥75	≥55
	28d	≥105	≥95	≥75
流动度比(%)		≥85	≥90	≥95
含水量(%)		≤1.0		
三氧化硫(%)		≤4.0		
氯离子(%)		≤0.02		
烧失量(%)		≤3.0		

1) 细度。磨细矿渣粉的细度用比表面积表示,细度越高,颗粒越细,其活性效应发

挥得越充分，但过细需要消耗较多的生产能耗，根据工程需要以满足要求为宜。硅酸盐水泥的细度指标为不小于 $300m^2/kg$，可见磨细矿渣粉的细度比水泥更细。

2）活性指数。是衡量矿渣粉活性大小的指标。活性指数越大，表明矿渣粉的活性越高，掺入混凝土中对强度贡献越大。

3）流动度比。流动度比反映了矿渣粉掺入混凝土中对拌合物和易性的影响程度。由于矿渣粉颗粒比水泥更细，比表面积大，掺入混凝土后将吸收更多的水分，使混凝土的流动性有所降低。矿渣粉细度越高，活性指数越大，通常流动度比值越小。

3. 硅灰

硅粉是用电弧冶炼硅金属或硅铁合金时的副产品。在 $2000℃$ 高温下，将石英（SiO_2）还原成 Si 时，将产生 SiO 气体，到低温区再氧化成 SiO_2，最后冷凝成极微细的球形颗粒。硅灰的主要成分是非晶态的无定形 SiO_2，含量在 80% 以上，具有很高的化学活性。

硅灰作为混凝土的矿物掺合料其最大的优势是微填充作用和很高的活性。由于硅灰的粒径只有 $0.1\sim0.2\mu m$，能充分填充在水泥凝胶体的毛细孔中，使混凝土的微观结构更加密实，同时由于颗粒微细，能充分发挥其化学活性，与水泥水化产物中的氢氧化钙反应，生成水化硅酸钙凝胶体，提高混凝土的强度。由于硅灰的比表面积值很大，掺量过多将使水泥浆体变得十分黏稠，同时硅灰的价格昂贵，所以只适用于高强混凝土，掺量一般控制在胶凝材料总量的 10% 以下。

4. 沸石粉

沸石粉是指以天然沸石为原料，经破碎、磨细制成的粉状物料，属于火山灰类混合材料。天然沸石的主要品种有斜发沸石和丝光沸石。与粉煤灰、矿渣、硅粉等掺合料不同，沸石是一种天然的、多孔结构的微晶矿物，掺入混凝土中不仅节省水泥用量，而且能够改善混凝土拌合物的均匀性与和易性，降低水化热，提高混凝土的强度、抗渗性，抑制碱-骨料反应，提高混凝土的耐久性。适用于泵送混凝土、大体积混凝土、抗渗防水混凝土、抗硫酸盐和抗软水侵蚀混凝土以及高强混凝土。

沸石粉的技术性质主要有沸石含量、细度、需水量比和活性指标。

（1）沸石含量。沸石粉的活性与沸石含量有关，沸石含量以吸铵值表示。为确定沸石含量，可以采用铵离子交换试验以测定其吸铵值，吸铵值是目前测定沸石中沸石含量的主要依据。沸石中的碱金属和碱土金属很容易被铵离子交换，所以吸铵值是沸石特有的理化性能。按照吸铵值的大小将沸石粉分为Ⅰ、Ⅱ、Ⅲ级，吸铵值越大，表明沸石含量越高，我国大多数天然沸石岩的沸石含量在 50% 以上。

（2）细度。细度对沸石粉活性的发挥影响很大。如果沸石粉的细度比水泥还细，则掺入少量的沸石粉，可以填充水泥凝胶体的孔隙，获得更加密实的混凝土结构，提高密实度。由于沸石粉内部为多孔结构，所以不适用负压筛和透气法，而是采用简便易行的水筛法，参照水泥细度检验方法中的水筛法测量，以 $80\mu m$ 方孔筛的筛余量控制细度。通常沸石粉的细度达到 $0.080mm$ 方孔筛筛余百分率小于 5%。

（3）需水量比。反映沸石粉需水量的大小。由于沸石粉颗粒比表面积大，需水量值偏高。以 10% 的沸石粉置换水泥的混凝土，坍落度比基准混凝土小 $20mm$ 左右。所以，掺入沸石粉的混凝土可适当加大减水剂的掺量。

（4）活性指标。同矿渣粉的活性指标测定。

第三节　混凝土的性能

一、新拌混凝土的和易性

1. 和易性的概念与含义

新拌混凝土的和易性，也称做工作性，是指混凝土拌合物易于施工操作（拌合、运输、浇筑、振捣）并获得质量均匀、成型密实的性能。混凝土拌合物的和易性是一项综合技术性质，它至少包括流动性、黏聚性和保水性三项独立的性能。流动性是指混凝土拌合物在自重或机械（振捣）力作用下能产生流动并均匀密实地填满模板的性能。黏聚性是指混凝土拌合物各组成材料之间有一定的黏聚力，不致在施工过程中产生分层和离析的现象。保水性是指混凝土拌合物具有一定的保水能力，不致在施工过程中出现严重的泌水现象。

这三方面的性能从不同的侧面反映了拌合物的施工难易程度，同时又是互相联系、互相影响的。混凝土拌合物在宏观上是粗细骨料颗粒分散在连续的水泥浆体中所构成的均匀分散体系。拌合物的流动性取决于固体颗粒和水泥浆体的相对比例以及水泥浆体的稀稠程度。增加水泥浆量，骨料颗粒之间的距离增大，则拌合物的流动性提高，加大水泥浆体的流动性会提高混凝土拌合物整体的流动性。但水泥浆体过稀，将减小骨料颗粒与浆体之间的摩擦阻力，使得密度较大的骨料颗粒下沉，水泥浆体上浮，造成组分分布不均匀，这种现象叫做分层离析或黏聚性不良。在水泥浆量和骨料量不变的条件下，采用较粗颗粒的骨料可以减少骨料的表面积，使得骨料之间水泥浆层较厚，可提高流动性；但是骨料过粗，比表面积过小，涵养水分的能力降低，在浇筑、振捣过程中将有水分从拌合物中析出，这种现象叫做泌水。因此，混凝土拌合物的工作性是一个综合的性能，任何一方面性能不良，均不能达到顺利施工，并获得性能良好的混凝土的目的。

混凝土工作性的好坏不仅直接影响施工的难易程度，而且对硬化后混凝土的性能有重要的影响。例如，流动性不好，混凝土拌合物不容易填满模型，内部也不容易密实，在模型的某些部位容易空缺，使硬化后的混凝土构件产生外观尺寸缺陷和空洞。如图 4-7 所

图 4-7　流动性不好的混凝土柱表面的外观缺陷

示，流动性不好的混凝土浇筑的柱子在表面存在许多孔洞。为了达到填充密实的目的，就需要采用强力的振捣措施。如果黏聚性不好，则拌合物内部各个组分就不能保持均匀分布，产生分层离析的现象，从而导致性能和质量不均匀，下部由于骨料较多、胶结材料不足而降低强度；上部由于浮浆和泌水造成毛细孔通道增多，抗渗性能下降，以及表面起粉等不良影响。如果保水性不好，混凝土在振捣过程中以及振捣之后静置过程中，一部分水从混凝土内部析出，上升至混凝土的表面，这种现象叫做泌水，如图 4-8 所示。过多泌水对混凝土的内部密实性及表面质量都将造成不良影响，由于水分上升，在混凝土内部将留下许多水分渗流的通道，即毛细管孔隙，使硬化后的混凝土内部存在许多连通孔隙，降低混凝土的抗渗性；由于泌水混凝土表层的水泥浆体多，含水量过多，形成表层多孔、疏松结构，耐磨性差。分层浇筑时将影响两层混凝土之间的粘结强度。在水分向上迁移的过程中，如果碰到粗骨料或水平钢筋，水分将在骨料颗粒或钢筋的下表面聚集而形成水隙，混凝土硬化后，水隙中的水分蒸发形成水泥石与粗骨料或钢筋界面之间的微裂缝，降低骨料与水泥凝胶体或钢筋与混凝土的粘结强度。

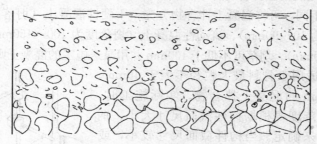

图 4-8　泌水造成的混凝土分层离析现象

　　由上述可知，混凝土拌合物的工作性是三个方面性能的综合，直接影响混凝土施工的难易程度，同时对硬化后混凝土的强度、耐久性、外观完好性及内部结构都具有重要的影响，是混凝土的重要性能之一。

　　2. 和易性的测定方法

　　正是因为新拌混凝土的流动性、黏聚性和保水性有其各自独立的内涵，目前，还没有能够全面反映混凝土拌合物和易性的测定方法。通常是测定混凝土拌合物的流动性，辅以其他方法或直观观察（结合经验）评定混凝土拌合物的黏聚性和保水性，然后综合评定混凝土拌合物的和易性。

　　测定流动性的方法目前有数十种，最常用的有坍落度和维勃稠度试验方法。

　　（1）坍落度法　坍落度法是 1918 年美国学者阿布拉姆斯（Abrams. D. A）提出来的，是定量地测量塑性混凝土流动性大小的试验方法，目前为世界各国普遍采用。所用的设备是一个截头圆锥筒，叫做坍落度筒，如图 4-9 所示，上口直径、下

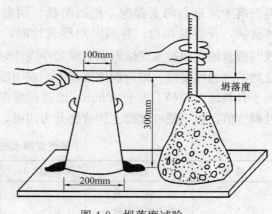

图 4-9　坍落度试验

口直径和高度分别为 100mm、200mm 和 300mm，测定时将坍落度筒放在水平的、不吸水的刚性底板上并固定，将刚刚拌合的混凝土混合料分三层装入筒内，每装完一层之后，用钢捣棒均匀地插捣 25 次，最后将上口抹平，垂直提起坍落度筒。筒内的混合料在失去了水平方向的约束之后，在自重作用下向下坍落，高度降低，将重力所引起的应力分散，直到所作用的应力小于拌合物的屈服极限，坍落变形停止。如图 4-9 所示，测量坍落后试样的最高点与坍落度筒之间的高度之差，即坍落的高度为坍落度值（mm）。混凝土拌合物的坍落度值越大，流动性越大。

进行坍落度试验时，应同时观察混凝土的黏聚性和保水性。黏聚性的检查方法是用捣棒在已坍落的混凝土锥体侧面轻轻敲打，此时如果锥体逐渐下沉，则表示黏聚性良好，如果锥体倒塌、部分崩裂或出现离析现象，则表示黏聚性不好。保水性以混凝土拌合物中稀浆析出的程度来评定；坍落度筒提起后，如有较多的稀浆从底部析出，锥体部分的混凝土也因失浆而骨料外露，则表明此混凝土拌合物的保水性不好；若无稀浆或仅有少量稀浆自底部析出，则表示此混凝土拌合物保水性良好。

根据坍落度的不同，可将混凝土拌合物分为：干硬性混凝土（坍落度小于 10mm）、塑性混凝土（坍落度为 10～90mm）、流动性混凝土（坍落度为 100～150mm）、大流动性混凝土（坍落度大于 160mm）。坍落度不低于 100mm 并用泵送施工的混凝土则称为泵送混凝土。

坍落度试验仅适用于骨料最大粒径不大于 40mm、坍落度不小于 10mm 的混凝土拌合物。实际施工时，混凝土拌合物的坍落度要根据构件截面尺寸大小、钢筋疏密和捣实方法来确定。当构件截面尺寸较小，或钢筋较密，或采用人工插捣时，坍落度可选择大一些。反之，若构件截面尺寸较大，或钢筋较疏，或采用机械振捣，则坍落度可选择小一些。

（2）维勃稠度试验　对于干硬性混凝土拌合物，通常采用维勃稠度仪测定其维勃稠度。该方法是由瑞士学者维·勃纳（V. Bahrner）提出来的，所用的仪器如图 4-10 所示。试验时，将混凝土拌合物按一定方法装入坍落度筒内，按一定方式捣实，待装满刮平后，将坍落度筒垂直向上提起，把透明盘转到混凝土圆台体台顶，开启振动台，并同时用秒表计时，当振动到

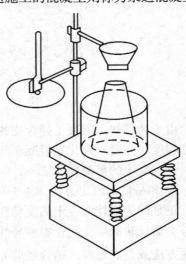

图 4-10　维勃稠度仪

透明圆盘的底面被水泥浆布满的瞬间停表计时，并关闭振动台，所读秒数即为该混凝土拌合物的维勃稠度值。维勃稠度值越大，表明混凝土拌合物越干硬，流动性越差。此方法适用于骨料最大粒径不大于 40mm、维勃稠度在 5～30s 的混凝土拌合物稠度测定。按照维勃稠度值，将干硬性混凝土拌合物分为四级，见表 4-15。

干硬性混凝土按维勃稠度分级　　　　　　　　　　　　　　　　表 4-15

级别	名称	维勃稠度（s）	级别	名称	维勃稠度（s）
V1	超干硬性混凝土	≥31	V3	干硬性混凝土	20～11
V2	特干硬性混凝土	30～21	V4	半干硬性混凝土	10～5

3. 影响和易性的主要因素

（1）水泥浆的用量

水泥浆是由水泥和水拌合而成的浆体，具有流动性和可塑性，是混凝土拌合物和易性的决定性组分。在混凝土中，水泥浆填充砂子的空隙，并包裹砂粒表面组成砂浆。砂浆填充于石子空隙之间，并包裹在石子表面，使混凝土拌合物整体上具有流动性和可塑性。如果骨料之间直接接触，相互之间摩擦力较大，不易流动。所以，除必须有足够的水泥浆填充骨料的空隙外，还需要有一些富余的浆体包裹在骨料周围，使骨料颗粒之间有一定厚度的水泥浆润滑层，以减少骨料颗粒之间的摩阻力，在水泥浆稀稠程度不变的前提下，水泥浆量越多，拌合物的流动性越大。但是水泥浆量过多，骨料的含量相对减少，容易出现流浆和泌水现象，使拌合物的黏聚性和保水性变差。由于水泥用量多，不仅经济成本高，还会对混凝土的强度及耐久性产生不利的影响。所以，混凝土拌合物中水泥浆的用量，应以满足流动性和强度的要求为宜，不宜过量。

（2）水泥浆的稠度

水泥浆的稀稠程度决定水泥浆的黏聚力，水泥浆越稠，混凝土拌合物的流动性就越小。在水泥用量不变的情况下，水泥浆的稀稠程度是由水灰比所决定的。水灰比即混凝土用水量与水泥用量之比。水灰比越小，水泥浆越干稠，则拌合物的流动性越低，但水灰比过大，又会造成拌合物的黏聚性下降和保水性不良，产生流浆、泌水或离析现象，严重影响硬化后混凝土的性能。

水灰比是决定混凝土强度的重要因素，所以在实际工程中，水灰比是根据所要求的混凝土强度和耐久性确定的。然后根据流动性指标要求确定用水量，在水灰比确定的前提下，用水量越多，相应的水泥浆量越多，拌合物的流动性也就越大。因此，在进行混凝土配合比设计时，首先根据所要求的流动性指标（坍落度值或维勃稠度）来合理地确定用水量。

（3）砂率

砂率是指混凝土中砂的质量占砂石总质量的百分率。砂率的变动，会使骨料的空隙率和骨料的总表面积有显著改变，因而对混凝土拌合物的和易性产生显著的影响。砂率过大时，骨料的总表面积及空隙率都会增大，在水泥浆含量不变的情况下，相对地水泥浆显得少了，减弱了水泥浆的润滑作用，导致混凝土拌合物流动性降低。如果砂率过小，又不能保证粗骨料之间有足够的砂浆层，也会降低混凝土拌合物的流动性，并严重影响其黏聚性和保水性，容易造成离析、流浆。当砂率适宜时，砂浆不但填满石子间的空隙，而且还能保证粗骨料间有一定厚度的砂浆层，以减小粗骨料间的摩擦阻力，使混凝土拌合物有较好的流动性。这个适宜的砂率，称为合理砂率。当采用合理砂率时，在用水量及水泥用量一定的情况下，能使混凝土拌合物获得最大的流动性，保持良好的黏聚性和保水性，如图4-11所示。或者，当采用合理砂率时，能使混凝土拌合物获得所要求的流动性及良好的黏聚性与保水性，而水泥用量为最少，如图4-12所示。

（4）组成材料性质的影响

水泥对和易性的影响主要表现在水泥的需水性上。需水量大的水泥品种，达到相同的坍落度，需要较多的用水量。常用水泥中以普通硅酸盐水泥所配制的混凝土拌合物的流动性和保水性较好。矿渣、火山灰质混合材料对水泥的需水性都有影响，矿渣水泥所配制的

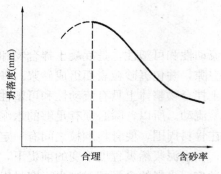
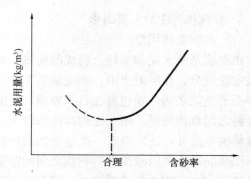

图 4-11 砂率与坍落度的关系
（水与水泥用量一定）

图 4-12 砂率与水泥用量的关系
（达到相同的坍落度）

混凝土拌合物的流动性较大，但黏聚性差，易泌水。火山灰水泥需水量大，在相同加水量条件下，流动性显著降低，但黏聚性和保水性较好。

骨料由于其在混凝土中占据的体积最大，因此它的特定对混凝土拌合物和易性的影响也较大。这些特性包括骨料级配、颗粒形状、表面状态及最大粒径。一般来讲，级配好的骨料，其拌合物流动性较大，黏聚性和保水性较好，扁平和针状骨料较少而球形骨料较多时，拌合物流动性较大；表面光滑的骨料，如河砂、卵石，其拌合物流动性较大；骨料的最大粒径增大，由于其表面积减小，故其拌合物流动性较大。

（5）外加剂

外加剂（如减水剂、引气剂等）对拌合物的和易性有很大的影响，在拌制混凝土时，加入少量的外加剂能使混凝土拌合物在不增加水泥用量的条件下，获得良好的和易性，不仅流动性显著增加，而且还有效地改善混凝土拌合物的黏聚性和保水性。

（6）时间和温度

搅拌后的混凝土拌合物，随着时间的延长而逐渐变得干涸，和易性变差。其原因是一部分水已与水泥水化，一部分水被骨料吸收，一部分水蒸发，以及混凝土凝聚结构的逐渐形成，致使混凝土拌合物的流动性变差。

混凝土拌合物的和易性也受温度的影响。因为环境温度升高，水分蒸发及水化反应加快，相应使流动性降低。因此，施工中为保证一定的和易性，必须注意环境温度的变化，采取相应的措施。

二、硬化混凝土的性能

1. 混凝土的强度与强度等级

混凝土在结构中主要用作承重构件，并且主要承受压力作用，所以抗压强度是衡量混凝土力学性能的重要指标。我国现行标准规定以混凝土的立方体抗压强度标准值作为混凝土强度等级的依据。所谓立方体抗压强度标准值，系指对按标准方法制作和养护的边长为150mm 的立方体试件，在 28d 龄期用标准试验方法测得的抗压强度总体分布中的一个值。当混凝土确定为某一强度等级时，该混凝土的立方体抗压强度标准值应大于或等于所对应的强度等级，并且强度保证率达 95％以上。

（1）立方体抗压强度

混凝土的立方体抗压强度指以边长为 150mm 的立方体试件，在标准条件下[温度(20±2)℃，相对湿度 95％以上或水中]养护至 28d 龄期，在一定条件下加压至破坏，以试件单位面积承受的压力作为混凝土的抗压强度。

通过试验测得的混凝土抗压强度是在某种约定条件下测得的，它只是混凝土承受外力、抵抗破坏能力大小的反映，并不是混凝土的真实强度。强度值的大小受试验方法、条件的影响，对于同一混凝土材料，采用不同的试验方法，例如不同的养护温度、湿度，以及不同形状、尺寸的试件等其强度值将有所不同。

1) 试件形状、尺寸的影响。混凝土的受压破坏机理是混凝土内部的微裂缝发生、发展、最后连通，导致整体破坏的过程。在压力作用下，裂缝朝横向扩展，所以试件的形状对强度值将产生影响。在加压试验时，试验机上下压板与混凝土试件之间存在着摩擦力，对试件横向扩展起到限制作用，称为"环箍效应"，如图 4-13 所示。这种环箍作用在一定的范围内起作用，离开承压面越远，环箍效应越减弱。一般认为环箍效应的影响范围为受压面边长的 $\sqrt{3}/2$ 倍。所以试件高度越高，试件中心部位的环箍作用越弱，试件可以比较自由地横向扩展，故所测得的强度值也就越小。因此，采用立方体试件，其强度值将高于棱柱体或圆柱体试件的强度值，这种强度的差异，并非来自混凝土材料本身，而是由于试件的形状不同造成的。即使同是立方体试件，如果尺寸不同，所测得的强度值也会有所不同。因为混凝土属于非均质材料，内部存在着许多缺陷，例如孔洞、微裂缝等。而这些缺陷并非均匀地存在于混凝土内部。混凝土的强度取决于试件中的薄弱环节，试件尺寸越大，存在缺陷的概率越大，所以强度值越低。国家标准规定以边长 150mm 的立方体为标准试件。如果采用边长为 100mm 或 200mm 立方体的非标准试件，要分别乘以 0.95 和 1.05 的换算系数换算成标准试件的强度值。

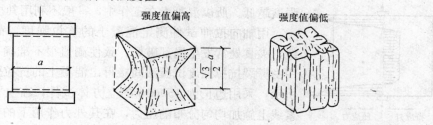

图 4-13　混凝土试件受压力作用时的"环箍效应"

2) 承压面约束条件的影响。试件端面与压板之间的约束条件决定了在受压过程中，试件能否获得"环箍效应"，从而影响强度值的大小。如果混凝土受压面与压板之间是摩擦接触，则压板对试件的横向扩展产生环箍效应，所测得的强度值高，试件破坏后的形状呈对角锥形；反之，如果承压面光滑接触，压板对试件的横向扩展无任何环箍效应，混凝土在压力作用下，很容易地向横向扩展，裂缝发展速度快，容易破坏，所测得的强度值偏低，破坏后的试件表面有许多平行的、竖向的裂缝。

3) 加载速度的影响。混凝土在外力作用下，原生裂缝逐步扩展或在薄弱部位产生裂缝，继而裂缝逐步扩展并连通导致破坏。如果加载速度快，外力还没来得及传递到混凝土内部，即在加载仪器上显示出较大的数值，但混凝土内部还没有达到如此大的应力。所以这时的荷载不能真实地反映混凝土内部的受力情况，因此要按照规定的加载速度进行试验。

（2）强度等级

混凝土根据立方体抗压强度标准值，按一定间隔将混凝土的强度划分为不同的档次，称为混凝土的强度等级。混凝土的强度等级划分为 C7.5、C10、C15、C20、C25、C30、C35、C40、C45、C50、C55、C60、C65、C70、C75、C80 共 16 个强度等级。试验测得混凝土强度值，在介于两个等级之间，按强度值大于或等于强度等级的原则，取较小的一方作为该混凝土的强度等级。并满足对该混凝土随机抽样测定，其强度保证率达到 95% 以上的要求。

（3）轴心抗压强度

轴心抗压强度也叫做棱柱体抗压强度。在实际结构物中，混凝土受压构件大多数为棱柱体或圆柱体。所以轴心抗压更接近结构构件的实际受力状态，在钢筋混凝土结构设计中，计算混凝土的轴心受压构件时，均采用混凝土的轴心抗压强度作为设计依据。

轴心抗压强度的标准试件尺寸为 150mm×150mm×300mm。由于抗压强度值受端面接触状态及"环箍效应"的影响，混凝土轴心抗压强度小于立方体抗压强度，通常为立方抗压强度值的 0.7~0.8。随着棱柱体试件高宽比（h/b）增大，轴心抗压强度值降低。当 h/b 达到一定值后，强度值不再降低。因为这时在试件的中间区段完全没有环箍作用，形成了纯压状态。但试件高度过高，试件容易由于失稳产生较大的附加偏心，降低其抗压强度值。一般棱柱体试件采用高宽比 $h/b = 2~3$。

（4）劈裂抗拉强度

混凝土属于脆性材料，在直接受拉时，变形很小就开裂破坏，在断裂前没有明显的变形，抗拉强度很低，大约只有抗压强度的 1/10~1/20。且随着强度等级的提高抗拉强度并没有提高，有些反而降低，即抗压强度越高，脆性越大，抗拉强度越低。所以混凝土在工作中，一般不利用其抗拉强度。

用轴向拉伸试件测定混凝土的抗拉强度，荷载不易对准轴线，夹具处常发生局部破坏，致使测值很不准确，故我国目前采用由劈裂抗拉强度试验法间接得出混凝土的抗拉强度。如图 4-14 所示，采用边长为 150mm 的立方体试件，在上下两相对表面的素线上施加均匀分布的压力，在其外力作用下的竖向平面内大部分区域内产生均匀分布的拉应力。该应力可根据弹性理论计算得出，劈裂抗拉强度的计算公式如下：

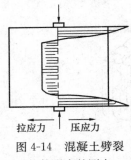

拉应力　压应力

图 4-14　混凝土劈裂抗拉强度的测定

$$f_{st} = \frac{2P}{\pi A} \qquad (4-3)$$

式中　f_{st}——劈拉强度（MPa）；

　　　P——破坏荷载（N）；

　　　A——试件劈裂面积（mm^2）。

（5）影响混凝土强度的因素

根据混凝土内部组织结构的特点和相组成，混凝土的破坏形式通常有三种。最常见的是骨料与水泥石的界面破坏；其次是水泥凝胶体本身破坏；第三种是骨料破坏，这种形式不常见。混凝土的强度主要取决于水泥凝胶体的强度及其与骨料之间的界面粘结强度，所以水泥的强度等级、水灰比及骨料的性质是影响混凝土强度的主要因素，此外，混凝土强度还受到施工质量、养护条件及龄期的影响。

1）水泥强度等级及水胶比。

水泥强度等级与水胶比是影响混凝土强度最主要的因素，也是决定性因素。在水胶比不变的前提下，水泥强度等级越高，硬化后的水泥凝胶体强度和胶结能力越强，混凝土的强度也就越高。

采用同一强度等级的水泥，水胶比越小，水泥凝胶体以及界面粘结力越大，混凝土的强度也越高。但是如果水胶比过小，混凝土拌合物流动性很小，很难保证浇灌、振实的质量，混凝土中将出现较多的蜂窝和孔洞，强度也将下降。

大量试验证明，混凝土的强度随水胶比的增大而降低，变化规律近似于双曲线形状。在完全振捣密实的条件下，水胶比越小，强度越高；但是如果不能保证完全捣实，当水胶比降低到一定值时，由于施工原因，反而会使混凝土的强度降低。根据大量试验结果，鲍罗米提出了混凝土强度与水胶比的倒数（胶水比 B/W）之间呈线形关系，即鲍罗米公式：

$$f_{\text{cu},0} = \alpha_{\text{a}} f_{\text{b}} \left(\frac{B}{W} - \alpha_{\text{b}} \right) \tag{4-4}$$

式中 $f_{\text{cu},0}$ ——混凝土 28d 龄期抗压强度（MPa）；

B/W ——胶水比；

f_{b} ——胶凝材料 28d 抗压强度实测值

α_{a}、α_{b} ——回归系数，与骨料品种有关，其数值通过试验求得，若不具备条件进行试验或工程规模不大时，可采用下列经验值：

碎石，$\alpha_{\text{a}} = 0.53$，$\alpha_{\text{b}} = 0.20$；

卵石，$\alpha_{\text{a}} = 0.49$，$\alpha_{\text{b}} = 0.13$。

2）骨料的影响。

骨料中的有害杂质、含泥量、泥块含量，骨料的形状及表面特征、颗粒级配等均影响混凝土的强度。

3）养护温度和湿度的影响。

混凝土强度是一个渐进发展的过程，其发展的程度和速度取决于水泥的水化状况，而温度和湿度是影响水泥水化速度和程度的重要因素。因此，混凝土成型后，必须在一定时间内保持适当的温度和足够的湿度，以使水泥充分水化，这就是混凝土的养护。养护温度越高，水泥的水化速度越快，同一龄期混凝土的强度越高；反之，在低温下混凝土强度发展迟缓，如图 4-15 所示。当温度降至冰点以下时，则由于混凝土中的水分大部分结冰，不但水泥停止水化，强度停止发展，而且由于混凝土孔隙中的水结冰，产生体积膨胀，而对孔壁产生相当大的压力，从而使硬化后的混凝土结构遭到破坏，导致混凝土已获得的强度受到损失。同时混凝土早期强度低，更容易受冻。

因为水是水泥水化反应的必要条件，只有周围环境湿度适当，水泥水化反应才能不断地顺利进行，使混凝土强度得到充分发展。如果湿度不够，水泥水化反应不能正常进行，甚至停止水化，会严重降低混凝土强度。图 4-16 所示为潮湿养护对混凝土强度的影响。水泥水化不充分，还会促使混凝土结构疏松，形成干缩裂缝，增大渗水性，从而影响混凝土的耐久性。为此，施工规范规定，在混凝土浇筑完毕后，应在 12h 内进行覆盖，以防止水分蒸发。在夏季施工的混凝土，要特别注意浇水保湿。

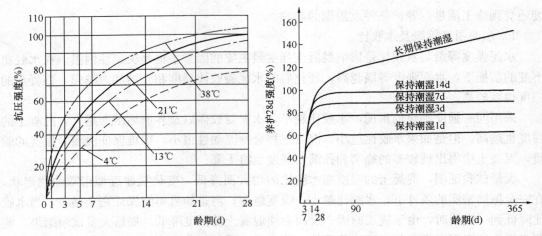

图 4-15　养护温度对混凝土强度的影响　　　图 4-16　混凝土强度与保湿养护时间的关系

4）龄期的影响。

龄期是指混凝土在正常养护条件下所经历的时间。在正常养护条件下，混凝土的强度随龄期的发展趋势可用下列公式来描述。即随着龄期的延长，强度呈对数曲线趋势增长，开始增长速度快，以后逐渐减慢，28d 以后基本趋于稳定。所以通常以 28d 强度作为确定混凝土强度等级的依据。虽然 28d 以后强度增长很少，但只要温度、湿度条件合适，混凝土的强度在几年甚至十几年期间都会有增长的趋势。

$$f_n = f_{28} \frac{\lg n}{\lg 28} \tag{4-5}$$

式中　　f_n——第 n 天龄期混凝土的抗压强度（MPa）；

　　　　f_{28}——28d 龄期的混凝土抗压强度（MPa）；

　　　　n——混凝土的龄期（d），$n>3$d。

5）施工方法的影响。

相同原材料、相同配合比的混凝土采用不同的施工方法，最终混凝土的强度也将有所不用。

2. 混凝土的变形性能

混凝土的变形，包括非荷载作用下的变形和荷载作用下的变形。非荷载作用下的变形，分为混凝土的化学收缩、干湿变形及温度变形；荷载作用下的变形，分为短期荷载作用下的变形及长期荷载作用下的变形——徐变。

（1）化学收缩

在混凝土硬化过程中，由于水泥水化生成物的固体体积，比反应前物质的总体积小，从而引起混凝土的收缩，称为化学收缩。化学收缩是不可恢复的。其收缩量随混凝土硬化龄期的延长而增加，一般在混凝土成型后 40d 内增长较快，以后逐渐趋于稳定。化学收缩值很小，对混凝土结构没有破坏作用，但在混凝土内部可能产生微细裂缝，而影响承载状态（产生应力集中）和耐久性。

（2）干湿变形

由于混凝土周围环境湿度的变化，会引起混凝土的干湿变形，表现为干缩湿胀。

混凝土在干燥过程中，由于毛细孔水的蒸发，使毛细孔中形成负压，随着空气湿度的降低，负压逐渐增大，产生收缩力，导致混凝土收缩。同时，水泥凝胶体颗粒的吸附水也发生部分蒸发，凝胶体因失水而产生紧缩。混凝土这种体积收缩，在重新吸水以后大部分可以恢复。当混凝土在水中硬化时，体积产生轻微膨胀，这是由于凝胶体中胶体粒子的吸附水膜增厚，胶体粒子间的距离增大所致。

混凝土的湿胀变形量很小，一般无破坏作用。但干缩变形对混凝土危害较大，干缩能使混凝土表面出现拉应力而导致开裂，严重影响混凝土的耐久性。

（3）温度变形

混凝土在硬化过程中伴随着温度变化而产生的体积变化叫做温度变形。在混凝土硬化初期，水泥水化放出较多热量，而混凝土又是热的不良导体，散热很慢。当混凝土构件的截面尺寸较小时，水化所产生的热量能够较快地散发；而当构件尺寸较大时，水化热难以及时排出，构件内部的温度最高可达到 50～70℃，而构件边缘部位的热量容易散发，温度较内部低很多。因此，大体积混凝土结构物的中心部位和边缘部位形成温度差，由此而产生内部膨胀，边缘限制膨胀，由内向外的膨胀压力。当膨胀压力达到混凝土的抗拉强度时，则构件表面开裂。

（4）荷载作用下的变形

1）短期荷载作用下的变形。

混凝土是一种由水泥石、砂、石、游离水、气泡等组成的不匀质的多组分三相复合材料。它既不是一个完全弹性体，也不是一个完全塑性体，而是一个弹塑性体。受力时既产生弹性变形，又产生塑性变形，其应力与应变的关系呈曲线，如图 4-17 所示。

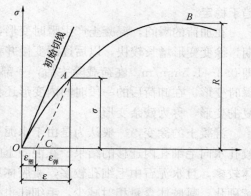

图 4-17　混凝土在压力作用下的应力-应变曲线

在静力试验的加荷过程中，若加荷至应力为 σ，应变为 ε 的 A 点，然后将荷载逐渐卸去，则卸荷时的应力-应变曲线如 AC 所示（微向上弯曲）。卸荷后能恢复的应变 $\varepsilon_{弹}$，是由混凝土的弹性性质引起的，称为弹性应变；剩余的不能恢复的应变 $\varepsilon_{塑}$，则是由混凝土的塑性性质引起的，称为塑性应变。

混凝土在应力-应变曲线上任意一点的应力与应变的比值，称为该点的变形模量。混凝土的应力-应变曲线为非线性，在不同的应力值下，混凝土的变形模量也不相同。对于混凝土来说，不像钢材那样存在着严格定义上的弹性模量。但是，变形模量是反映材料在力的作用下抵抗变形的能力，即刚度的大小，在结构设计中是一个重要参数。在计算钢筋混凝土结构的变形、裂缝开展及大体积混凝土的温度应力时，均需知道该混凝土的变形模量。对于混凝土，定义当应力为轴心抗压强度的 40% 时的加荷割线模量为混凝土的弹性模量，叫做静力受压弹性模量。轴心抗压强度大约是立方体抗压强度的 0.7～0.8 倍，所以上述定义的混凝土的静力受压弹性模量相当于立方体抗压强度的 30% 时的加荷割线的模量。从混凝土受压应力-应变图中可以看出，在应力为极限抗压强度的 30% 以下的范围内，曲线非常接近直线，这一阶段的变形绝大部分属于弹性变形。

静力弹性模量试验采用 150mm×150mm× 300mm 的棱柱体试件，每组成型 6 个试件，其中三个用于测定轴心抗压强度，三个用于测定变形值。以轴心抗压强度值的 40% 作为试验的控制荷载值，以该控制荷载值为上限，对试件进行三次加荷与卸荷预压，如图 4-18 所示。

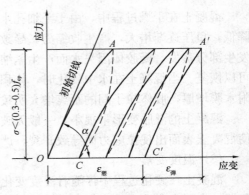

图 4-18　混凝土的静力弹性模量加荷曲线

经过三次低应力预压后，混凝土内部的一些微裂缝得到闭合，内部组织趋于更加均匀，所以第三次预压时的应力-应变曲线近乎于直线，且几乎与初始切线相平行。在此基础上进行第四次加荷，最大荷载仍然控制在 40% 的轴心抗压强度，测定试件在标距内的变形量，则混凝土的弹性模量等于应力除以试件的应变值。

2）长期荷载作用下的变形——徐变。

混凝土在长期荷载作用下，除产生瞬间的弹性变形和塑性变形外，还会产生随时间而增长的非弹性变形，这种变形称为徐变。混凝土的徐变通常要持续几年甚至十几年才逐渐趋于稳定。

在加荷的瞬间，混凝土产生瞬时变形，随着时间的延长，又产生徐变变形。在荷载初期，徐变变形增长较快，以后逐渐变慢并稳定下来，最终徐变应变可达（3～15）×10⁻⁴，即 0.3～1.5mm/m。在荷载除去后，一部分变形瞬时恢复，其值小于在加荷瞬间产生的瞬时变形。在卸荷后的一段时间内变形还会继续恢复，称为徐变恢复。最后残存的不能恢复的变形，称为残余变形。

混凝土的徐变，一般认为是由水泥石中凝胶体在长期荷载作用下的黏性流动，使凝胶孔水向毛细孔内迁移的结果。在混凝土的较早龄期加荷，水泥尚未充分水化，所含凝胶体较多，且水泥石中毛细孔较多，凝胶体易流动，所以徐变发展较快；在晚龄期，水泥继续硬化，凝胶体含量相对减少，毛细孔也少，徐变发展渐慢。

混凝土中的徐变受许多因素的影响。混凝土的水灰比较小或在水中养护时，徐变较小；水灰比相同的混凝土，其水泥用量越多，徐变越大；混凝土所用骨料的弹性模量较大时，徐变较小；所受应力越大，徐变越大。

混凝土的徐变对结构物的影响有有利方面，也有不利的方面。有利的是，徐变可减弱钢筋混凝土内的应力集中，使应力重新分布，从而使局部应力集中得到缓解；对于大体积混凝土则能消除一部分由于温度变形所产生的破坏应力。不利的是，在预应力钢筋混凝土中，混凝土的徐变将使钢筋的预加应力受到损失。

3. 混凝土的耐久性

混凝土除应具有设计要求的强度以保证其能安全地承受设计荷载外，还应具有要求的耐久性，即要求混凝土在长期使用环境条件下保持性能稳定。混凝土抵抗环境介质作用并保持其形状、质量和使用性能的能力称为耐久性。混凝土材料的耐久性关系到结构物在所设计的使用期限内能否保证安全、正常使用，影响结构物的使用寿命、运行、维修保养费用，从而影响结构物的总体成本。由于引起混凝土性能不稳定的因素很多，混凝土耐久性包含的面很广，下面讨论一些常见的耐久性问题。

（1）抗渗性

混凝土的抗渗性，是指混凝土抵抗有压介质（水、油、溶液等）渗透作用的能力。它是决定混凝土耐久性最基本的因素，若混凝土的抗渗性差，不仅周围水等液体物质易渗入内部，而且当遇到负温或环境水中含有侵蚀性介质时，混凝土就易遭受冰冻或侵蚀作用而破坏，对钢筋混凝土还将引起其内部钢筋锈蚀，并导致表面混凝土保护层开裂与剥落。因此，对地下建筑、水池、港工、海工等工程，必须要求混凝土具有一定的抗渗性。

按照物理学的概念，抗渗性可用渗透系数来表示，即在单位压力梯度的水压力下，单位时间内通过单位截面积的水量为渗透系数（K）。渗透系数越大，表示材料的抗渗能力越差。

在实际工程中，为了更加直观地表示混凝土抵抗压力水作用的能力，常用抗渗等级表示混凝土的抗渗性，用符号"Pn"表示，其中 n 是一个偶数数字，表示按规定方法进行抗渗性试验混凝土所能承受的最大水压力，例如 P6、P8、P10 等分别表示混凝土试件在 0.6MPa、0.8MPa、1.0MPa 的水压力作用下不渗水。抗渗等级等于或大于 P6 级的混凝土称为抗渗混凝土。

影响混凝土抗渗性的最主要因素是孔隙率和孔隙特征。如前所述，混凝土中不可避免地存在着孔隙和微裂缝。一般说来，混凝土的密实度越高，即孔隙率越小，则抗渗性能越好。但是抗渗性能的好坏更主要地取决于孔隙特征结构，连通的毛细孔越多，混凝土的抗渗性能越差；而封闭的微孔水分不易进入，对抗渗性能没有不良影响。

混凝土中的水泥凝胶体相和过渡区内均存在着各种形状、尺寸的孔隙。对抗渗性影响较大的主要是毛细孔的数量和连通性，混凝土的水灰比和水化程度直接影响毛细孔数量和特征。水化初期水化产物数量很少，不能密实地填充水泥颗粒之间的孔隙，因此渗透系数高；龄期至 30d，已接近完全水化，凝胶体和过渡区中的孔隙大部分被填充，渗透系数下降大约两个数量级。试验表明，这些孔隙的数量和特征主要与水灰比大小有关，水灰比是影响抗渗性的一个主要因素，随着水灰比增大，抗渗性逐渐变差，当水灰比大于 0.6 时，抗渗性急剧下降。

（2）抗冻性

混凝土在水饱和状态下，能经受多次冻融循环作用而不破坏，也不严重降低强度的性质称为抗冻性。

混凝土的抗冻性用抗冻等级表示，将混凝土试件按规定的温度变化制度进行冻融循环试验，测得其强度或其他性能降低不超过规定值，并无明显损坏和剥落所能经受的冻融循环次数，作为抗冻等级。用符号"Fn"表示，其中 n 表示性能的降低不超过规定值的最大冻融循环次数，如 F50、F100、F150 等，抗冻等级等于或大于 F50 的混凝土称为抗冻混凝土。混凝土的抗冻性试验有两种方法：慢冻法和快冻法。慢冻法用强度损失率和质量损失率作为性能控制指标；快冻法用相对动弹性模量和质量损失率作为性能控制指标，适用于抗冻等级高的混凝土。

1）慢冻法。采用立方体试件，按照标准方法制作并养护试件至 28d 龄期开始进行冻融循环试验，根据抗冻等级设置 1～2 组试件进行冻融循环，同时还需制作对比试件和测定立方体抗压强度试件。进行冻融循环之前将试件在水中浸泡 4d，使混凝土内部充分饱水。冻结温度为－15～－20℃，冻结时间不少于 4h；然后在 15～20 ℃水中融化至少 4h，构成一个冻融循环。测定 N 次冻融循环前后试件的质量、经冻融循环后试件的强度及对比试件的强度，即可求出经 N 次冻融循环后混凝土的强度损失率和质量损失率。混凝土的抗冻等级即同时满足强度损失率不超过 25%、质量损失率不超过 5% 时的最大循环次数。

2）快冻法。

采用 100mm×100mm×400mm 的棱柱体试件，每组 3 个试件，按标准规定方法制作并养护 28 d 龄期后开始进行快冻法试验。试验前将试件在水中浸泡 4 d，使其内部充分饱水。一个冻融循环时间在 2～4h 内完成，其中用于融化的时间不得小于整个冻融时间的 1/4。每进行 25 次冻融循环测定一次试件的横向基频和质量，与初始横向基频和质量相比求得试件的相对动弹性模量和质量损失率。混凝土耐快速冻融循环的次数以同时满足相对动弹性模量不小于 60% 和质量损失率不小于 5% 的最大循环次数来表示。

混凝土受冻破坏的原因，由于混凝土中存在着许多孔隙，当这些孔隙被水饱和，同时温度降低达到水的冰点以下时，孔隙中的水就会结冰，伴随着大约 9% 的体积膨胀。由此对孔隙壁施加膨胀压力，当此应力超过孔隙壁的抗拉强度时，孔隙壁产生局部开裂，出现新的裂缝。孔隙中的水融化后将进入这些新的缝隙，再次冻结将使裂缝扩大、连通。随着冻融循环次数的增多，混凝土内部裂缝不断增多，相互连通，导致破坏。混凝土的密实度、孔隙率和孔隙构造、孔隙的充水程度是影响抗冻性的主要因素。密实的混凝土和具有封闭孔隙的混凝土（如引气混凝土），抗冻性较高。掺入引气剂、减水剂和防冻剂，可有效提高混凝土的抗冻性。

（3）抗侵蚀性

当混凝土所处环境中含有侵蚀性介质时，混凝土便会遭受侵蚀，通常有软水侵蚀、硫酸盐侵蚀、镁盐侵蚀、碳酸侵蚀、一般酸侵蚀与强碱侵蚀等，其侵蚀机理与水泥石化学侵蚀相同。随着混凝土在地下工程、海岸与海洋工程等恶劣环境中的大量使用，对混凝土的抗侵蚀性提出了更高的要求。

混凝土的抗侵蚀性与所用水泥品种、混凝土的密实度和孔隙特征有关。密实和孔隙封闭的混凝土，环境水不易侵入，抗侵蚀性较强。提高混凝土抗侵蚀性的主要措施，是合理选择水泥品种，降低水灰比，提高混凝土密实度和改善孔结构。

（4）碳化

水泥凝胶体中的水化产物氢氧化钙与空气中的二氧化碳在湿度合适的条件下发生反应，生成碳酸钙的过程，称为混凝土的碳化。碳化对混凝土性能既有有利的影响，也有不利的影响。其不利影响，首先是碱度降低，减弱了对钢筋的保护作用。这是因为混凝土中水泥水化生成大量的氢氧化钙。使钢筋处在碱性环境中而在表面生成一层钝化膜，保护钢筋不易腐蚀。但当碳化深度穿透混凝土保护层而达到钢筋表面时，钢筋钝化膜被破坏而发生锈蚀，此时产生体积膨胀，致使混凝土保护层开裂，开裂后的混凝土更有利于二氧化碳、水、氧等有害介质的进入，加剧了碳化的进行和钢筋的锈蚀，最后导致混凝土产生顺着钢筋开裂而破坏。另外，碳化作用会增加混凝土的收缩，引起混凝土表面产生拉应力而出现微细裂缝，从而降低混凝土的抗拉、抗折强度及抗渗能力。

碳化对混凝土也有一些有利影响，即碳化作用产生的碳酸钙填充了水泥石的孔隙，以及碳化时放出的水分有助于未水化水泥的水化，从而提高混凝土碳化层的密实度，对提高抗压强度有利。

影响碳化速度的主要因素有，环境中二氧化碳的浓度、水泥品种、水灰比、环境湿度等。二氧化碳浓度高，碳化速度快；当环境中的相对湿度在 $50\%\sim75\%$ 时，碳化速度最快，当相对湿度小于 25% 或在水中时碳化将停止；水灰比小的混凝土较密实，二氧化碳和水不易侵入，碳化速度就减慢；掺混合材料的水泥碱度低，碳化速度随混合材料掺量的增多而加快。

(5) 混凝土的碱-骨料反应

碱-骨料反应是指水泥中的碱（Na_2O、K_2O）与骨料中的活性二氧化硅发生化学反应，在骨料表面生成复杂的碱-硅酸凝胶，吸水，体积膨胀（体积可增加 3 倍以上），从而导致混凝土产生膨胀开裂而破坏的现象。

碱-骨料反应需要三个必要条件：即水泥中碱含量较高，通常 $Na_2O+0.685\ K_2O>0.6\%$，骨料中含有活性 SiO_2 或活性碳酸盐，同时必须有水存在。

在实际工程中，为抑制碱-骨料反应的危害，可采取以下方法：控制水泥总含碱量不超过 0.6%；选用非活性骨料；降低混凝土的单位水泥用量，以降低单位混凝土的含碱量；在混凝土中掺入火山灰质混合材料，以减少膨胀值；防止水分侵入，设法使混凝土处于干燥状态。

混凝土所处的环境和使用条件不同，对其耐久性的要求也不相同，但影响耐久性的因素却有许多相同之处。混凝土的密实程度是影响耐久性的主要因素，其次是原材料的性质、施工质量等。提高混凝土耐久性的主要措施有：

1）合理选择水泥品种。

2）选用质量良好、技术条件合格的砂石骨料。

3）控制水胶比及保证足够的胶凝材料用量，是保证混凝土密实度并提高混凝土耐久性的关键。《普通混凝土配合比设计规程》（JGJ 55—2011）规定了工业与民用建筑所用混凝土的最大水胶比和最小胶凝材料用量的限值（见表 4-16、表 4-17）。

结构混凝土材料的耐久性基本要求　　　　　　　　　　　　　　表 4-16

环境类别	条　　件	最大水胶比	最低强度等级	最大氯离子含量（%）	最大碱含量（kg/m³）
一	室内干燥环境 无侵蚀性静水浸没环境	0.60	C20	0.30	不限制
二 a	室内潮湿环境；非严寒和非寒冷地区的露天环境；非严寒和非寒冷地区与无侵蚀性的水或土壤直接接触的环境；严寒和寒冷地区的冰冻线以下与无侵蚀性的水或土壤直接接触的环境	0.55	C25	0.20	3.0
二 b	干湿交替环境；水位频繁变动环境；严寒和寒冷地区的露天环境；严寒和寒冷地区冰冻线以上与无侵蚀性的水或土壤直接接触的环境	0.50（0.55）	C30（C25）	0.15	
三 a	严寒和寒冷地区冬季水位变动区环境；受除冰盐影响环境；海风环境	0.45（0.50）	C35（C30）	0.15	
三 b	盐渍土环境；受除冰盐作用环境；海岸环境	0.40	C40	0.10	

最大水胶比	最小胶凝材料用量（kg/m³）		
	素混凝土	钢筋混凝土	预应力混凝土
0.60	250	280	300
0.55	280	300	300
0.50	320		
≤0.45	330		

注：配制 C15 级及其以下等级的混凝土，可不受本表限制。

4）掺入减水剂或引气剂，改善混凝土的孔结构，对提高混凝土的抗渗性和抗冻性有良好作用。

5）改善施工操作，保证施工质量。

第四节　普通混凝土配合比设计

一、基本要求

混凝土配合比，是指混凝土中各组成材料数量之间的比例关系。配合比设计即通过计算和试验确定混凝土中各组成材料的数量及其比例关系的过程。混凝土配合比常用的表示方法有两种：一种是以 1m³ 混凝土中各项材料的质量表示，如水泥（m_c）300kg、水（m_w）180kg、砂（m_s）720kg、石子（m_g）1200kg；另一种表示方法是以各项材料相互之间的质量比来表示（以水泥质量为1），将上述质量换算成质量比为：

水泥∶砂∶石子∶水＝1∶2.4∶4∶0.6

混凝土配合比要满足以下几方面的要求：

1）满足结构设计的强度要求。

2）满足施工和易性要求。

3）满足工程所处环境和使用条件对混凝土耐久性的要求。

4）在满足以上要求的同时尽量降低成本。

混凝土配合比设计以计算 1m³ 混凝土中各材料用量为准，骨料以干燥状态为基准。所谓干燥状态是指细骨料含水率小于 0.5%，粗骨料含水率小于 0.2%，外加剂的体积忽略不计。

二、资料准备

1）掌握混凝土的设计强度等级 $f_{cu,k}$ 及所要求的强度保证率 P，以及施工管理水平，以确定混凝土的配置强度。

2）了解施工方法及和易性要求，以确定混凝土的用水量，以及是否使用外加剂。

3）了解结构物所处环境对混凝土耐久性的要求，以确定所配置混凝土的最大水胶比和最小水泥用量。

4）了解结构构件断面尺寸及钢筋配置情况，以便确定混凝土骨料的最大粒径。

5）掌握原材料的性能指标，包括：水泥的品种、强度等级、密度；骨料的种类、表观密度、堆积密度、级配、最大粒径；拌合用水的水质情况；外加剂的品种、性能、适宜掺量等。根据工程需要，确定是否使用矿物掺合料，并测定矿物掺合料的细度、活性系数、密度、需水量等性能指标。

三、配合比设计中的三个参数

混凝土配合比设计，实质上就是确定胶凝材料、水、砂与石子这四项基本组成材料用量之间的三个比例关系。即：水与胶凝材料之间的比例关系，常用水胶比表示；砂与石子之间的比例关系，常用砂率表示；水泥浆与骨料之间的比例关系，常用单位用水量来反映。水胶比、砂率、单位用水量是混凝土配合比的三个重要参数，在配合比设计中正确地确定这三个参数，就能使混凝土满足配合比设计的四项基本要求。

确定这三个参数的基本原则是：在满足混凝土强度和耐久性的基础上，确定混凝土的水胶比；在满足混凝土施工要求的和易性的基础上，根据粗骨料的种类和规格，确定混凝土的单位用水量；砂的数量，应以填充石子空隙后略有富余的原则来确定砂率。

四、配合比设计的步骤

混凝土配合比设计的步骤，首先按照已选择的原材料性能及对混凝土的技术要求进行初步计算，得出"初步计算配合比"。再经过试验室试拌调整，得出"试拌配合比"。然后，经过强度检验（如有抗渗、抗冻等其他性能要求，应当进行相应的检验），定出满足设计和施工要求并比较经济的"设计配合比"。

1. 初步计算配合比的确定

（1）配制强度（$f_{cu,0}$）的确定

如果没有特殊要求，在我国通常要求结构物的强度保证率为95%，当混凝土的设计强度等级小于 C60 时，配置强度应按下式确定：

$$f_{cu,0} = f_{cu,k} + 1.645\sigma \tag{4-6}$$

式中　$f_{cu,0}$——混凝土配制强度（MPa）；

　　　$f_{cu,k}$——混凝土立方体抗压强度标准值（MPa），这里取混凝土的设计强度等级值；

　　　σ——混凝土强度标准差（MPa）。

当设计强度等级不小于 C60 时，配置强度应按下式确定：

$$f_{cu,0} = 1.15 f_{cu,k} \tag{4-7}$$

标准差 σ 的确定方法如下：

1）当施工单位具有近 1~3 个月的同一品种、同一强度等级混凝土的强度资料，且试件组数不小于 30 时，其混凝土强度标准差按式（4-8）计算：

$$\sigma = \sqrt{\frac{\sum\limits_{i=1}^{n} f_{cu,i}^2 - n m_{f_{cu}}^2}{n-1}} \tag{4-8}$$

式中　$f_{cu,i}$——第 i 组的试件强度值（MPa）；

　　　$m_{f_{cu}}$——n 组试件的强度平均值（MPa）；

n ——混凝土试件的组数，$n \geqslant 30$。

对于强度等级不大于 C30 的混凝土，如计算值 σ 不小于 3.0MPa，应按上式计算结果取值；当计算值 σ 小于 3.0MPa，取 $\sigma = 3.0$ MPa。

对于强度等级大于 C30 且小于 C60 的混凝土，当混凝土强度标准差计算值不小于 4.0MPa 时，应按式（4-8）计算结果取值；当混凝土强度标准差计算值小于 4.0MPa 时，应取 4.0MPa。

2）当没有近期的同一品种、同一强度等级混凝土强度资料时，其强度标准差 σ 可按表 4-18 取用。

混凝土 σ 取值   表 4-18

混凝土强度等级	≤C20	C25～C45	C50～C55
σ（MPa）	4.0	5.0	6.0

3）遇有下列情况时应提高混凝土配置强度：

①现场条件与试验室条件有显著差异时；

②C30 及其以上强度等级的混凝土，采用非统计方法评定时。

（2）初步确定水胶比（W/B）

混凝土强度等级小于 C60 级时，混凝土水胶比宜按下式计算：

$$\frac{W}{B} = \frac{\alpha_a f_b}{f_{cu,0} + \alpha_a \alpha_b f_b} \tag{4-9}$$

式中 W/B——混凝土水胶比；

  α_a、α_b——回归系数；与骨料品种有关，其数值根据工程所使用的原材料，通过试验建立的水胶比与混凝土强度关系来确定；若不具备上述试验统计资料时，可采用下列经验值：

碎石，$\alpha_a = 0.53$，$\alpha_b = 0.20$；

卵石，$\alpha_a = 0.49$，$\alpha_b = 0.13$；

  f_b——胶凝材料 28d 胶砂抗压强度实测值（MPa）。当无胶凝材料 28d 胶砂抗压强度实测值时，f_b 值可按下式确定：

$$f_b = \gamma_f \gamma_s f_{ce} \tag{4-10}$$

γ_f、γ_s——粉煤灰影响系数和粒化高炉矿渣粉影响系数，可按表 4-19 选用；

  f_{ce}——水泥 28d 胶砂抗压强度（MPa），可实测，无实测值时，可按下式确定：

$$f_{ce} = \gamma_c f_{ce,g} \tag{4-11}$$

  γ_c——水泥强度等级值的富余系数，可按实际统计资料确定；当缺乏实际统计资料时，也可按表 4-20 选用；

  $f_{ce,g}$——水泥强度等级值（MPa）。

粉煤灰影响系数（γ_f）和粒化高炉矿渣粉影响系数（γ_s）   表 4-19

掺量（%）	粉煤灰影响系数 γ_f	粒化高炉矿渣粉影响系数 γ_s
0	1.00	1.00
10	0.85～0.95	1.00
20	0.75～0.85	0.95～1.00

掺量（%）	粉煤灰影响系数 γ_f	粒化高炉矿渣粉影响系数 γ_s
30	0.65～0.75	0.90～1.00
40	0.55～0.65	0.80～0.90
50	—	0.70～0.85

注：1. 采用Ⅰ级、Ⅱ级粉煤灰宜取上限值；

2. 采用 S75 级粒化高炉矿渣粉宜取下限值，采用 S95 级粒化高炉矿渣粉宜取上限值，采用 S105 级粒化高炉矿渣粉可取上限值加 0.05；

3. 当超出表中的掺量时，粉煤灰和粒化高炉矿渣粉影响系数应经试验确定。

水泥强度等级值的富余系数 表 4-20

水泥强度等级值（MPa）	32.5	42.5	52.5
富余系数	1.12	1.16	1.10

为了保证混凝土的耐久性，水灰比还不得大于表 4-16 中规定的最大水胶比值，如计算所得的水灰比大于规定的最大水灰比值时，应取规定的最大水灰比值。

（3）选取 $1m^3$ 混凝土的用水量（m_{wo}）

每立方米混凝土用水量的确定，应符合下列规定：

1）干硬性和塑性混凝土用水量的确定。

水胶比在 0.40～0.80 范围时，根据粗骨料的品种、粒径及施工要求的混凝土拌合物稠度，其用水量可按表 4-21、表 4-22 选取。

干硬性混凝土单位用水量选用表（kg/m^3） 表 4-21

拌合物稠度		卵石最大公称粒径（mm）			碎石最大公称粒径（mm）		
项目	指标	10.0	20.0	40.0	16.0	20.0	40.0
维勃稠度（s）	16～20	175	160	145	180	170	155
	11～15	180	165	150	185	175	160
	5～10	185	170	155	190	180	165

塑性混凝土单位用水量选用表（kg/m^3） 表 4-22

拌合物稠度		卵石最大公称粒径（mm）				碎石最大公称粒径（mm）			
项目	指标	10.0	20.0	31.5	40.0	16.0	20.0	31.5	40.0
坍落度（mm）	10～30	190	170	160	150	200	185	175	165
	35～50	200	180	170	160	210	195	185	175
	55～70	210	190	180	170	220	205	195	185
	75～90	215	195	185	175	230	215	205	195

注：1. 本表用水量是采用中砂时的平均值。采用细砂时，$1m^3$ 混凝土用水量可增加 5～10kg；采用粗砂时，则用水量可减少 5～10kg。

2. 掺用矿物掺合料和外加剂时，用水量应相应调整。

3. 水胶比小于 0.40 的混凝土以及采用特殊成型工艺的混凝土的用水量，应通过试验确定。

2) 掺外加剂时，每立方米流动性或大流动性混凝土的用水量（m_{wo}）可按下式计算：

$$m_{wo} = m'_{wo}(1-\beta) \qquad (4-12)$$

式中　m_{wo}——计算配合比每 1m³ 混凝土的用水量（kg/m³）；

　　　m'_{wo}——未掺外加剂时，推定的满足实际坍落度要求的每 1m³ 混凝土的用水量（kg/m³），以表 4-22 中坍落度为 90mm 的用水量为基础，按坍落度每增大 20mm，用水量增加 5kg 计算，当坍落度增大到 180mm 以上时，随坍落度相应增加的用水量可减少；

　　　β——外加剂的减水率（%），应经试验确定。

（4）计算 1m³ 混凝土的胶凝材料、矿物掺合料和水泥用量

根据已初步确定的水胶比（W/B）和选用的单位用水量（m_{wo}），可计算出 1m³ 混凝土的胶凝材料用量（m_{bo}）。

$$m_{bo} = \frac{m_{wo}}{W/B} \qquad (4-13)$$

为保证混凝土的耐久性，由上式计算得出的胶凝材料用量还应满足表 4-17 规定的最小胶凝材料用量的要求，如计算得出的胶凝材料用量少于规定的最小胶凝材料用量，则应取规定的最小胶凝材料用量值。

每 1m³ 混凝土的矿物掺合料用量（m_{fo}）应按下式计算：

$$m_{fo} = m_{bo}\beta_f \qquad (4-14)$$

式中　m_{fo}——计算配合比，每 1m³ 混凝土中矿物掺合料用量（kg/m³）；

　　　β_f——矿物掺合料掺量（%），应通过试验确定，采用硅酸盐水泥或普通硅酸盐水泥时，钢筋混凝土和预应力混凝土中矿物掺合料最大掺量分别宜符合表 4-23、表 4-24 的规定。

钢筋混凝土中矿物掺合料最大掺量　　　　　　　　　　　表 4-23

矿物掺合料种类	水 胶 比	最大掺量（%）	
		采用硅酸盐水泥时	采用普通硅酸盐水泥时
粉煤灰	≤0.40	45	35
	>0.40	40	30
粒化高炉矿渣粉	≤0.40	65	55
	>0.40	55	45
钢渣粉	—	30	20
磷渣粉	—	30	20
硅灰	—	10	10
复合掺合料	≤0.40	65	55
	>0.40	55	45

注：1. 采用其他通用硅酸盐水泥时，宜将水泥混合材掺量 20% 以上的混合材量计入矿物掺合料；

　　2. 复合掺合料各组分的掺量不宜超过单掺时的最大掺量；

　　3. 在混合使用两种或两种以上矿物掺合料时，矿物掺合料总掺量应符合表中复合掺合料的规定。

预应力混凝土中矿物掺合料最大掺量　　　　　　　　表 4-24

矿物掺合料种类	水 胶 比	最大掺量（%）	
		采用硅酸盐水泥时	采用普通硅酸盐水泥时
粉煤灰	≤0.40	35	30
	>0.40	25	20
粒化高炉矿渣粉	≤0.40	55	45
	>0.40	45	35
钢渣粉	—	20	10
磷渣粉	—	20	10
硅灰	—	10	10
复合掺合料	≤0.40	55	45
	>0.40	45	35

注：1. 采用其他通用硅酸盐水泥时，宜将水泥混合材掺量 20% 以上的混合材量计入矿物掺合料；

　　2. 复合掺合料各组分的掺量不宜超过单掺时的最大掺量；

　　3. 在混合使用两种或两种以上矿物掺合料时，矿物掺合料总掺量应符合表中复合掺合料的规定。

每 $1m^3$ 混凝土的水泥用量（m_{co}）应按下式计算：

$$m_{co} = m_{bo} - m_{fo} \qquad (4-15)$$

式中　m_{co}——计算配合比每 $1m^3$ 混凝土中水泥用量（kg/m^3）。

（5）选取合理的砂率值（β_s）

砂率（β_s）应根据骨料的技术指标、混凝土拌合物性能和施工要求，参考既有历史资料确定。当无历史资料时，混凝土砂率的确定应符合下列规定：

1）坍落度小于 10mm 的混凝土，其砂率应经试验确定；

2）坍落度为 10～60mm 的混凝土，砂率可根据粗骨料种类、最大公称粒径和水胶比，按表 4-25 选用；

3）坍落度大于 60mm 的混凝土，其砂率可经试验确定，也可在表 4-25 的基础上，按坍落度每增大 20mm、砂率增大 1% 的幅度予以调整。

混凝土的砂率（%）　　　　　　　　表 4-25

水胶比（W/B）	卵石最大公称粒径（mm）			碎石最大公称粒径（mm）		
	10.0	20.0	40.0	16.0	20.0	40.0
0.40	26～32	25～31	24～30	30～35	29～34	27～32
0.50	30～35	29～34	28～33	33～38	32～37	30～35
0.60	33～38	32～37	31～36	36～41	35～40	33～38
0.70	36～41	35～40	34～39	39～44	38～43	36～41

注：1. 本表数值系中砂的选用砂率，对细砂或粗砂，可相应地减小或增大砂率；

　　2. 只用一个单粒级粗骨料配制混凝土时，砂率应适当增大；

　　3. 采用人工砂配置混凝土时，砂率可适当增大。

（6）计算粗、细骨料的用量（m_{go}）及（m_{so}）

粗、细骨料的用量可用质量法或体积法求得。

1）质量法

如果原材料情况比较稳定，所配制的混凝土拌合物的表观密度将接近一个固定值，这样可以先假设一个 1m³ 混凝土拌合物的质量值，并可列出以下两式：

$$
\begin{cases}
m_{fo} + m_{co} + m_{wo} + m_{so} + m_{go} = m_{cp} \\
\beta_s = \dfrac{m_{so}}{m_{so} + m_{go}} \times 100\%
\end{cases}
\tag{4-16}
$$

式中　　m_{fo}——1m³ 混凝土中矿物掺合料用量（kg/m³）；

　　　　m_{co}——1m³ 混凝土的水泥用量（kg/m³）；

　　　　m_{go}——1m³ 混凝土的粗骨料用量（kg/m³）；

　　　　m_{so}——1m³ 混凝土的细骨料用量（kg/m³）；

　　　　m_{wo}——1m³ 混凝土的拌合水用量（kg/m³）；

　　　　β_s——砂率（%）；

　　　　m_{cp}——1m³ 混凝土拌合物的假定质量（kg），其值可取 2350～2450kg/m³。

解联立两式，即可求出 m_{go}、m_{so}。

2）体积法

假定混凝土拌合物的体积等于各组成材料绝对体积和混凝土拌合物中所含空气体积的总和。因此，在计算 1m³ 混凝土拌合物的各材料用量时，可列出以下两式：

$$
\begin{cases}
\beta_s = \dfrac{m_{so}}{m_{so} + m_{go}} \times 100\% \\
\dfrac{m_{co}}{\rho_c} + \dfrac{m_{fo}}{\rho_f} + \dfrac{m_{wo}}{\rho_w} + \dfrac{m_{so}}{\rho_s} + \dfrac{m_{go}}{\rho_g} + 0.01\alpha = 1
\end{cases}
\tag{4-17}
$$

式中　　ρ_c——水泥密度，可按现行国家标准《水泥密度测定方法》（GB/T 208）测定，也可取 2900～3100kg/m³；

　　　　ρ_f——矿物掺合料密度（kg/m³），可按现行国家标准《水泥密度测定方法》（GB/T 208）测定；

　　　　ρ_g——粗骨料的表观密度（kg/m³），应按现行行业标准《普通混凝土用砂、石质量及检验方法标准》（JGJ 52）测定；

　　　　ρ_s——细骨料的表观密度（kg/m³），应按现行行业标准《普通混凝土用砂、石质量及检验方法标准》（JGJ 52）测定；

　　　　ρ_w——水的密度，可取 1000kg/m³；

　　　　α——混凝土的含气量百分数，在不使用引气剂或引气型外加剂时，可取 1。

解联立两式，即可求出 m_{go}、m_{so}。

2. 试拌配合比的确定

以上在初步计算的配合比中，所求出的各材料用量，是借助于一些经验公式和数据计算出来的，或是利用经验资料查得的，因而不一定能够完全符合具体的工程实际情况，必须通过试拌调整，直到混凝土拌合物的和易性符合要求为止，然后提出供检验强度用的试拌配合比。

按初步计算配合比，称取实际工程中使用的材料，进行试拌。混凝土的搅拌方法，应采用强制式搅拌机搅拌。当所用骨料最大粒径 $D_{max} \leqslant 31.5mm$ 时，试配的最小拌合量为 20L；当 D_{max} 为 40mm，试配的最小拌合量为 25L。混凝土搅拌均匀后，检查拌合物的性能。当试拌出的拌合物坍落度或维勃稠度不能满足要求，或黏聚性和保水性不良时，应在保持水胶比不变的条件下，相应调整用水量和砂率，直到符合要求为止。然后，提出供检验强度用的试拌配合比。

3. 设计配合比的确定

经过和易性调整后得到的试拌配合比，其水胶比选择不一定恰当，即混凝土的强度有可能不符合要求，所以应检验混凝土的强度。进行混凝土强度检验时，应至少采用三个不同的配合比。其一为试拌配合比，另外两个配合比的水胶比，宜较试拌配合比分别增加或减少 0.05，而其用水量与试拌配合比相同，砂率可分别增加或减小 1%。当不同水胶比的混凝土拌合物坍落度与要求值的差超过允许偏差时，可通过增减用水量进行调整。每种配合比制作一组（三块）试件，并经标准养护到 28d 时试压（在制作混凝土试件时，还需检验混凝土拌合物的和易性及测定表观密度，并以此结果作为代表这一配合比的混凝土拌合物的性能值）。由试验得出的各胶水比及其对应的混凝土强度的关系，用作图法或计算法求出与混凝土配制强度（$f_{cu,o}$）相对应的胶水比。并按下列原则确定 1m³ 混凝土的材料用量：

用水量（m_w）和外加剂用量（m_a）：取试拌配合比中的用水量，并根据制作强度试件时测得的坍落度或维勃稠度，进行适当的调整。

胶凝材料用量（m_b）：以用水量乘以选定的胶水比计算确定。

粗、细骨料用量（m_g、m_s）：取试拌配合比中的粗、细骨料用量，并按选定的胶水比进行适当调整。

至此得到的配合比，还应根据实测的混凝土表观密度（$\rho_{c,t}$）做必要的校正，以确定 1m³ 混凝土拌合物的各材料用量。校正的步骤是：

计算混凝土的表观密度计算值（$\rho_{c,c}$）

$$\rho_{c,c} = m_c + m_f + m_g + m_s + m_w \tag{4-18}$$

式中　$\rho_{c,c}$——混凝土拌合物的表观密度计算值（kg/m³）；

　　　m_c——每立方米混凝土的水泥用量（kg/m³）；

　　　m_f——每立方米混凝土的矿物掺合料用量（kg/m³）；

　　　m_g——每立方米混凝土的粗骨料用量（kg/m³）；

　　　m_s——每立方米混凝土的细骨料用量（kg/m³）；

　　　m_w——每立方米混凝土的用水量（kg/m³）。

计算混凝土配合比校正系数 δ：

$$\delta = \frac{\rho_{c,t}}{\rho_{c,c}} \tag{4-19}$$

当混凝土表观密度实测值（$\rho_{c,t}$）与计算值（$\rho_{c,c}$）之差的绝对值不超过计算值的 2% 时，由以上定出的配合比即为确定的设计配合比；当二者之差超过计算值的 2% 时，应将配合比中的各项材料用量均乘以校正系数 δ，配合比调整后，应测定拌合物水溶性氯离子含量，试验结果应符合表 4-26 的规定。

混凝土拌合物中水溶性氯离子最大含量　　　　表 4-26

环 境 条 件	水溶性氯离子最大含量（%，水泥用量的质量百分比）		
	钢筋混凝土	预应力混凝土	素混凝土
干燥环境	0.30		
潮湿但不含氯离子的环境	0.20	0.06	1.00
潮湿且含有氯离子的环境、盐渍土环境	0.10		
除冰盐等侵蚀性物质的腐蚀环境	0.06		

第五节　其他品种混凝土

一、轻混凝土

轻混凝土，是指干表观密度小于 2000 kg/m³ 的混凝土。由于轻混凝土中含有较多的孔隙，热导率小，具有较好的保温、隔热、隔声及抗震性能，主要用于房屋建筑的保温墙体或保温兼结构墙体。轻混凝土按其组成可分为轻集料混凝土、多孔混凝土（如加气混凝土、泡沫混凝土）和大孔混凝土（如无砂大孔混凝土、少砂大孔混凝土）三种类型，其内部结构示意图如图 4-19 所示。

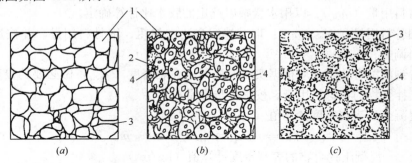

图 4-19　轻混凝土的三种基本类型
(a) 无砂大孔混凝土；(b) 轻集料混凝土；(c) 多孔混凝土
1—粗集料；2—细集料；3—气孔；4—水泥凝胶体

1. 轻集料混凝土

用轻集料、水泥和水配制的、干容重不大于 1950 kg/m³ 的混凝土为轻集料混凝土。粗、细骨料均为轻集料者称为全轻混凝土；细骨料全部或部分采用普通砂者，称为砂轻混凝土。轻集料混凝土通常以所用集料品种命名，例如粉煤灰陶粒混凝土、黏土陶粒混凝土、页岩陶粒混凝土、浮石混凝土、膨胀珍珠岩混凝土等。

轻集料混凝土按照用途，可分为保温轻集料混凝土、结构保温轻集料混凝土、结构轻集料混凝土三类。保温轻集料混凝土主要用于保温的围护结构或热工构筑物，结构保温轻集料混凝土主要用于既承重又保温的围护结构，结构轻集料混凝土主要用于承重构件或构筑物。这三类轻集料混凝土的强度等级和重度依次提高。

（1）轻集料

轻集料可分为轻粗集料和轻细集料。凡粒径大于 5mm，堆积密度小于 1000 kg/m³ 的轻质集料，称为轻粗集料；凡粒径不大于 5mm，堆积密度小于 1000 kg/m³ 的轻质集料，称为轻细集料（或轻砂）。

轻集料按其来源可分为工业废料轻集料，如粉煤灰陶粒、自然煤矸石、膨胀矿渣珠、煤渣及其轻砂；天然轻集料，如浮石、火山渣及其轻砂；人造轻集料，如页岩陶粒、黏土陶粒、膨胀珍珠岩及其轻砂。按其粒形可分为圆球型、普通型和碎石型三种。

轻集料的技术要求，主要包括堆积密度、强度、颗粒级配和吸水率四项。此外，对耐久性、安定性、有害杂质含量也提出了要求。

1）堆积密度。

轻集料堆积密度的大小，将影响轻集料混凝土的表观密度和性能。轻粗集料按其堆积密度（kg/m³）分为 200、300、400、500、600、700、800、900、1000、1100、1200 等密度等级；轻细集料分为 500、600、700、800、900、1000、1100、1200 八个密度等级。

2）颗粒级配、最大粒径及粗细程度。

轻粗集料级配规定中只控制最大、最小和中间粒级颗粒的含量及其堆积空隙率。自然级配的轻粗集料堆积孔隙率应不大于 50%。

轻粗集料累计筛余小于 10%（按质量计）的该号筛筛孔尺寸，定为该轻粗集料的最大粒径。若轻粗集料的最大粒径过大，其颗粒表观密度小、强度较低，会使混凝土强度降低。所以对于保温及结构兼保温轻集料混凝土用的轻粗集料，其最大粒径不宜大于 40mm；结构轻集料混凝土用的轻粗集料最大粒径不宜大于 20mm。轻砂的细度模数不宜大于 4.0；5mm 筛的累计筛余不宜大于 10%。

3）吸水率。

轻集料的吸水率一般比普通砂石大，因此将导致施工中混凝土拌合物的坍落度损失较大，并且影响到混凝土的水灰比和强度发展。在设计轻集料混凝土配合比时，如果采用干燥集料，则必须根据集料吸水率大小，再多加一部分被集料吸收的附加水量。《轻集料混凝土技术规程》（JGJ 51）规定，不同密度等级粗集料的吸水率应不大于表 4-27 的规定。

轻粗集料的吸水率   表 4-27

轻粗集料的种类	密度等级（kg/m³）	1h 吸水率（%）
人造轻集料、工业废渣轻集料	200	30
	300	25
	400	20
	500	15
	600～1200	10
人造轻集料中的粉煤灰陶粒ᵃ	600～900	20
天然轻集料	600～1200	—

ᵃ 系指采用烧结工艺生产的粉煤灰陶粒

4）强度。

轻粗集料的强度对轻集料混凝土强度有很大影响。《轻集料混凝土技术规程》（JGJ

51）规定，采用筒压法测定轻粗集料的强度，称为筒压强度。

它是将轻集料装入一带底圆筒内，上面加冲压模（图4-20）取冲压模压入深度为20mm时的压力值，除以承压面积，即为轻粗集料的筒压强度值。对不同密度等级的轻粗集料，其筒压密度应符合表4-27的规定。

筒压强度不能直接反映轻集料在混凝土中的真实强度，它是一项间接反映粗集料颗粒强度的指标。因此，规程还规定了采用强度等级来评定粗集料的强度（见表4-28）。轻粗集料的强度越高，其强度等级也越高，适用于配制较高强度的轻集料混凝土。所谓强度等级，即某种轻粗集料配制混凝土的合理强度值，所配制的混凝土的强度不宜超过此值。

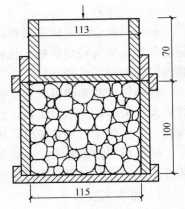

图4-20　筒压强度测定方法示意图

轻粗集料的筒压强度　　　　　　　　　　　　　　表4-28

轻粗集料种类	密度等级（kg/m³）	筒压强度（MPa）
人造轻集料	200	0.2
	300	0.5
	400	1.0
	500	1.5
	600	2.0
	700	3.0
	800	4.0
	900	5.0
天然轻集料、工业废渣轻集料	600	0.8
	700	1.0
	800	1.2
	900	1.5
	1000	1.5
工业废渣轻集料中的自然煤矸石	900	3.0
	1000	3.5
	1100～1200	4.0

5）有害物质含量及其他性能。

轻集料中严禁混入煅烧过的石灰石、白云石及硫化铁等不稳定的物质。轻集料的有害物质含量和其他性能指标应不大于表4-29所列的规定值。

轻集料性能指标　　　　　　　　　　　　　表4-29

项目名称	技术指标
含泥量（%）	≤3.0
	结构混凝土用轻集料≤2.0

项目名称	技术指标
泥块含量（%）	≤1.0
	结构混凝土用轻集料≤0.5
安定性（沸煮法质量损失,%）	≤5.0
烧失量（%）	≤5.0
	天然轻集料不作规定，用于无筋混凝土的煤渣允许≤18
硫化物、硫酸盐含量（按 SO₃ 计,%）	≤1.0
	用于无筋混凝土的自然煤矸石允许含量≤1.5
有机杂质（比色法检验）	不深于标准色；如深于标准色，按 GB/T 17431.2—2010 中 18.6.3 的规定操作，且试验结果不低于 95%
氯化物含量（以氯离子含量计,%）	≤0.02
放射性	符合 GB 6566 的规定

（2）轻集料混凝土的技术性质

1）和易性

轻集料具有表观密度小、表面多孔粗糙、吸水性强等特点，因此，其拌合物的和易性与普通混凝土有明显的不同。轻集料混凝土拌合物的黏聚性和保水性好，但流动性差。若加大流动性，则集料上浮，易离析。同时，因集料吸水率大，使得加在混凝土中的水一部分将被轻集料吸收，余下部分供水泥水化和赋予拌合物流动性。因而拌合物的用水量由两部分组成，一部分为使拌合物获得要求流动性的用水量；另一部分为轻集料 1h 的吸水量，称为附加水量。

2）表观密度

轻集料混凝土按其干表观密度分为十四个等级，即由 600～1900kg/m³，每增加 100kg/m³ 为一个等级，而每一密度等级有一定的变化范围，如 800kg/m³ 密度等级的变化范围为 760～850kg/m³，900kg/m³ 密度等级的为 860～950kg/m³，其余依次类推。某一密度等级的轻集料混凝土的密度标准值，则取该密度等级变化范围的上限，即取其密度等级值加 50kg/m³。如 1900kg/m³ 的密度等级，其密度标准值取 1950 kg/m³。

3）抗压强度

轻集料混凝土强度等级的确定方法与普通混凝土相似，按边长为 150mm 立方体试件，在标准试验条件养护至 28d 龄期测得的、具有 95% 以上保证率的抗压强度标准值（MPa）来确定。分为 LC5、LC7.5、LC10、LC15、LC20、LC25、LC30、LC35、LC40、LC45、LC50、LC55、LC60 等若干个等级。

轻集料强度虽然低于普通集料，但轻集料混凝土仍可达到较高强度。原因在于轻集料表面粗糙而多孔，轻集料的吸水作用使其表面呈低水灰比，提高了轻集料与水泥石的界面粘结强度，使弱结合面变成了强结合面，混凝土受力时不是沿界面破坏，而是轻集料本身先遭到破坏。对低强度的轻集料混凝土，也可能是水泥石先开裂，然后裂缝向集料延伸。因此，轻集料混凝土的强度，主要取决于轻集料和水泥石的强度。

4）弹性模量与变形

轻集料混凝土的弹性模量小，一般为同强度等级普通混凝土的 50%～70%。这有利于改善建筑物的抗震性能和抵抗动荷载的作用。增加混凝土组分中普通砂的含量，可以提高轻集料混凝土的弹性模量。

轻集料混凝土的收缩和徐变，约比普通混凝土相应大 20%～50% 和 30%～60%，热膨胀系数比普通混凝土小 20% 左右。

5）热工性

轻集料混凝土具有良好的保温性能。轻集料混凝土的导热系数与其容重及含水状态有关。干燥条件下的导热系数见表 4-30。

轻集料混凝土导热系数　　　　　　　　　　　　　表 4-30

混凝土密度等级 (kg/m³)	600	700	800	900	1000	1100	1200	1300	1400	1500	1600	1700	1800	1900
导热系数 λ [W/(m·K)]	0.18	0.20	0.23	0.26	0.28	0.31	0.36	0.42	0.49	0.57	0.66	0.76	0.87	1.01

除以上技术性质外，轻集料混凝土还应满足工程使用条件所要求的抗冻性、抗碳化等耐久性要求。

（3）轻集料混凝土的配合比设计及施工要点

1）轻集料混凝土的配合比设计，主要应满足抗压强度、密度和稠度的要求，并以合理使用材料和节约水泥为原则。必要时尚应符合对混凝土性能（如弹性模量、碳化和抗冻性等）的特殊要求。

2）轻集料混凝土的水灰比以净水灰比表示，净水灰比是指不包括轻集料 1h 吸水量在内的净用水量与水泥用量之比。配制全轻混凝土时，允许以总水灰比表示，总水灰比是指包括轻集料 1h 吸水量在内的总用水量与水泥用量之比。

3）轻骨料混凝土配合比中的轻粗骨料宜采用同一品种的轻骨料。结构保温轻骨料混凝土及其制品掺入煤（炉）渣轻粗骨料时，其掺量不应大于轻粗骨料总量的 30%，煤（炉）渣含碳量不应大于 10%。为改善某些性能而掺入另一品种粗骨料时，其合理掺量应通过试验确定。

4）在轻骨料混凝土配合比中加入化学外加剂或矿物掺合料时，其品种、掺量和对水泥的适应性，必须通过试验确定。

5）轻集料易上浮，不易搅拌均匀。因此，轻骨料混凝土拌合物必须采用强制式搅拌机搅拌，且搅拌时间要比普通混凝土略长一些。

6）为减少混凝土拌合物坍落度损失和离析，应尽量缩短运距。拌合物从搅拌机卸料到浇筑入模的延续时间，不宜超过 45min。

7）为减少轻集料混凝土上浮，施工中最好采用加压振捣，且振捣时间以捣实为准，不宜过长。

8）浇筑成型后应及时覆盖并洒水养护，以防止表面失水太快而产生网状裂缝。养护时间视水泥品种而不同，应不少于 7～14d。

9）轻集料混凝土在气温 5℃ 以上的季节施工时，可根据工程需要，对轻粗集料进行预湿处理，这样拌制的拌合物和易性和水灰比比较稳定。预湿时间可根据外界气温和集料的自然含水状态确定，一般应提前半天或一天对集料进行淋水预湿，然后滤干水分进行投料。在气温低于 5℃时，不宜进行预湿处理。

2. 大孔混凝土

大孔混凝土，是以粗集料、水泥和水配制而成的一种轻质混凝土，又称无砂混凝土。在这种混凝土中，水泥浆包裹粗骨料颗粒的表面，将粗骨料粘结在一起，但水泥浆并不填满粗骨料颗粒之间的空隙，因而形成大孔结构。为了提高大孔混凝土的强度，有时也加入少量细骨料（砂），这种混凝土又称为少砂混凝土。

大孔混凝土按其所用骨料品种，可分为普通大孔混凝土和轻集料大孔混凝土。前者用天然碎石、卵石或重矿渣配制而成，表观密度为 $1500\sim1950kg/m^3$，抗压强度为 $3.5\sim10MPa$，主要用于承重及保温外墙体。后者用陶粒、浮石、碎砖等轻集料配制而成，表观密度在 $800\sim1500kg/m^3$，抗压强度为 $1.5\sim7.5MPa$，主要用于自承重的保温外墙体。

大孔混凝土的导热系数小，保温性能好，吸湿性较小。收缩一般比普通混凝土小 $30\%\sim50\%$。抗冻性可达 $15\sim25$ 次冻融循环。由于不用砂或少用砂，故水泥用量较少，$1m^3$ 混凝土的水泥用量仅 $150\sim200kg$。

大孔混凝土可用于制作墙体用的小型空心砌块和各种板材，也可用于现浇墙体。普通大孔混凝土还可制成送水管、滤水板等，广泛用于市政工程。

3. 多孔混凝土

多孔混凝土是一种不用骨料，且内部均匀分布着大量微小气泡的轻质混凝土。多孔混凝土孔隙率可达 85%，表观密度在 $300\sim1200kg/m^3$，导热系数为 $0.081\sim0.29W/(m\cdot K)$，兼有承重及保温隔热功能。容易切割，易于施工，可制成砌块、墙板、屋面板及保温制品，广泛用于工业与民用建筑及保温工程中。

根据气孔产生的方法不同，多孔混凝土分为加气混凝土和泡沫混凝土。

（1）加气混凝土

加气混凝土是由含钙质材料（水泥、石灰等）及含硅质材料（石英砂、粉煤灰、粒状高炉矿渣等）和发气剂（铝粉、双氧水等）作原料，经磨细、配料、搅拌、浇筑、成型、切割及蒸压养护（$0.8\sim1.5MPa$ 下养护 $6\sim8h$）等工序生产而成。

加气混凝土制品是一种轻质、多功能的新型建筑材料，主要有砌块和条板两种，具有表观密度小、保温及耐火性能好、易于加工、抗震性能强、施工方便等优点。绝干状态下表观密度为 $500kg/m^3$ 的加气混凝土制品，其质量仅为烧结普通砖的 $1/3$，钢筋混凝土的 $1/5$，使建筑物自重减轻。导热系数仅是普通混凝土的 $1/10$，用 $250mm$ 厚的加气混凝土砌筑墙体，其保温效果优于 $490mm$ 厚的烧结黏土砖墙。加气混凝土适用于工业与民用建筑的墙体砌块、配筋的板材，以及承重兼保温的屋面板与外墙板、隔墙板等。

1）加气混凝土品种：

① 水泥-矿渣-砂加气混凝土。先将矿渣和砂分别在球磨机中湿磨成矿渣浆和砂浆（也可混磨），再加入水泥、发气剂、气泡稳定剂和调节剂配制而成，简称矿渣砂加气混凝土。

② 水泥-石灰-粉煤灰加气混凝土。在生产中，粉煤灰最好部分或全部与石灰和适量石膏混磨（或将粉煤灰单独干磨或湿磨，有的粉煤灰也可不加工，直接使用），其生产工艺与水泥-矿渣-砂加气混凝土类似，简称粉煤灰加气混凝土。

③ 水泥-石灰-砂加气混凝土。将砂子加水湿磨，生石灰干磨，加入水泥、水及发气剂配制而成。

2）加气混凝土的主要技术性质：

① 表观密度。通常以加气混凝土的绝干表观密度（简称表观密度）来表征加气混凝土的制品等级。按表观密度分为 $400kg/m^3$、$500kg/m^3$、$600kg/m^3$、$700kg/m^3$、$800kg/m^3$ 的制品。目前我国使用最多的是表观密度为 $500kg/m^3$ 的产品。

② 抗压强度。测定加气混凝土抗压强度的立方体试件的边长规定为 $100mm \times 100mm \times 100mm$，允许采用 $150mm \times 150mm \times 150mm$ 的立方体试件，试件的含水率为 35％±10％。试件平行于制品发气方向的抗压强度低于垂直于制品发气方向的抗压强度，前者约为后者的 80％。加气混凝土的强度随着含水率的增大而降低，随表观密度增大，强度值相应提高。

③ 导热系数。表观密度为 $500kg/m^3$ 的矿渣砂加气混凝土的导热系数值为 0.126W/（m·K），具有良好的保温效果。

（2）泡沫混凝土

泡沫混凝土是将水泥浆与泡沫剂拌合成型、硬化而成的一种多孔混凝土。

泡沫混凝土在机械搅拌作用下，能产生大量均匀而稳定的气泡。常用的泡沫剂有松香泡沫剂及水解牲血泡沫剂。使用时先掺入适量水，然后用机械搅拌成泡沫，再与水泥浆搅拌均匀，然后进行蒸汽养护或自然养护，硬化后即为成品。

泡沫混凝土的技术性能和应用，与相同表观密度的加气混凝土大体相同。泡沫混凝土还可在现场直接浇筑，用作屋面保温层。

二、高强、高性能混凝土

高强混凝土，是指强度等级为 C60 及 C60 以上的混凝土。高性能混凝土，是指具有较高的强度，易于浇筑、捣实而不离析，具有超高的、能长期保持的力学性能，体积稳定性好，耐久性好的混凝土。

高强、高性能混凝土的特点是强度高、耐久性好、变形小，能适应现代工程结构向大跨度、重载、高耸发展和承受恶劣环境条件的需要。高效减水剂及超细掺合料的使用，使在普通施工条件下制得高强混凝土成为可能。高性能混凝土利用"二次水化"作用增加凝胶体含量，减少氢氧化钙结晶量，降低了氢氧化钙在界面过渡区的富集与定向排列，使界面上的氢氧化钙密集程度减弱，有利于提高界面强度。试验表明，掺硅粉10％的高性能混凝土，氢氧化钙含量降低为一半。同时掺入的超细粉填料使骨料与水泥凝胶体的接触面厚度减小，孔隙率下降，骨料与水泥凝胶体之间密实结合，原生裂缝很少，因此界面强度得到提高。

配制高强混凝土时，应选用质量稳定、强度等级不低于 42.5 级的硅酸盐水泥或普通硅酸盐水泥。应掺用活性较好的矿物掺合料，且宜复合使用矿物掺合料。混凝土的水泥用量不应大于 $550kg/m^3$；水泥和矿物掺合料的总量不应大于 $600kg/m^3$。配制混凝土时，应掺用高效减水剂或缓凝高效减水剂。

对强度等级为 C60 级的混凝土，其粗骨料的最大粒径不应大于 31.5mm，对强度等级高于 C60 级的混凝土，其粗骨料的最大粒径不应大于 25mm；其中，针、片状颗粒含量不宜大于 5.0%；含泥量不应大于 0.5%，泥块含量不宜大于 0.2%；其他质量指标应符合现行国家标准《建设用碎石、卵石》（GB/T1 4685—2011）的规定。

细骨料的细度模数宜大于 2.6，含泥量不应大于 2.0%，泥块含量不应大于 0.5%。其他质量指标也应符合现行标准的规定。

高强混凝土配合比的计算方法和步骤可按《普通混凝土配合比设计规程》（JGJ 55—2011）中的有关规定进行。

三、大体积混凝土

大体积混凝土，是指混凝土结构物实体的最小尺寸等于或大于 1m，或预计会因水泥水化热引起混凝土的内外温差过大而导致裂缝的混凝土。

大型水坝、桥墩、高层建筑的基础等工程所用混凝土，应按大体积混凝土设计和施工，为了减少由于水化热引起的温度应力，配制大体积混凝土宜采用中、低热硅酸盐水泥或低热矿渣水泥。当采用硅酸盐水泥或普通硅酸盐水泥时，应掺入矿物掺合料，胶凝材料的 3d 和 7d 水化热分别不宜大于 240kJ/kg 和 270kJ/kg。尽可能选用较大粒径的石子，因为增大骨料粒径可以相应减少用水量及水泥用量，混凝土的收缩量也将随之减少。粗骨料宜为连续级配，最大公称粒径不宜小于 31.5mm，含泥量不应大于 1.0%。砂子宜采用中砂，同时要严格控制骨料的含泥量，以减少总的收缩量。

大体积混凝土的配合比既要保证混凝土强度，符合设计要求，又要尽量减少水泥用量和用水量。掺入缓凝型减水剂以适当延长水化热释放时间，降低水化热峰值。掺入一定数量的粉煤灰代替部分水泥，也有利于降低水泥水化热，使混凝土温升峰值得到相应的控制。

大体积混凝土配合比的计算和试配步骤应按《普通混凝土配合比设计规程》（JGJ55—2011）中的有关规定进行，并宜在配合比确定后进行水化热的验算或测定。

四、抗渗混凝土（防水混凝土）

抗渗混凝土，是指抗渗等级等于或大于 P6 级的混凝土。主要用于水工工程、地下基础工程、屋面防水工程等。

抗渗混凝土一般是通过混凝土组成材料的质量改善，合理选择混凝土配合比和骨料级配，以及掺加适量外加剂，达到混凝土内部密实或是堵塞混凝土内部毛细管通路，使混凝土具有较高的抗渗性。目前，常用的抗渗混凝土有普通抗渗混凝土、外加剂抗渗混凝土和膨胀水泥抗渗混凝土。

1. 普通抗渗混凝土

普通抗渗混凝土，是以调整配合比的方法，提高混凝土自身密实性以满足抗渗要求的混凝土。其原理是在保证和易性前提下减小水灰比，以减小毛细孔的数量和孔径，同时适当提高水泥用量和砂率，在粗骨料周围形成质量良好和数量足够的砂浆包裹层，使粗骨料彼此隔离，以阻隔沿粗骨料相互连通的渗水孔网。

根据《普通混凝土配合比设计规程》（JGJ 55—2011）规定，普通抗渗混凝土的配合比设计应符合以下技术要求：

（1）水泥强度不应小于 42.5MPa，其品种应按设计要求选用。

（2）粗骨料宜采用连续级配，其最大公称粒径不宜大于 40mm，其含泥量不应大于 1.0%，泥块含量不得大于 0.5%。

（3）1m³ 混凝土的胶凝材料用量不宜过小，含掺合料应不小于 320kg。

（4）细骨料宜采用中砂，含泥量不应大于 3.0%，泥块含量不得大于 1.0%；砂率不宜过小，为 35%～45%，坍落度 30～50mm。

（5）水胶比对混凝土的抗渗性有很大影响，除应满足强度要求外，还应符合表 4-31 的规定。

抗渗混凝土的最大水灰比　　　　　　　　　　　　　　　　　表 4-31

抗渗等级	最大水灰比	
	C20～C30 的混凝土	C30 以上混凝土
P6	0.60	0.55
P8～P12	0.55	0.50
P12 以上	0.50	0.45

2. 外加剂抗渗混凝土

外加剂抗渗混凝土，是指在混凝土中掺入适宜品种和数量的外加剂，改善混凝土内部结构，隔断或堵塞混凝土中的各种孔隙、裂缝及渗水通道，以达到改善抗渗性的一种混凝土。常用的外加剂有引气剂、防水剂、膨胀剂、减水剂或引气减水剂等。

掺用引气剂的抗渗混凝土，其含气量宜控制在 3%～5%。进行抗渗混凝土配合比设计时，尚应增加抗渗性能试验，并应符合下列规定：

（1）试配要求的抗渗水压值应比设计值提高 0.2MPa。

（2）试配时，宜采用水灰比最大的配合比作抗渗试验，其试验结果应符合下式要求：

$$P_t \geqslant \frac{P}{10} + 0.2 \qquad\qquad (4\text{-}20)$$

式中　P_t——6 个试件中 4 个未出现渗水时的最大水压值（MPa）；

　　　P——设计要求的抗渗等级值。

（3）掺引气剂的混凝土还应进行含气量试验，试验结果含气量应符合 3%～5% 的要求。

3. 膨胀水泥抗渗混凝土

膨胀水泥抗渗混凝土，是采用膨胀水泥配制而成的混凝土，由于这种水泥在水化过程中形成大量的钙矾石，会产生一定的体积膨胀，在有约束的条件下，能改善混凝土的孔结构，使毛细孔径减小，总孔隙率降低，从而使混凝土密实度、抗渗性提高。

五、纤维混凝土

纤维混凝土，是以普通混凝土为基体，外掺各种短切纤维材料而组成的复合材料。纤维材料按材质分有钢纤维、碳纤维、玻璃纤维、石棉及合成纤维等。按纤维弹性模量分有高弹性模量纤维，如钢纤维、玻璃纤维、碳纤维等；低弹性模量纤维，如尼龙纤维、聚乙烯纤维等。在纤维混凝土中，纤维的含量、纤维的几何形状及其在混凝土中的分布状况，对纤维混凝土的性能有重要影响。通常，纤维的长径比为 70～120，掺加的体积率为

0.3%～8%。纤维在混凝土中起增强作用，可提高混凝土的抗压、抗拉、抗弯强度和冲击韧性，并能有效地改善混凝土的脆性。纤维混凝土的冲击韧性约为普通混凝土的 5～10 倍，初裂抗弯强度提高 2.5 倍，劈裂抗拉强度提高 1.4 倍。混凝土掺入钢纤维后，抗压强度提高不大，但从受压破坏形式来看，破坏时无碎块、不崩裂，基本保持原来的外形，有较大的吸收变形的能力，也改善了韧性，是一种良好的抗冲击材料。目前，纤维混凝土主要用于飞机跑道、高速公路、桥面、水坝覆面、桩头、屋面板、墙板、军事工程等要求高耐磨性、高抗冲击性和抗裂的部位及构件。

六、防辐射混凝土

能屏蔽 X 射线、γ 射线或中子射线的混凝土称为防辐射混凝土。材料对射线的吸收能力与其表观密度成正比，因此防辐射混凝土采用重骨料配制，常用的重骨料有重晶石（表观密度 4000～4500kg/m³）、赤铁矿、磁铁矿、钢铁碎块等。为提高防御中子辐射性能，混凝土中可掺加硼和硼化物及锂盐等。胶凝材料采用硅酸盐水泥或铝酸盐水泥，最好采用硅酸钡、硅酸锶等重水泥。

防辐射混凝土用于原子能工业及国民经济各部门使用放射性同位素的装置，如反应堆、加速器、放射化学装置等的防护结构。

第五章 建 筑 砂 浆

建筑砂浆是由胶凝材料、细骨料、掺加料、水以及根据性能确定的各种组分，按适当比例配合、拌制并经硬化而成的建筑材料。砂浆按其所用胶凝材料的不同，可分为水泥砂浆、石灰砂浆和混合砂浆；按其用途可分为砌筑砂浆、抹面砂浆、装饰砂浆、防水砂浆以及耐酸防腐、保温、吸声等特种用途砂浆。

第一节 建筑砂浆基本组成与性质

一、砂浆组成

1. 胶凝材料

普通水泥、矿渣水泥、火山灰水泥、粉煤灰水泥以及砌筑水泥等都可以用来配制砂浆。砂浆所用水泥的强度等级，应根据设计要求进行选择。水泥砂浆采用的水泥，其强度等级不宜大于 32.5 级，水泥用量不应小于 200kg/m³；水泥混合砂浆采用的水泥，其强度等级不宜大于 42.5 级，砂浆中水泥和掺加料总量宜为 300～350kg/m³。为合理利用资源、节约材料，在配制砂浆时要尽量选用低强度等级水泥和砌筑水泥。对于特殊用途的砂浆，可用特种水泥（如膨胀水泥、快硬水泥）和有机胶凝材料（如合成树脂、合成橡胶等）。

2. 砂

砂浆用砂的质量要求应符合《建设用砂》（GB/T 14684—2011）的规定。一般砌筑砂浆采用中砂拌制，既能满足和易性要求，又能节约水泥。毛石砌体砂浆宜选用粗砂，砂子最大粒径应小于砂浆层厚度的 1/4～1/5；用于砖砌体的砂浆，宜用中砂，其最大粒径不大于 2.5mm；光滑表面的抹灰及勾缝砂浆，宜选用细砂，其最大粒径不大于 1.2mm。砂的含泥量对砂浆的水泥用量、和易性、强度、耐久性及收缩等性能有影响。当砂浆强度等级等于或大于 5.0MPa 时，要求砂的含泥量不得超过 5.0%；对于 5.0MPa 以下的砂浆，砂的含泥量不得超过 10.0%。

砂子含泥量与掺加黏土膏是不同的两个物理概念。砂子含泥量是包裹在砂子表面的泥；黏土膏是高度分散的土颗粒，并且土颗粒表面有一层水膜，可以改善砂浆和易性，填充孔隙。

3. 掺加料

掺加料是为了改善砂浆和易性而加入的无机材料。例如，石灰膏、电石膏（电石消解后，经过滤后的产物）、粉煤灰、黏土膏等。掺加料应符合下列规定：

（1）生石灰熟化成石灰膏时，应用孔径不大于 3mm×3mm 的网过滤，熟化时间不得少于 7d；磨细生石灰粉的熟化时间不得少于 2d。沉淀池中储存的石灰膏，应采取防止干燥、冻结和污染的措施。严禁使用脱水硬化的石灰膏。

（2）采用黏土或亚黏土制备黏土膏时，宜用搅拌机加水搅拌，通过孔径不大于 3mm×3mm 的网过筛。用比色法鉴定黏土中的有机物含量时应浅于标准色。

（3）制作电石膏的电石渣应用孔径不大于 3mm×3mm 的网过滤，检验时应加热至 70℃并保持 20min，没有乙炔气味后，方可使用。

（4）消石灰粉不得直接用于砌筑砂浆中。

（5）石灰膏、黏土膏和电石膏试配时的稠度，应为 120mm±5mm。

（6）粉煤灰的品质指标和磨细生石灰的品质指标，应符合现行国家标准《用于水泥和混凝土中的粉煤灰》(GB/T 1596) 及现行行业标准《建筑生石灰粉》(JC/T 480) 的要求。

4. 水

配制砂浆用水应符合现行行业标准《混凝土拌合用水标准》(JGJ63) 的规定。

5. 外加剂

外加剂是在拌制砂浆过程中掺入，用以改善砂浆性能的物质。砌筑砂浆中掺入外加剂应符合国家现行有关标准的规定，引气型外加剂还应有完整的型式检验报告。

二、建筑砂浆的基本性能

1. 砂浆拌合物的密度

水泥砂浆拌合物的密度不宜小于 1900kg/m³；水泥混合砂浆拌合物的密度不宜小于 1800kg/m³。

2. 新拌砂浆的和易性

砂浆硬化前的重要性质是应具有良好的和易性。和易性包括流动性和保水性两方面，若两项指标都满足要求，即为和易性良好的砂浆。

（1）流动性

砂浆流动性也称为稠度，表示砂浆在重力或外力作用下流动的性能。砂浆流动性的大小用"稠度值"表示，通常用砂浆稠度测定仪测定。稠度值大的砂浆，表示流动性较好。

砂浆流动性的选择与砌体种类、施工方法以及天气情况有关。一般情况下，多孔吸水的砌体材料和干热的天气，砂浆的流动性应大些；而密实不吸水的材料和湿冷的天气，其流动性应小些。砂浆流动性选择可参考表 5-1。

砂浆流动性参考表　　　　　　　　　　　　　　　　　　　　表 5-1

砌体种类	砂浆稠度（mm）
烧结普通砖砌体、粉煤灰砖砌体	70～90
混凝土砖砌体、普通混凝土小型空心砌块砌体、灰砂砖砌体	50～70
烧结多孔砖砌体、烧结空心砖砌体、轻骨料混凝土小型空心砌块砌体、蒸压加气混凝土砌块砌体	60～80
石砌体	30～50

（2）保水性

砂浆保水性是指砂浆能保持水分的能力。即指搅拌的砂浆在运输、停放、使用过程中水与胶凝材料及骨料分离快慢的性质。保水性良好的砂浆水分不易流失，易于摊铺成均匀密实的砂浆层；反之，保水性差的砂浆，在施工过程中容易泌水、分层离析、水分流失，使流通性变坏，不易施工操作；同时，由于水分容易被砌体吸收，影响水泥正常硬化，从而降低了砂浆粘结强度。

砂浆保水性以"分层度"或"保水率"表示。保水性良好的砂浆，其分层度值较小，一般分层度值以 10～20mm 为宜，在此范围内，砌筑或抹面均可使用。对于分层度值为 0 的砂浆，虽然保水性好，无分层现象，但往往胶凝材料用量过多，或砂过细，致使砂浆干缩性较大，易发生干缩裂缝，尤其不宜用作抹面砂浆；分层度值大于 20mm 的砂浆，保水性不良，不宜采用。

3. 硬化砂浆的性质

（1）砂浆强度

砂浆强度等级是以边长为 70.7mm 的立方体试件，按标准条件下养护至 28d 的抗压强度的平均值。砂浆的强度等级共分 M5、M7.5、M10、M15、M20、M25、M30 七个等级。

（2）砂浆粘结力

一般地说，砂浆粘结力随其抗压强度增大而提高。此外，粘结力还与基底表面的粗糙程度、洁净程度、润湿情况及施工养护条件等因素有关。在充分润湿的、粗糙的、清洁的表面上使用且养护良好的条件下，砂浆与表面粘结较好。

（3）耐久性

经常与水接触的水工砌体有抗渗及抗冻要求，故水工砂浆应考虑抗渗、抗冻、抗侵蚀性。其影响因素与混凝土大致相同，但因砂浆一般不振捣，所以施工质量对其影响尤为明显。

（4）砂浆的变形

砂浆在承受荷载或在温度条件变化时容易变形，如果变形过大或者不均匀，都会降低砌体的质量，引起沉降或裂缝。若使用轻骨料拌制砂浆或混合料掺量太多，也会引起砂浆收缩变形过大，抹面砂浆则会出现收缩裂缝。

第二节　常用的建筑砂浆

本节按建筑砂浆用途分类，介绍各种常用的建筑砂浆。

一、砌筑砂浆

将砖、石、砌块等块材经砌筑成为砌体，起粘结、衬垫和传力作用的砂浆称为砌筑砂浆。砌体的承载能力不仅取决于砖、石等块体强度，而且与砂浆强度有关，所以，砂浆是砌体的重要组成部分。

1. 现场配置砌筑砂浆的试配要求

砌筑砂浆要根据工程类别及砌体部位的设计要求，选择其强度等级，再按砂浆强度等级来确定其配合比。

确定砂浆配合比，一般情况可查阅有关手册或资料来选择。重要工程用砂浆或无参考资料时，可根据《砌筑砂浆配合比设计规程》（JGJ/T 98—2010）计算确定，现场配置水泥混合砂浆的试配应符合下列规定：

（1）配合比应按下列步骤计算

1）计算砂浆试配强度（$f_{m,o}$）；

2）计算每立方米砂浆中的水泥用量（Q_C）；

3）计算每立方米砂浆中石灰膏用量（Q_D）；

4）确定每立方米砂浆中砂用量（Q_S）；

5）按砂浆稠度选每立方米砂浆用水量（Q_W）。

（2）砂浆的试配强度按下式计算

$$f_{m,o} = kf_2 \tag{5-1}$$

式中　$f_{m,o}$——砂浆的试配强度（MPa），应精确到 0.1MPa；

　　　f_2——砂浆强度等级值（MPa），应精确到 0.1MPa；

　　　k——系数，按表 5-2 取值。

砂浆强度标准差 σ 及 k 值　　　　　表 5-2

施工水平	强度标准差 σ（MPa）							k
	M5	M7.5	M10	M15	M20	M25	M30	
优良	1.00	1.50	2.00	3.00	4.00	5.00	6.00	1.15
一般	1.25	1.88	2.50	3.75	5.00	6.25	7.50	1.20
较差	1.50	2.25	3.00	4.50	6.00	7.50	9.00	1.25

（3）砂浆强度标准差的确定：

1）当有统计资料时，应按下式计算：

$$\sigma = \sqrt{\frac{\sum_{i=1}^{n} f_{mi}^2 - N\mu_{fm}^2}{N-1}} \tag{5-2}$$

式中　f_{mi}——统计周期内同一品种砂浆第 i 组试件的强度（MPa）；

　　　μ_{fm}——统计周期内同一品种砂浆第 N 组试件强度的平均值（MPa）；

　　　N——统计周期内同一品种砂浆试件的总组数，$N \geqslant 25$。

2）当不具有近期统计资料时，砂浆强度标准差可按表 5-2 取用。

（4）计算每立方米砂浆中的水泥用量 Q_C（kg）

$$Q_C = 1000(f_{m,o} - \beta)/(\alpha \cdot f_{ce}) \tag{5-3}$$

式中　Q_C——每立方米砂浆中的水泥用量（kg），应精确至 1kg；

　　　$f_{m,o}$——砂浆的试配强度（MPa），精确到 0.1MPa；

　　　f_{ce}——水泥的实测强度（MPa），精确到 0.1MPa；

　　　α，β——砂浆的特征系数，其中，$\alpha = 3.03$，$\beta = -15.09$。

各地区也可用本地区试验资料确定 α，β 值，统计用的试验组数不得少于 30 组。

无法取得水泥的实测强度时，可按下式计算 f_{ce}：

$$f_{ce} = \gamma_c f_{ce,k} \tag{5-4}$$

式中　$f_{ce,k}$——水泥强度等级值（MPa）；

　　　γ_c——水泥强度等级值的富余系数，由实际统计资料确定；无统计资料时 γ_c 取 1.0。

（5）水泥混合砂浆中石灰膏用量应按下式计算：

$$Q_D = Q_A - Q_C \tag{5-5}$$

式中　Q_D——每立方米砂浆的石灰膏用量，精确至 1kg（石灰膏使用时的稠度宜为 120mm±5mm）；

　　　Q_C——每立方米砂浆的水泥用量，精确至 1kg；

　　　Q_A——每立方米砂浆中水泥和石灰膏的总量，精确至 1kg，可为 350kg。

（6）砂用量计算

每立方米砂浆中的砂子用量，应按干燥状态（含水率小于 0.5%）的堆积密度值作为计算值（kg）。

（7）用水量计算

每立方米砂浆中的用水量，根据砂浆稠度的要求可选用 210～310kg。

注：①混合砂浆中的用水量，不包括石灰膏中的水；

②当采用细砂或粗砂时，用水量分别取上限或下限；

③当稠度小于 70mm 时，用水量可小于下限；

④施工现场气候炎热或在干燥季节施工，可酌量增加用水量。

现场配置水泥砂浆的试配应符合下列规定：

水泥砂浆的材料用量可按表 5-3 选用。

每立方米水泥砂浆材料用量（kg/m³）　　　　表 5-3

强度等级	水泥	砂	用水量
M5	200～230		
M7.5	230～260		
M10	260～290		
M15	290～330	1m³ 砂子的堆积密度值	270～330
M20	340～400		
M25	360～410		
M30	430～480		

注：1. M15 及以下强度等级水泥砂浆，水泥强度等级为 32.5 级；M15 以上强度等级水泥砂浆，水泥强度等级为 42.5 级；

2. 当采用细砂或粗砂时，用水量分别取上限或下限；

3. 当稠度小于 70mm 时，用水量可小于下限；

4. 施工现场气候炎热或干燥季节，可酌量增加用水量；

5. 试配强度应按式（5-1）计算。

水泥粉煤灰砂浆的材料用量可按表 5-4 选用。

每立方米水泥粉煤灰砂浆材料用量（kg/m³）   表 5-4

强度等级	水泥和粉煤灰总量	粉煤灰	砂	用水量
M5	210～240			
M7.5	240～270	粉煤灰掺量可占胶凝材料总量的 15%～25%	砂子的堆积密度值	270～330
M10	270～300			
M15	300～330			

注：1. 表中水泥强度等级为 32.5 级；
　　2. 当采用细砂或粗砂时，用水量分别取上限或下限；
　　3. 当稠度小于 70mm 时，用水量可小于下限；
　　4. 施工现场气候炎热或干燥季节，可酌量增加用水量；
　　5. 试配强度应按式（5-1）计算。

2. 砌筑砂浆配合比试配、调整与确定

采用工程中实际使用的材料和相同的搅拌方法，按计算配合比进行试拌，测定拌合物的稠度和保水率，当不能满足要求时，应调整材料用量，直到符合要求为止。这时的配合比即为试配时的砂浆基准配合比。

试配时，至少采用三个不同的配合比，其一为砂浆基准配合比，另外两个配合比的水泥用量按基准配合比分别增加及减少 10%，在保证稠度、保水率合格的条件下，可将用水量、石灰膏、保水增稠材料或粉煤灰等活性掺合料用量作相应调整。然后按国家现行标准《建筑砂浆基本性能试验方法标准》JGJ/T 70 分别测定不同配合比砂浆的表观密度及强度；并选定符合试配强度及和易性要求、水泥用量最低的配合比作为砂浆的试配配合比。

砌筑砂浆的试配配合比还应按下列步骤进行校正：

（1）根据确定的砂浆试配配合比材料用量，按下式计算砂浆的理论表观密度值：

$$\rho_t = Q_C + Q_D + Q_S + Q_W \tag{5-6}$$

式中　ρ_t——砂浆的理论表观密度值（kg/m³），应精确至 10kg/m³。

（2）应按下式计算砂浆配合比校正系数 δ：

$$\delta = \rho_c / \rho_t \tag{5-7}$$

式中　ρ_c——砂浆的实测表观密度值（kg/m³），应精确至 10kg/m³。

当砂浆的实测表观密度值与理论表观密度值之差的绝对值不超过理论值的 2% 时，可将计算得出的试配配合比确定为砂浆设计配合比；当超过 2% 时，应将试配配合比中每项材料用量均乘以校正系数（δ）后，确定为砂浆设计配合比。

3. 砂浆配合比设计计算实例

配制用于砌筑的强度等级为 M7.5 的水泥混合砂浆。采用水泥强度等级为 32.5 级的普通硅酸盐水泥（实测 28d 抗压强度为 35.0MPa），其堆积密度为 1300kg/m³；石灰膏表观密度为 1350kg/m³；砂干燥堆积密度为 1450kg/m³；该工程队施工水平优良。

【解】

砂浆试配强度：$f_{m,o} = k f_2$

查表得：$k = 1.15$，$f_2 = 7.5$MPa

$$f_{m,o} = 1.15 \times 7.5 = 8.6 \text{MPa}$$

水泥用量：$Q_C = 1000(f_{m,o} - \beta)/(\alpha \cdot f_{ce})$（其中 $\alpha = 3.03, \beta = -15.09$）

$$Q_C = 1000(8.6 + 15.09)/[(3.03) \times 35] = 223 \text{kg}$$

石灰膏用量：$Q_D = Q_A - Q_C$

式中，Q_A 取 350kg　　$Q_D = 350 - 223 = 127 \text{kg}$

砂子用量：$Q_s = 1450 \text{kg}$

砂浆配合比：

质量比　水泥：石灰膏：砂子 $= 223 : 127 : 1450 = 1 : 0.57 : 6.50$

体积比　水泥：石灰膏：砂子 $= \dfrac{223}{1300} : \dfrac{127}{1350} : 1 = 1 : 0.55 : 5.83$

二、抹面砂浆

涂抹于建筑物表面的砂浆统称为抹面砂浆。抹面砂浆按其功能的不同可分为普通抹面砂浆、装饰砂浆及具有特殊功能的抹面砂浆等。

与砌筑砂浆相比，抹面砂浆有以下特点：抹面砂浆不承受荷载，它与基底层应具有良好的粘结力，以保证其在施工或长期自重或环境因素作用下不脱落、不开裂且不丧失其主要功能，抹面砂浆多分层抹成均匀的薄层，面层要求平整细致。

1. 普通抹面砂浆

普通抹面砂浆用于室外时，对建筑物或墙体起保护作用。它可以抵抗风、雨、雪等自然因素以及有害介质的侵蚀，提高建筑物或墙体的抗风化、防潮和保温隔热的能力，用于室内，则可以改善建筑物的适用性和表面平整、光洁、美观，具有装饰效果。

抹面砂浆通常分为两层或三层进行施工，各层的作用与要求不同，因此，所选用的砂浆也不同。

底层砂浆的作用是使砂浆与底面牢固粘结，要求砂浆有良好的和易性和较高的粘结力，并且保水性要好，否则，水分易被底面吸收掉而影响粘结力。基底表面粗糙有利于砂浆粘结。中层主要用来找平，有时可省去不用，面层砂浆主要起装饰作用，应达到平整美观的效果。用于砖墙的底层砂浆多用混合砂浆，用于板条墙或板条顶棚的底层砂浆多用麻刀石灰砂浆，混凝土梁、柱、顶板等的底层砂浆，多用混合砂浆。用于中层时，多用混合砂浆或石灰砂浆。用于面层时，则多用混合砂浆、麻刀石灰砂浆或纸筋石灰砂浆。

在潮湿环境或容易碰撞的地方，如墙裙、踢脚板、地面、窗台及水池等，应采用水泥砂浆，其配合比多为：水泥：砂 $= 1 : 2.5$。

普通抹面砂浆的配合比可参考表 5-5。

各种抹面砂浆配合比参考表　　　　　　表 5-5

材料	配合比（体积比）	应用范围
石灰：砂	$1:2 \sim 1:4$	用于砖石墙表面（檐口、勒脚、女儿墙及潮湿房间的墙除外）
石灰：黏土：砂	$1:1:4 \sim 1:1:8$	用于干燥环境墙表面
石灰：石膏：砂	$1:0.4:2 \sim 1:1:3$	用于不潮湿房间的墙及天花板
石灰：石膏：砂	$1:2:2 \sim 1:2:4$	用于不潮湿房间的线脚及其他装饰工程

材料	配合比（体积比）	应 用 范 围
石灰：水泥：砂	1：0.5：4.5～1：1：5	用于檐口、勒脚、女儿墙以及比较潮湿的部位
水泥：砂	1：3～1：2.5	用于浴室、潮湿车间等墙裙、勒脚或地面基层
水泥：砂	1：2～1：1.5	用于地面、顶棚或墙面面层
水泥：砂	1：0.5～1：1	用于混凝土地面随时压光
石灰：石膏：砂：锯末	1：1：3：5	用于吸声粉刷
水泥：白石子	1：2～1：1	用于水磨石（打底用1：2.5水泥砂浆）
水泥：白石子	1：1.5	用于斩假石［打底用1：2～1：2.5水泥砂浆］
白灰：麻刀	100：2.5（质量比）	用于板条顶棚底层
石灰膏：麻刀	100：1.3（质量比）	用于板条顶棚面层（或100kg石灰膏加3.8kg纸筋）
纸筋：白灰浆	灰膏0.1m³，纸筋0.36kg	用于较高级墙板、顶棚

2. 装饰砂浆

涂抹在建筑物内外墙表面，能具有美观装饰效果的抹面砂浆，统称为装饰砂浆。装饰砂浆的底层和中层与普通抹面砂浆基本相同。而装饰的面层，要选用具有一定颜色的胶凝材料和骨料以及采用某些特殊的操作工艺，使表面呈现出不用的色彩、线条与花纹等装饰效果。

装饰砂浆所用的胶凝材料有普通水泥、白水泥和彩色水泥，以及石灰、石膏等。骨料常采用大理石、花岗石等带颜色的碎石渣或玻璃、陶瓷碎粒。也可选用白色或彩色天然砂、特制的塑料色粒等。

几种常用装饰砂浆的工艺做法：

（1）拉毛

在水泥砂浆或水泥混合砂浆抹灰中层上，抹上水泥混合砂浆、纸筋石灰或水泥石灰浆等，并用拉毛工具将砂浆拉出波纹和斑点的毛头，做成装饰面层。一般适用于有声学要求的礼堂、剧院等室内墙面，也常用于外墙面、阳台栏板或围墙等外饰面。

（2）水刷石

是将水泥和粒径为5mm左右的石渣按比例混合，配制成水泥石碴砂浆，涂抹成型待水泥浆初凝后，以硬毛刷蘸水刷洗，或喷水冲刷，将表面水泥浆冲走，使石碴半露出来，达到装饰效果。水刷石饰面具有石料饰面的质感效果，主要用于外墙饰面，另外檐口、腰线、窗套、阳台、雨篷、勒脚及花台等部位也常使用。

（3）干粘石

是在素水泥浆或聚合物水泥砂浆粘结层上，将彩色石渣、石子等直接粘在砂浆层上，再拍平压实的一种装饰抹灰做法，分为人工甩粘和机械喷粘两种。要求石子粘结牢固，不脱落、不露浆，石粒的2/3应压入砂浆中。装饰效果与水刷石相同，而且避免了湿作业，提高了施工效率，又节约材料，应用广泛。

（4）斩假石

又称剁斧石，是在水泥砂浆基层上涂抹水泥石渣浆或水泥石屑浆，待其硬化具有一定强度时，用钝斧及各种凿子等工具，在表层上剁斩出纹理。

斩假石既有石材的质感，又有精工细作的特点，给人以朴实、自然、素雅、庄重的感觉。斩假石饰面一般多用于局部小面积装饰，如勒脚、台阶、柱面、扶手等。

（5）弹涂

弹涂是在墙体表面涂刷一层聚合物水泥色浆后，用电动弹涂器分几遍将各种水泥色浆弹到墙面上，形成直径 1～3mm 颜色不同、互相交错的圆形色点，深浅色点互相衬托，构成彩色的装饰面层，最后再刷一道树脂罩面层，起防护作用。适用于建筑物内外墙面，也可用于顶棚饰面。

（6）喷涂

多用于外墙饰面，是用砂浆泵或喷斗，将掺有聚合物的水泥砂浆喷涂在墙面基层或底灰上，形成饰面层，最后在表面再喷一层甲基硅醇钠或甲基硅树脂疏水剂，以提高饰面层的耐久性和减少墙面污染。

3. 防水砂浆

防水砂浆是指用于制作防水层的抗渗性较高的砂浆。砂浆防水层又称刚性防水层。适用于不受振动和具有一定刚度的混凝土或砖、石砌体工程，如用于水塔、水池、地下工程等的防水。

防水砂浆可用普通水泥砂浆制作，也可在水泥砂浆中掺入防水剂制得。水泥砂浆宜选用强度等级为 32.5 以上的普通硅酸盐水泥和级配良好的中砂。砂浆配合比中，水泥与砂的质量比不宜大于 1：2.5，水灰比宜控制在 0.5～0.6，稠度不应大于 80mm。

在水泥砂浆中掺入防水剂，可促使砂浆结构密实，堵塞毛细孔，提高砂浆的抗渗能力，这是目前常用的方法。常用的防水剂有氯化物金属盐类防水剂、金属皂类防水剂和水玻璃防水剂。

防水砂浆应分 4～5 层分层涂抹在基面上，每层涂抹厚度约 5mm，总厚度 20～30mm。每层在初凝前压实一遍，最后一遍要压光，并精心养护，以减少砂浆层内部连通的毛细孔通道，提高密实度和抗渗性。防水砂浆还可以用膨胀水泥或无收缩水泥来配制。

4. 绝热砂浆

采用水泥、石灰、石膏等胶凝材料与膨胀珍珠岩、膨胀蛭石或陶粒砂等轻质多孔骨料，按一定比例配制的砂浆，称为绝热砂浆。绝热砂浆具有轻质和良好的绝热性能，其热导率约为 0.07～0.1W/（m·K）。绝热砂浆可用于屋面、墙壁或供热管道的绝热保护。

5. 吸声砂浆

由轻骨料配制成的保温砂浆，一般均具有良好的吸声性能，故也可用作吸声砂浆。另外，还可用水泥、石膏、砂、锯末（体积比为 1：1：3：5）配制吸声砂浆，或在石灰、石膏砂浆中掺入玻璃纤维、矿棉等松软纤维材料，也能获得一定的吸声效果。吸声砂浆用于室内墙壁、顶棚的吸声处理。

第三节 新型建筑砂浆

一、商品砂浆

相对于传统方法配制的砂浆，目前有一种新型建筑砂浆，又称为商品砂浆。

商品砂浆按生产方式可分为预拌砂浆（湿）和干粉砂浆，而且干粉砂浆性能更为优越。预拌砂浆指由水泥、砂、保水增稠材料、水、粉煤灰或其他矿物掺合外加剂等成分，按一定比例，在搅拌站（厂）经计量集中拌制后，用搅拌运输车送至使用地点，放入密封容器储存，并在规定时间内使用完毕的砂浆拌合物。干粉砂浆是由专业生产厂家制造的，经烘干筛分处理的细骨料与无机胶凝材料、保水增稠材料、矿物掺合料与添加剂按一定比例混合而成的一种颗粒状或粉状混合物，它分为散装和包装两种，运至使用地后按规定比例加水拌合使用。通俗地说，干粉砂浆主要由黄砂、水泥、稠化粉、粉煤灰和外加剂组成。其中，黄砂要筛选一定粒度，再烘干水分，它的用量为砂浆的70％左右；水泥只要用强度等级为32.5级矿渣水泥和42.5级普通硅酸盐水泥各掺半即可，用量在15％左右，非常节省；还有稠化粉起增稠作用，占总量2％～3％；再有就是可掺入工业废弃物粉煤灰，占总量10％左右；另外，可加入早强剂、快干剂等外加剂配置具有特殊功能的商品砂浆。

干粉砂浆之所以优于传统工艺配制砂浆产品，在于它有以下特点：

1. 质量高

商品砂浆解决了传统工艺配制砂浆配合比难以把握而影响质量的问题，计量十分准确，质量可靠。因为不同用途的砂浆对材料的抗收缩、抗龟裂、保温、防潮等特性的要求不同，且施工要求的流动性、保水性、凝结时间也不同。这些特性是需要按照科学配方严格配制才能实现的，只有商品砂浆的生产过程可满足这一要求。因为计量精确、质量保证，所以使用商品砂浆后的工程质量都明显提高、工期明显缩短、用工量减少。

2. 生产效率高

这不仅是指制造砂浆的效率提高，而且采用预制砂浆类产品后，整个建筑施工的速度也大大提高，便于推广使用先进的自动喷涂施工机械，从而提高建筑行业整体自动化水平。

3. 绿色环保技术

该技术可以将大量粉煤灰进行再利用，减少废弃物对环境污染，同时降低生产成本，还可以采用纳米材料技术，使内、外墙具有吸收空气中废气的功能，自动调节空气中的湿度。

4. 多种功能效果

利用干粉砂浆对墙体进行砌筑与抹面，可使建筑物内、外墙具有保温、隔热、防水、耐久性好、延长使用期限等功能。对于聚合物砂浆，还有高抗弯、抗拉、抗腐蚀、抗冲击的性能。快速修补砂浆具有速凝、早强、高强、耐腐蚀、抗冲击等性能。

5. 产品性能优良

干粉砂浆与传统砂浆相比，具有保水性好、粘结力强、抗冻、抗裂、抗干缩等特点，作为保温砂浆，还有很好的节能效果。

6. 文明施工

配制砂浆的生产原料损耗低，浪费少，定量包装又使得建筑物管理方便、整洁。尤其是在大城市，拥挤的交通，狭窄的施工现场，干粉砂浆可以解决许多问题。

干粉砂浆种类丰富，广泛应用在建筑的墙体工程中，国内外干粉砂浆厂的主要产品有：

（1）墙面砂浆，如内、外墙的表涂、底涂干粉砂浆、彩色砂浆等；

（2）墙地砖砂浆，如瓷砖粘结剂、填缝剂等；

（3）地坪砂浆，如底层、表层、自流平砂浆等；

（4）砌筑砂浆，如砖砌砂浆、修补砂浆等。

二、建筑干粉产品简介

1. 墙体隔热复合系统砂浆系列

墙体隔热复合系统砂浆系列是高附加值的建筑干粉技术产品。不管是在旧房改造还是在新建建筑物中使用，其隔热节能效果显著。墙体保温隔热复合系统主要包括：

（1）基体预处理砂浆（找平，改善基体表面吸附性等）；

（2）保温板粘结和加固砂浆；

（3）保温板（发泡聚苯乙烯板、岩棉保温板等）；

（4）加固玻璃纤维网格粘结砂浆；

（5）表面防水彩色装饰砂浆。

与之补充的产品有：

（1）瓷砖、瓷板粘结剂；

（2）瓷砖、瓷板勾缝材料；

（3）薄层彩色饰面砂浆。

2. 新型墙体材料专用干粉砂浆系列

新型节能墙体材料的普及，需要相应的专用建筑干粉砂浆系列。特别适合这类墙体材料的建筑干粉砂浆系列包括：

（1）薄层砌筑砂浆；

（2）轻质砌筑砂浆；

（3）轻质抹灰砂浆

（4）保温砂浆（添加膨胀珍珠岩粉、EPS颗粒）；

（5）外墙防水彩色饰面砂浆；

（6）内墙腻子、薄层彩色饰面砂浆。

第六章 墙体材料

用来砌筑、拼装或用其他方法构成承重或非承重墙体的材料称为墙体材料。在房屋建筑中，墙体具有承重、围护和分隔作用。在混合结构建筑中，墙体约占房屋建筑总重的50%，因此合理选用墙体材料，对建筑物的功能、安全以及造价等均具有重要意义。目前，用于墙体的材料品种较多，总体可归纳为砌墙砖、砌块、板材三大类。

第一节 砌 墙 砖

凡是由黏土、工业废料或其他地方资源为主要原料，以不同工艺制成的，在建筑中用于砌筑承重和非承重墙体的砖，统称砌墙砖。

砌墙砖可分为普通砖和空心砖两大类。普通砖是没有孔洞或孔洞率（砖面上孔洞总面积占砖面积的百分率）小于15%的砖；而孔洞率等于或大于15%的砖称为空心砖，其中孔的尺寸小而数量多者又称为多孔砖。根据生产工艺又有烧结砖和非烧结砖之分。经焙烧制成的砖为烧结砖，如黏土砖（N）、页岩砖（Y）、煤矸石砖（M）、粉煤灰砖（F）等；非烧结砖有碳化砖、常压蒸汽养护（或高压蒸汽养护）硬化而成的蒸养（压）砖（如粉煤灰砖、炉渣砖、灰砂砖等）。

一、烧结砖

1. 烧结普通砖

烧结普通砖是以黏土、页岩、煤矸石、粉煤灰为主要原料经焙烧而成的普通砖。

以黏土为主要原料，经配料、制坯、干燥、焙烧而成的烧结普通砖，简称黏土砖（符号为N），有红砖和青砖两种。砖坯在氧化气氛中焙烧，可烧得红砖；若砖坯开始在氧化气氛中焙烧，当达到烧结温度后，再在还原气氛中继续焙烧，红色的三价铁被还原成青灰色的二价铁（FeO），即制成青砖。青砖较红砖耐碱，耐久性较好。

按焙烧方法不同，烧结黏土砖又可分内燃砖和普通砖。内燃砖是将可燃性工业废渣（煤渣、含碳量高的粉煤灰、煤矸石等）以一定比例掺入黏土中（作为内燃原料）制坯，当砖坯在窑内被烧到一定温度后，坯体内的燃料燃烧而烧结成砖。内燃法制砖，除了可节省外投燃料和部分黏土用量外，由于焙烧时热源均匀、内燃原料燃烧后留下许多封闭小孔，因此，砖的表观密度减小，强度提高（约20%），隔声保温性能增强。

由于砖在焙烧时窑内温度分布（火候）难于绝对均匀，因此，除了正火砖（合格品）外，还常出现欠火砖和过火砖。欠火砖色浅、敲击声发哑、吸水率大、强度低、耐久性差。过火砖色深、敲击时声音清脆、吸水率低、强度较高，但有弯曲变形。欠火和过火均属于不合格产品。

（1）烧结普通砖的技术性质

烧结普通砖的各项技术性质应满足《烧结普通砖》GB5101—2003 的规定，主要性能如下：

1) 规格及尺寸允许偏差。

烧结普通砖为矩形块体材料，其标准尺寸为 240mm×115mm×53mm。在砌筑时加上砌筑灰缝宽度 10mm，则 1m³ 砖砌体需用 512 块砖。每块砖的 240mm×115mm 的面称为大面，240mm×53mm 的面称为条面，115mm×53mm 的面称为顶面。砖的尺寸允许偏差应符合表 6-1 的规定。

烧结普通砖尺寸允许偏差（mm）　　　　　　　　　　　　　　表 6-1

公称尺寸（mm）	优等品		一等品		合格品	
	样本平均偏差	样本极差	样本平均偏差	样本极差	样本平均偏差	样本极差
长度 240	±2.0	≤6	±2.5	≤7	±3.0	≤8
宽度 115	±1.5	≤5	±2.0	≤6	±2.5	≤7
高度 53	±1.5	≤4	±1.6	≤5	±2.0	≤6

2) 外观质量。

烧结普通砖的外观质量需要考察两个条面之间的高度差、弯曲程度、是否缺棱掉角、裂纹长度等。对优等品颜色要求应基本一致。在使用时应按照国家标准进行检查。

3) 强度等级。

烧结普通砖分为 MU30、MU25、MU20、MU15、MU10 五个强度等级。抽取 10 块砖试样进行抗压强度试验，试验后计算出 10 块砖的抗压强度平均值，并分别按式 6-1、式 6-2、式 6-3 计算标准差、变异系数和强度标准值；根据试验及计算结果按表 6-2 确定烧结普通砖的强度等级。

$$s = \sqrt{\frac{\sum_{i=1}^{10}(f_i - \overline{f})^2}{9}} \tag{6-1}$$

$$\delta = \frac{f}{\overline{f}} \tag{6-2}$$

$$f_k = \overline{f} - 1.8s \tag{6-3}$$

式中　f_i——单块砖样的抗压强度测定值（MPa）；

　　　$\overline{f}$——10 块砖样的抗压强度平均值（MPa）；

　　　s——10 块砖样的抗压强度标准差（MPa）；

　　　δ——砖强度变异系数；

　　　f_k——烧结普通砖抗压强度标准值（MPa）。

烧结普通砖强度等级（MPa）　　　　　　　　　　　　　　表 6-2

强度等级	抗压强度平均值 $\overline{f}$	变异系数 $\delta \leqslant 0.21$	变异系数 $\delta > 0.21$
		强度标准值 f_k	单块最小抗压强度 f_{min}
MU30	≥30.0	≥22.0	≥25.0
MU25	≥25.0	≥18.0	≥22.0
MU20	≥20.0	≥14.0	≥16.0
MU15	≥15.0	≥10.0	≥12.0
MU10	≥10.0	≥6.5	≥7.5

4）泛霜。

泛霜是指黏土原料中的可溶性盐类（如硫酸钠等），随着砖内水分蒸发而在砖表面产生的盐析现象，一般为白色粉末，常在砖表面形成絮团状斑点。轻微泛霜就会对清水砖墙建筑外观产生较大影响。中等程度泛霜的砖用于建筑中潮湿部位时，约 7～8 年后因盐析结晶膨胀将使砖砌体表面产生粉化剥落，在干燥环境使用约经 10 年以后也将开始剥落。严重泛霜对建筑结构的破坏性则更大。《烧结普通砖》GB 5101—2003 中规定，优等品无泛霜现象，一等品不允许出现中等泛霜，合格品不允许出现严重泛霜。

5）石灰爆裂。

如果烧结砖原料土中夹杂有石灰石成分，在烧砖时可能被烧成生石灰，砖吸水后生石灰消化产生体积膨胀，导致砖发生胀裂破坏，这种现象称为石灰爆裂。石灰爆裂严重影响烧结砖的质量，并降低砌体强度。标准中规定优等品砖不允许出现最大破坏尺寸大于 2mm 的爆裂区域。

6）抗风化性能。

抗风化性能，是指在干湿变化、温度变化、冻融变化等物理因素作用下，材料长期不破坏并长期保持原有性质的能力。它是材料耐久性的重要内容之一。对砖的抗风化性要求应根据各地区风化程度不同而定。烧结普通砖的抗风化性能通常以其抗冻性、吸水率及饱和系数等指标判别。饱和系数是指砖在常温下浸水 24h 后的吸水率与 5h 沸煮吸水率之比。

7）质量等级。

强度、抗风化性能和放射性物质合格的砖，根据尺寸偏差、外观质量、泛霜和石灰爆裂分为优等品、一等品、合格品三个质量等级。烧结普通砖的质量等级标准见表 6-3。

烧结普通砖的质量等级 表 6-3

项　　目	优等品	一等品	合格品
外观质量： ① 两条面高度差不大于（mm） ② 弯曲不大于（mm） ③ 杂质凸出高度不大于（mm） ④ 缺棱掉角的三个破坏尺寸不得同时大于（mm）	2 2 2 5	3 3 3 20	4 4 4 30
裂纹长度不大于： ① 大面上宽度方向及其延伸至条面的长度（mm） ② 大面上长度方向及其延伸至顶面或条面上水平裂纹的长度（mm） 完整面[a] 不得少于	30 50 二条面和二顶面	60 80 一条面和一顶面	80 100 —
	颜色	基本一致		
泛霜	无泛霜	不允许出现中等泛霜	不允许出现严重泛霜
石灰爆裂	不允许出现最大破坏尺寸大于 2mm 的爆裂区域	① 最大破坏尺寸＞2mm 且≤10mm 的爆裂区域，每组样砖不得多于 15 处； ② 不允许出现最大破坏尺寸＞10mm 的爆裂区域	① 最大破坏尺寸＞2mm 且≤15mm 的爆裂区域，每组样砖不得多于 15 处，其中＞10mm 的不得多于 7 处； ② 不允许出现最大破坏尺寸＞15mm 的爆裂区域

注：为装饰面施加的色差、凹凸纹、拉毛、压花等不算作缺陷。

　　[a] 凡有下列缺陷之一者，不得称为完整面。

a）缺损在条面或顶面上造成的破坏面尺寸同时大于 10mm×10mm。

b）条面或顶面上裂纹宽度大于 1mm，其长度超过 30mm。

c）压陷、粘底、焦花在条面或顶面上的凹陷或凸出超过 2mm，区域尺寸同时大于 10mm×10mm。

（2）烧结普通砖的优缺点及应用

烧结普通砖具有一定的强度，较好的耐久性及隔热、隔声、价格低廉等优点，加之原料广泛，工艺简单，所以是应用最久、应用范围最为广泛的墙体材料。另外，也可用来砌筑柱、拱、烟囱、地面及基础等。还可与轻骨料混凝土、加气混凝土、岩棉等复合砌筑成各种轻质墙体，在砌体中配置适当钢筋或钢丝网制作柱、过梁等，可代替钢筋混凝土柱、过梁使用。

烧结普通砖的缺点是制砖取土，大量毁坏农田。砖自重大，烧砖能耗高，成品尺寸小，施工效率低，抗震性能差等。为了保护宝贵的土地资源，走可持续发展之路，有关部门已经明令禁止使用实心黏土砖。未来的建筑中黏土砖将不再作为普通的墙体材料使用，可能会用作一些特殊的、仿古的建筑，国外有些国家已经把黏土砖作为高档的装修材料来使用。而以煤矸石、粉煤灰等工业废渣为原料的烧结普通砖的开发和应用将越来越受到重视。

2. 烧结多孔砖和烧结空心砖

用多孔砖和空心砖代替实心砖可使建筑物自重减轻 1/3 左右，节约黏土 20%～30%，节省燃料 10%～20%，且烧成率高，造价降低 20%，施工效率提高 40%，并能改善砖的绝热和隔声性能，在相同的热工性能要求下，用空心砖砌筑的墙体厚度可减薄半砖左右。所以，推广使用多孔砖、空心砖也是加快我国墙体材料改革，促进墙体材料工业技术进步的措施之一。

（1）烧结多孔砖

烧结多孔砖是以黏土、页岩、煤矸石和粉煤灰、淤泥（江河湖淤泥）及其他固体废弃物等为主要原料，经焙烧而成的孔洞率≥28%，主要用于承重部位的砖。多孔砖的外形一般为直角六面体，其长度、宽度、高度尺寸应符合下列要求：砖规格尺寸（mm）：290、240、190、180、140、115、90。烧结多孔砖各部位的名称如图 6-1 所示。

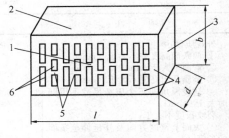

图 6-1 烧结多孔砖

l—长度；b—宽度；d—高度
1—大面（坐浆面）；2—条面；3—顶面；
4—外壁；5—肋；6—孔洞

烧结多孔砖的强度等级是根据 10 块样砖大面抗压强度平均值和强度标准值评定的，共分为 MU30、MU25、MU20、MU15、MU10 五个强度等级，其强度等级的抗压强度平均值、强度标准值应符合表 6-4 的规定。

烧结多孔砖的强度等级（MPa）　　　　　　　　　　　表 6-4

强度等级	抗压强度平均值 $\overline{f}\geqslant$	强度标准值 $f_k\geqslant$
MU30	30.0	22.0
MU25	25.0	18.0
MU20	20.0	14.0
MU15	15.0	10.0
MU10	10.0	6.5

多孔砖的耐久性应符合表 6-5 的规定，外观质量和尺寸偏差应符合表 6-6 的规定。

项　目	鉴　别　指　标
抗冻性	经 15 次冻融循环后，每块砖不允许出现裂纹、分层、掉皮、缺棱掉角等冻坏现象
泛霜	每块砖样不允许出现严重泛霜（试样表面出现起砖粉、掉屑及脱皮现象）
石灰爆裂	（1）破坏尺寸大于 2mm 且小于或等于 15mm 的爆裂区域，每组砖不得多于 15 处。其中大于 10mm 的不得多于 7 处。（2）不允许出现破坏尺寸大于 15mm 的爆裂区域

项　　目	尺寸	样本平均偏差	样本极差，≤
尺寸偏差（mm）	300～400	±2.5	9.0
	200～300	±2.5	8.0
	100～200	±2.0	7.0
	<100	±1.5	6.0
外观质量	1. 完整面不得少于一条面和一顶面； 2. 缺棱掉角的三个破坏尺寸不得同时大于 30mm； 3. 裂纹长度： a）大面（有孔面）上深入孔壁 15mm 以上宽度方向及其延伸到条面的长度不大于 80mm； b）大面（有孔面）上深入孔壁 15mm 以上长度方向及其延伸到顶面的长度不大于 100mm； c）条顶面上的水平裂纹不大于 100mm； 4. 杂质在砖面上造成的凸出高度不大于 5mm		

注：凡有下列缺陷之一者，不能称为完整面：
（1）缺损在条面或顶面上造成的破坏面尺寸同时大于 20×30mm；
（2）条面或顶面上裂纹宽度大于 1mm，其长度超过 70mm；
（3）压陷、焦花、粘底在条面或顶面上的凹陷或凸出超过 2mm，区域最大投影尺寸同时大于 20×30mm。

（2）烧结空心砖

烧结空心砖是以黏土、页岩、煤矸石、粉煤灰为主要原料，经焙烧而成的孔洞率≥35%，孔的尺寸大而数量少的砖。

空心砖的长度、宽度、高度有两个系列：①290mm、190mm、90mm；②240mm、180mm、115mm。若长度、宽度或高度有一项或一项以上分别大于 365mm、240mm 或 115mm，则称为烧结空心砌块。砖或砌块的壁厚应大于 10mm，肋厚应大于 7mm。

根据国家标准 GB 13545—2003 规定，按砖或砌块的表观密度不同分为 800、900、1000、1100 四个密度等级，见表 6-7。

密度级别	五块砖的平均密度值（kg/m³）
800	≤800
900	801～900
1000	901～1000
1100	1001～1100

强度、密度、抗风化性能和放射性物质合格的烧结空心砖，根据孔洞及其排数、尺寸偏差、外观质量、泛霜、石灰爆裂、吸水率分为优等品（A）、一等品（B）和合格品（C）三个产品等级。这三个等级产品所具有的强度见表 6-8，尺寸允许偏差应符合表 6-9 的规定，外观质量应符合表 6-10 的规定。

烧结空心砖的强度等级 表 6-8

强度等级	抗压强度（MPa）			密度等级范围/（kg/m³）
	抗压强度平均值 $\bar{f} \geqslant$	变异系数 $\delta \leqslant 0.21$ 强度标准值 $f_k \geqslant$	变异系数 $\delta > 0.21$ 单块最小抗压强度 $f_{min} \geqslant$	
MU10.0	10.0	7.0	8.0	≤1100
MU7.5	7.5	5.0	5.8	≤1100
MU5.0	5.0	3.5	4.0	≤1100
MU3.5	3.5	2.5	2.8	≤1100
MU2.5	2.5	1.6	1.8	≤800

烧结空心砖尺寸允许偏差（mm） 表 6-9

尺寸	优等品		一等品		合格品	
	样本平均偏差	样本极差≤	样本平均偏差	样本极差≤	样本平均偏差	样本极差≤
>300	±2.5	6.0	±3.0	7.0	±3.5	8.0
>200～300	±2.0	5.0	±2.5	6.0	±3.0	7.0
100～200	±1.5	4.0	±2.0	5.0	±2.5	6.0
<100	±1.5	3.0	±1.7	4.0	±2.0	5.0

烧结空心砖外观质量（mm） 表 6-10

项　目	指　标		
	优等品	一等品	合格品
弯曲不大于	3	4	5
缺棱掉角的三个破坏尺寸不得同时大于	15	30	40
垂直度差不大于	3	4	5
未贯穿裂纹长度不大于： a. 大面上宽度方向及其延伸到条面的长度 b. 大面上长度方向或条面上水平方向的长度	不允许 不允许	100 200	120 140
贯穿裂纹长度不大于： a. 大面上宽度方向及其延伸到条面的长度 b. 壁、肋沿长度方向、宽度方向及其水平方向的长度	不允许 不允许	40 40	60 60
壁、肋内残缺长度不大于	不允许	40	60
完整面不少于	一条面和一大面	一条面或一大面	
欠火砖和酥砖	不允许	不允许	不允许

注：凡有下列缺陷之一者，不能称为完整面：
　　（1）缺损在大面、条面上造成的破坏面尺寸同时大于 20mm×30mm；
　　（2）大面、条面上裂纹宽度大于 1mm，其长度超过 70mm；
　　（3）压陷、粘底、焦花在大面、条面上的凹陷或凸出超过 2mm 尺寸同时大于 20mm×30mm。

3. 烧结页岩砖

页岩经破碎、粉磨、配料、成型、干燥和焙烧等工艺制成的砖，称为烧结页岩砖。生产这种砖可完全不用黏土，配料调制时所需水分较少，有利于砖坯干燥。由于其表观密度比普通黏土砖大，为减轻自重，宜制成空心烧结。这种砖颜色与普通砖相似，抗压强度为 7.5～15MPa，吸水率为 20% 左右。页岩砖的质量标准与检验方法及应用范围均与普通砖相同。

4. 其他黏土质烧结砖

在烧制普通砖时，为了节省黏土，可利用粉煤灰、煤矸石等成分及性质与黏土相似的工业废料，以部分或全部取代黏土作为制砖原料。用这些原料烧成的砖，目前主要有烧结煤矸石砖和烧结粉煤灰砖等。由于这些工业废料中均含有一部分可燃物质，能在砖坯内燃烧，故可以节省大量燃料煤，是充分利用工业废料的有效途径。这类砖也称为内燃砖或半内燃砖。

（1）烧结煤矸石砖

采煤和洗煤时，被剔除的大量煤矸石，其成分与烧砖用的黏土相似。经粉碎后，根据其含碳量和可塑性进行适当配料，即可制砖，焙烧时基本不需外投煤。这种砖比一般单靠外部燃料烧成的砖可节省用煤量 50%～60%，并可节省大量的黏土原料。烧结煤矸石砖的表观密度一般为 1400～1650kg/m³，比普通砖稍轻、颜色略淡，抗压强度一般为 10～20MPa，抗折强度为 2.3～5MPa，吸水率为 15.5% 左右，能经受 15 次冻融循环而不破坏。在一般工业与民用建筑中，煤矸石砖完全能代替普通砖使用。此外，煤矸石也可用于生产烧结空心砖。

（2）烧结粉煤灰砖

烧结粉煤灰砖是以粉煤灰为主要原料，经配料、成型、干燥、焙烧而制成。由于粉煤灰塑性差，通常掺用适量黏土作粘结料，以增加塑性。配料时，粉煤灰的用量可达 50% 左右。这类烧结转为半内燃砖，其表观密度较小，约为 1300～1400kg/m³，颜色从淡红至深红，抗压强度 10～15MPa，抗折强度 3.0～4.0MPa，吸水率为 20% 左右，能满足砖的抗冻性要求。烧结粉煤灰砖可代替普通砖用于一般工业与民用建筑中。

二、非烧结砖

不经过焙烧而制成的砖均为非烧结砖，如碳化砖、免烧免蒸砖、蒸养（压）砖等。目前，应用较广的是蒸养（压）砖。这类砖是以含钙材料（石灰、电渣等）和含硅材料（砂子、粉煤灰、煤矸石灰渣、炉渣等）与水拌合，经压制成型，在自然条件下或人工水热合成条件下（蒸养或蒸压）下，反应生成以水化硅酸钙、水化铝酸钙为主要胶结料的硅酸盐建筑制品。主要品种有灰砂砖、粉煤灰砖、炉渣砖、垃圾尾矿砖等。

1. 蒸压灰砂砖

蒸压灰砂砖，是以石灰、砂子为原料（也可加入着色剂或掺合料），经配料、拌合、压制成型和蒸压养护（175～191℃，0.8～1.2MPa 的饱和蒸汽）而制成的。用料中石灰约占 10%～20%。

灰砂砖的尺寸规格与烧结普通砖相同，为 240mm×115mm×53mm。其表观密度为 1800～1900kg/m³，热导率约为 0.61W/（m·K）。根据产品的尺寸偏差和外观质量、强度及抗冻性分为优等品（A）、一等品（B）和合格品（C）三个产品等级。尺寸偏差和外观质量应符合表 6-11 的规定。

蒸压灰砂砖的尺寸偏差和外观质量 表 6-11

项　目		指　标		
		优等品	一等品	合格品
尺寸允许偏差（mm）	长度	±2	±2	±3
	宽度	±2	±2	±3
	高度	±1	±2	±3
缺棱掉角	个数，不多于（个）	1	1	2
	最大尺寸不得大于（mm）	10	15	20
	最小尺寸不得大于（mm）	5	10	10
对应高度差不得大于（mm）		1	2	3
裂纹	条数，不多于（条）	1	1	2
	大面上宽度方向及其延伸到条面的长度不得大于（mm）	20	50	70
	大面上长度方向及其延伸到顶面上的长度或条、顶面水平裂纹的长度不得大于（mm）	30	70	100

灰砂砖按《蒸压灰砂砖》GB 11945—99 的规定，根据砖浸水后 24h 后的抗压强度和抗折强度分为 MU25、MU20、MU15、MU10 四个强度等级。各等级的抗折强度和抗压强度值及抗冻性指标应符合表 6-12 的规定。

蒸压灰砂砖强度指标和抗冻性指标 表 6-12

强度等级	抗压强度（MPa）		抗折强度（MPa）		抗冻性	
	5 块平均值不小于	单块值不小于	5 块平均值不小于	单块值不小于	冻后抗压强度（MPa）平均值不小于	单块砖的干质量损失（%）不大于
MU25	25.0	20.0	5.0	4.0	20.0	2.0
MU20	20.0	16.0	4.0	3.2	16.0	2.0
MU15	15.0	12.0	3.3	2.6	12.0	2.0
MU10	10.0	8.0	2.5	2.0	8.0	2.0

注：优等品的强度级别不得小于 MU15。

灰砂砖有彩色（Co）和本色（N）两类。灰砂砖产品采用产品名称（LSB）、颜色、强度等级、标准编号的顺序标记，如 MU20，优等品的彩色灰砂砖，其产品标记为 LSB Co20A GB11945。MU15、MU20、MU25 的砖可用于基础及其他建筑；MU10 的砖仅可用于防潮层以上的建筑。灰砂砖不得用于长期受热（200℃以上）、受急冷急热和有酸性介质侵蚀的建筑部位，也不宜用于有流水冲刷的部位。

2. 蒸养（压）粉煤灰砖

粉煤灰砖，是利用电厂废料粉煤灰为主要原料，掺入适量的石灰和石膏或再加入部分炉渣等，经配料、拌合、压制成型、常压或高压蒸汽养护而成的实心砖。其外形尺寸同普通砖，即长 240mm、宽 115mm、高 53mm，呈深灰色，表观密度约为 1500kg/m³。

根据《粉煤灰砖》（JC 239—2001）规定的抗压强度和抗折强度，分为 MU20、MU15、MU10、MU7.5 四个强度等级。各等级的强度值及抗冻性应符合表 6-13 的规定，优等品的强度等级应不低于 MU15，一等品的强度等级应不低于 MU10。干燥收缩率：优等品应不大于 0.60mm/m；一等品应不大于 0.75mm/m；合格品应不大于 0.85mm/m。

粉煤灰砖强度指标和抗冻性指标　　　　表 6-13

强度等级	抗压强度（MPa）		抗折强度（MPa）		抗冻性指标	
	10 块平均值不小于	单块值不小于	10 块平均值不小于	单块值不小于	冻后抗压强度（MPa）平均值不小于	单块砖的干质量损失（%）不大于
MU22	20.0	15.0	4.0	3.0	16.0	2.0
MU15	15.0	11.0	3.2	2.4	12.0	2.0
MU10	10.0	7.5	2.5	1.9	8.0	2.0
MU7.5	7.5	5.6	2.0	1.5	6.0	2.0

注：强度等级以蒸汽养护后 1d 的强度为准。

粉煤灰砖根据外观质量、强度、抗冻性和干燥收缩值分为优等品（A）、一等品（B）和合格品（C）三个产品等级。外观质量应符合表 6-14 的规定。

粉煤灰砖外观质量（mm）　　　　表 6-14

项　　目	指　　标		
	优等品	一等品	合格品
尺寸偏差不超过：			
长度	±2	±3	±4
宽度	±2	±3	±4
高度	±2	±3	±3
对应高度差	≤1	≤2	≤3
缺棱掉角的最小破坏尺寸	≤10	≤15	≤25
完整面不少于	2 个条面和 1 个顶面或 2 个顶面和 1 个条面	1 个条面和 1 个顶面	1 个条面和 1 个顶面
裂纹长度： a. 大面上宽度方向及其延伸到条面的长度	≤30	≤50	≤70
b. 其他裂纹	≤50	≤70	≤100
层裂	不允许		

粉煤灰砖可用于工业与民用建筑的墙体和基础，但用于基础或易受冻融和干湿交替作用的建筑部位，必须使用一等品和优等品。粉煤灰砖不得用于长期受热（200℃以上）、受急冷急热和有酸性介质侵蚀的建筑部位。为避免或减少收缩裂缝的产生，用粉煤灰砖砌筑的建筑物，应适当增设圈梁及伸缩缝。

3. 炉渣砖

炉渣砖，是以煤燃烧后的炉渣（煤渣）为主要原料，加入适量（水泥、电石渣）石灰、石膏，经混合、压制成型、蒸养或蒸压养护而成的砖。尺寸规格与普通砖相同，呈黑灰色，表观密度为 1500～2000kg/m³，吸水率 6%～19%。按其抗压强度和抗折强度分为 MU25、MU20、MU15 三个强度等级。各级的强度指标应满足表 6-15 的要求。尺寸允许偏差和外观质量应符合表 6-16 的要求。该类砖可用于一般建筑物的墙体和基础部位，但不得用于受高温、受急冷急热交替作用或有酸性介质侵蚀的部位。

炉渣砖的强度指标 表 6-15

强度等级	抗压强度平均值（MPa）$\bar{f}\geqslant$	变异系数 $\delta\leqslant0.21$	变异系数 $\delta>0.21$
		强度标准值 $f_k\geqslant$	单块最小抗压强度 $f_{min}\geqslant$
MU25	25.0	19.0	20.0
MU20	20.0	14.0	16.0
MU15	15.0	10.0	12.0

炉渣砖的尺寸允许偏差和外观质量（mm） 表 6-16

项目名称		合格品
尺寸允许偏差	长度	±2.0
	宽度	±2.0
	高度	±2.0
弯曲		不大于 2.0
缺棱掉角	个数（个）	≤1
	三个方向投影尺寸的最小值	≤10
完整面		不少于一条面和一顶面
裂纹长度	大面上宽度方向及其延伸到条面的长度	不大于 30
	大面上长度方向及其延伸到顶面上的长度或条、顶面水平裂纹的长度	不大于 50
层裂		不允许
颜色		基本一致

4. 非烧结垃圾尾矿砖

非烧结垃圾尾矿砖是以淤泥、建筑垃圾、焚烧垃圾等为主要原料，掺入少量水泥、石膏、石灰、外加剂、胶结剂等胶凝材料，经粉碎、搅拌、压制成型、蒸压、蒸养或自然养护而成的一种实心砖。非烧结垃圾尾矿砖可作为一般房屋建筑墙体的材料。砖的公称尺寸为：长 240mm，宽 115mm，厚 53mm，按其抗压强度分为 MU25、MU20、MU15 三个强度等级。强度等级指标、尺寸偏差及外观质量的要求与炉渣砖相同。

第二节 墙 用 砌 块

砌块是用于砌筑的形体大于砌墙砖的人造块材。一般为直角六面体。按产品主规格的尺寸，可分为大型砌块（高度大于 980mm）、中型砌块（高度为 380～980mm）和小型砌块（高度大于 115mm，小于 380mm）。砌块高度一般不大于长度或宽度的 6 倍，长度不超过高度的 3 倍。根据需要也可生产各种异形砌块。

砌块的分类方法很多，按用途可分为承重砌块和非承重砌块；按有无孔洞可分为实心砌块（无孔洞或空心率小于 25%）和空心砌块（空心率≥25%）；按材质又可分为硅酸盐砌块、轻骨料混凝土砌块、加气混凝土砌块、混凝土砌块等。本节主要介绍几种常用砌块。

一、普通混凝土小型空心砌块

混凝土小型空心砌块以水泥为胶结料，砂、碎石或卵石、煤矸石、炉渣等为骨料，加水搅拌后，经振动、振动加压或冲压成型，并经养护而制成的小型空心砌块。有承重砌块和非承重砌块两类。砌块的主规格尺寸为 390mm×190mm×190mm，其他规格尺寸可由供需双方协商。砌块的最小外壁厚应不小于 30mm，最小肋厚应不小于 25mm。空心率应不小于 25%。砌块各部位名称见图 6-2。

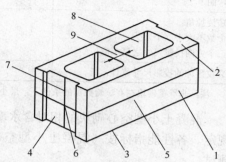

图 6-2　砌块各部位的名称

1—条面；2—坐浆面（肋厚较小的面）；3—铺浆面（肋厚较大的面）；4—顶面；5—长度；6—宽度；7—高度；8—壁；9—肋

混凝土空心砌块按其力学性能分为 MU20、MU15、MU10、MU7.5、MU5、MU3.5 六个强度等级，各强度等级的抗压强度应符合表 6-17 的规定。

混凝土空心砌块的强度等级　　　　　　　　　　　　　　　　表 6-17

产品等级	强度等级	抗压强度（MPa）	
		5块平均值不小于	单块最小值不小于
一等	MU20	20	16
	MU15	15	12
	MU10	10	8
	MU7.5	7.5	6
二等	MU5	5	4
	MU3.5	3.5	2.8

注：非承重砌块在有试验数据的条件下，强度等级可降低到 MU2.8。

混凝土空心砌块按其外观质量分为一等品和二等品。外观质量应符合表 6-18 的规定。

混凝土空心砌块外观质量（mm）　　　　　　　　　　　　　　表 6-18

项　目	指　标	
	一等品	二等品
尺寸允许偏差不大于： 长度 宽度 高度	±3 ±3 ±3	±3 ±3 +3 −4
最小外壁厚	30	30
最小肋厚	25	25

项　目	指　标	
	一等品	二等品
弯曲	≤2	≤3
缺棱掉角：		
个数不大于（个）	2	2
三个方向投影尺寸之最小值，≤	20	30
裂纹延伸的投影尺寸累计，≤	20	30

注：非承重砌块在有试验数据的条件下，最小外壁和最小肋厚可不受此表限制。

混凝土小型空心砌块的相对含水率应符合表 6-19 的规定，其抗冻性应符合表 6-20 的规定。各性能指标按《混凝土小型空心砌块试验方法》（GB/T 4111—97）规定的方法测试。

混凝土小型空心砌块相对含水率　　　　表 6-19

使用地区	潮　湿	中　等	干　燥
相对含水率（%）	45	40	35

注：潮湿——系指年平均相对湿度大于 75% 的地区；

中等——系指年平均相对湿度为 50%～75% 的地区；

干燥——系指年平均相对湿度小于 50% 的地区。

混凝土小型空心砌块抗冻性　　　　表 6-20

使用环境条件		抗冻标号	指标
非采暖地区		不规定	—
采暖地区	一般环境	D15	强度损失≤25%
	干湿交替环境	D25	质量损失≤5%

注：非采暖地区指最冷月份平均气温高于 −5℃ 的地区；采暖地区指最冷月份平均气温低于或等于 −5℃ 的地区。

混凝土小型空心砌块可用于地震设计烈度为 8 度和 8 度以下地区的低层和中层建筑的内墙和外墙。对用于承重墙和外墙的砌块，要求其干缩率小于 0.5mm/m，非承重或内墙用的砌块，其干缩率应小于 0.6mm/m。砌筑时尽量采用主规格砌块，并应先清除砌块表面污物和芯柱所用砌块孔洞的底部毛边。砌筑灰缝宽度应控制在 8～12mm 之间，所埋设的拉结钢筋或网片，必须设置在砂浆层中。承重墙不得用砌块和砖混合砌筑。

二、混凝土中型空心砌块

中型空心砌块是以水泥或煤矸石无熟料水泥为胶结料，配以一定比例的骨料，制成空心率≥25% 的制品。其尺寸规格为：长度 500mm、600mm、800mm、1000mm；宽度 200mm、240mm；高度 400mm、450mm、800mm、900mm。砌块的构造形式见图 6-3。

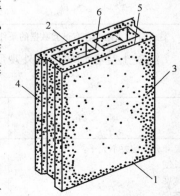

图 6-3　中型空心砌块的构造
形式示意图

1—铺浆面；2—坐浆面；3—侧面；

4—端面；5—壁；6—肋

中型水泥混凝土空心砌块的抗压强度应满足表 6-21 的要求。

水泥混凝土中型空心砌块技术性能　　　　　　　　　　表 6-21

强度等级	MU3.5	MU5.0	MU7.5	MU10.0	MU15.0
砌块抗压强度不小于（MPa）	3.0	5.0	7.5	10.0	15.0

中型空心砌块主要用于民用及一般工业建筑的墙体材料，特点是自重轻、隔热、保温、吸声等，并有可锯、可钻、可钉等加工性能。

三、蒸压加气混凝土砌块

蒸压加气混凝土砌块，是以钙质材料（水泥、石灰等）和硅质材料（砂、矿渣、粉煤灰等）以及加气剂（铝粉等），经配料、搅拌、浇注、发气（由化学反应形成孔隙）、预养切割、蒸汽养护等工艺过程制成的多孔硅酸盐砌块。

按养护方法分为蒸养加气混凝土砌块和蒸压加气混凝土砌块两种。按原材料的种类，蒸压加气混凝土砌块主要成分为：蒸压水泥-石灰-砂加气混凝土砌块；蒸压水泥-石灰-粉煤灰加气混凝土砌块；蒸压水泥-矿渣-砂加气混凝土砌块；蒸压水泥-石灰-尾矿加气混凝土砌块；蒸压水泥-石灰-沸腾炉渣加气混凝土砌块；蒸压水泥-石灰-煤矸石加气混凝土砌块；蒸压石灰-粉煤灰加气混凝土砌块等，总称为加气混凝土砌块。

1. 砌块的尺寸规格

加气混凝土砌块一般规格有两个系列：

A 系列：长度：600mm；宽度：75mm、100mm、125mm、150mm、175mm、200mm、275mm…（以 25mm 递增）；高度：200mm、240mm、250mm、300mm。

B 系列：长度：600mm；宽度：60mm、120mm、180mm、240mm…（以 60mm 递增）；高度：240mm、300mm。

2. 砌块抗压强度和体积密度等级

（1）砌块的强度等级

按砌块的抗压强度，划分为 A1.0、A2.0、A2.5、A3.5、A5.0、A7.5、A10.0 七个级别。各等级的立方体抗压强度值不得小于表 6-22 的规定。

砌块的抗压强度　　　　　　　　　　表 6-22

强度级别	立方体抗压强度（MPa）	
	平均值不小于	单块最小值不小于
A1.0	1.0	0.8
A2.0	2.0	1.6
A2.5	2.5	2.0
A3.5	3.5	2.8
A5.0	5.0	4.0
A7.5	7.5	6.0
A10.0	10.0	8.0

（2）砌块的体积密度等级

按砌块的干体积密度，划分为：B03、B04、B05、B06、B07、B08 六个级别。各级别的密度值应符合表 6-23 的规定。

砌块的干体积密度 表 6-23

体积密度级别		B03	B04	B05	B06	B07	B08
体积密度 （kg/m³）	优等品（A）≤	300	400	500	600	700	800
	合格品（B）≤	325	425	525	625	725	825

（3）砌块等级

砌块按尺寸偏差与外观质量、体积密度、抗压强度和抗冻性分为优等品（A）、合格品（B）两个等级。各级的体积密度和相应的强度级别应符合表 6-24 的规定。外观质量应符合表 6-25 的规定。

砌块的强度级别 表 6-24

体积密度级别		B03	B04	B05	B06	B07	B08
强度级别	优等品（A）	A1.0	A2.0	A3.5	A5.0	A7.5	A10.0
	合格品（B）			A2.5	A3.5	A5.0	A7.5

加气混凝土砌块外观质量 表 6-25

项 目		指 标	
		优等品（A）	合格品（B）
尺寸允许偏差不大于（mm）： 　长度 　宽度 　高度		±3 ±1 ±1	±4 ±2 ±2
缺棱掉角	最小尺寸（mm），≤	0	30
	最大尺寸（mm），≤	0	70
	大于以上尺寸的缺棱掉角个数，不多于（个），	0	2
裂纹长度	贯穿一棱二面的裂纹长度不得大于裂纹所在面的裂纹方向尺寸总和的	0	1/3
	任一面上的裂纹长度不得大于裂纹方向尺寸的	0	1/2
	大于以上尺寸的裂纹条数（条），≤	0	2
爆裂、粘模和损坏深度（mm），≤		10	30
平面弯曲		不允许	
表面油污		不允许	
表面疏松、层裂		不允许	

3. 蒸压加气混凝土砌块的抗冻性

蒸压加气混凝土砌块的抗冻性、收缩性和导热性应符合表 6-26 的规定。

114

干燥收缩、抗冻性和导热系数　表 6-26

体积密度级别			B03	B04	B05	B06	B07	B08
干燥收缩值	标准法，（mm/m）≤		0.50					
	快速法，（mm/m）≤		0.80					
抗冻性	质量损失（%），≤		5.0					
	冻后强度（MPa），≥	优等品（A）	0.8	1.6	2.8	4.0	6.0	8.0
		合格品（B）			2.0	2.8	4.0	6.0
导热系数（干态）［W/（m·K）］，≤			0.10	0.12	0.14	0.16	0.18	0.20

注：1. 规定采用标准法、快速法测定砌块干燥收缩值，若测定结果发生矛盾不能判定时，则以标准法测定的结果为准。

2. 用于墙体的砌块，允许不测导热系数。

4. 粉煤灰加气混凝土砌块的应用

加气混凝土砌块质量轻，表观密度约为黏土砖的 1/3，具有保温、隔热、隔声性能好、抗震性强（自重小）、导热系数低、耐火性好、易于加工、施工方便等特点，是应用较多的轻质墙体材料之一。适用于低层建筑的承重墙、多层建筑的间隔墙和高层框架结构的填充墙，也可用于一般工业建筑的围护墙。作为保温隔热材料也可用于复合墙板和屋面结构中。在无可靠的防护措施时，该类砌块不得用在处于水中或高湿度和有侵蚀介质的环境中，也不得用于建筑物的基础和温度长期高于 80℃ 的建筑部位。

四、蒸养粉煤灰砌块

粉煤灰砌块，是以粉煤灰、石灰、石膏和骨料（炉渣、矿渣）等为原料，经配料、加水搅拌、振动成型、蒸汽养护而制成的密实砌块。其主规格尺寸有 880mm×380mm×240mm 和 880mm×420mm×240mm 两种。

粉煤灰砌块按其立方体试件的抗压强度分为 MU10 和 MU13 两个强度等级；按外观质量、尺寸偏差和干缩性能分为一等品（B）和合格品（C）两个质量等级。粉煤灰砌块的立方体抗压强度、碳化后强度、抗冻性和密度应符合表 6-27 的要求，粉煤灰砌块的干缩值应符合表 6-28 的规定，外观质量应符合表 6-29 的规定。

粉煤灰砌块的立方体抗压强度、碳化后强度、抗冻性和密度　表 6-27

项　目	指　标	
	MU10	MU13
抗压强度（MPa）	3 块试件平均值不小于 10.0，单块最小值不小于 8.0	3 块试件平均值不小于 13.0，单块最小值不小于 10.5
人工碳化后强度（MPa）	不小于 6.0	不小于 7.5
抗冻性	冻融循环结束后，外观无明显疏松、剥落或裂缝，强度损失不大于 20%	
密度（kg/m³）	不超过设计密度 10%	

砌块的干缩值（mm/m）　表 6-28

质量等级	一等品（B）	合格品（C）
干缩值	≤0.75	≤0.90

项　　目	指　　标	
	一等品	合格品
尺寸允许偏差： 　长度 　宽度 　高度	+4，−6 +4，−6 ±3	+5，−10 +5，−10 ±6
表面疏松	不允许	
贯穿面棱的裂缝	不允许	
任一面上的裂缝长度，不得大于裂缝方向砌块尺寸的	1/3	
石灰团、石膏团	直径大于 5mm 的不允许	
粉煤灰团、空洞和爆裂	直径大于 30mm 的不允许	直径大于 50mm 的不允许
局部突起高度	≤10	≤15
翘曲	≤6	≤8
缺棱掉角在长、宽、高三个方向上投影的最大值	≤30	≤50
高低差 　长度方向 　宽度方向	≤6 ≤4	≤8 ≤6

　　蒸养粉煤灰砌块属硅酸盐类制品，其干缩值比水泥混凝土大，弹性模量低于同强度的水泥混凝土制品。粉煤灰砌块适用于一般工业与民用建筑的墙体和基础，但不宜用于长期受高温和经常受潮湿的承重墙，也不宜用于有酸性介质侵蚀的建筑部位。

第三节　墙　用　板　材

　　随着建筑结构体系的改革和大开间多功能框架结构的发展，各种轻质和复合墙用板材也蓬勃兴起。以板材为围护墙体的建筑体系，具有质轻、节能、施工方便快捷、使用面积大、开间布置灵活等特点，因此，具有良好的发展前景。

　　我国目前可用于墙体的板材品种很多，有承重用的预制混凝土大板；质量较轻的石膏板和加气硅酸盐板；各种植物纤维板及轻质多功能复合板材等。本节介绍几种有代表性的板材。

一、水泥类墙用板材

　　水泥类墙用板材具有较好的力学性能和耐久性，生产技术成熟，产品质量可靠。可用于承重墙、外墙和复合墙板的外层面。其主要缺点是表观密度大，抗拉强度低（大板在起吊过程中易受损）。生产中可制作预应力空心板材，以减轻自重和改善隔声隔热性能，也可制作以纤维等增强的薄型板材，还可在水泥类板材上制作成具有装饰效果的表面层（如花纹线条装饰、露骨料装饰、着色装饰等）。

　　1. 预应力混凝土空心墙板

预应力混凝土空心板构造如图 6-4 所示。使用时可按要求配以保温层、外饰面层和防水层等。该类板的长度为 1000～1900mm，宽度为 600～1200mm，总厚度为 200～480mm。可用于承重或非承重外墙板、内墙板、楼板、屋面板和阳台板等。

2. 玻璃纤维增强水泥（GRC）空心轻质墙板

该空心板是以低碱水泥为胶结料，抗碱玻璃纤维或其网格布为增强材料，膨胀珍珠岩为骨料（也可用炉渣、粉煤灰等），并配以发泡剂和防水剂等，经配料、搅拌、浇注、振动成型、脱水、养护而成。长度为 300mm，宽度为 600mm，厚度为 60mm、90mm、120mm。

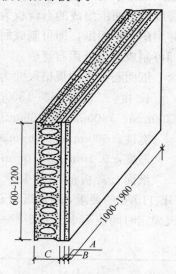

图 6-4　预应力混凝土空心墙板示意图

A—外饰面层；B—保温层；
C—预应力混凝土空心板

GRC 空心轻质墙板的特点是质轻（60mm 厚的板 35kg/m²）、强度高（抗折荷载，60mm 厚的板大于 1400N；120mm 厚的板大于 2500N）、隔热［导热系数≤0.2W/(m·K)］、隔声［隔声指数＞（30～45）dB］、不燃（耐火极限 1.3～3h），加工方便等。可用于工业和民用建筑的内隔墙及复合墙体的外墙面。

3. 纤维增强水泥平板（TK 板）

该板是以低碱水泥、耐碱玻璃纤维为主要原料，加水混合成浆，经圆网机抄取制坯、压制、蒸养而成的薄型平板。其长度为 1200～3000mm，宽度为 800～900mm，厚度为 4mm、5mm、6mm 和 8mm。

TK 板的表观密度约为 1750kg/m³，抗折强度可达 15MPa，抗冲击强度≥0.25J/cm²。其质量轻、强度高、防潮、防火、不易变形，可加工性（锯、钻、钉及表面装饰等）好。适用于各类建筑物的复合外墙和内隔墙，特别是高层建筑有防火、防潮要求的隔墙。

4. 水泥木丝板

该板是以木材下脚料经机械刨切成均匀木丝，加入水泥、水玻璃等经成型、冷压、养护、干燥而成的薄型建筑平板。它具有自重轻、强度高、防火、防水、防蛀、保温、隔声等性能。可进行锯、钻、钉、装饰等加工。主要用于建筑物的内外墙板、天花板、壁橱板等。

5. 水泥刨花板

该板以水泥和木材加工的下脚料——刨花为主要原料，加入适量水和化学助剂，经搅拌、成型、加压、养护而成。表观密度为 1000～1400kg/m³。其性能和用途同水泥木丝板。

6. 其他水泥类板材

除上述水泥类墙板外，还有钢丝网水泥板、水泥木屑板、纤维增强硅酸钙板、玻璃纤维增强水泥轻质多孔隔墙条板等。它们均可用于墙体或复合墙板的组合板材。

二、石膏类墙面板材

石膏类板材在轻质墙体材料中占有很大比例，主要有纸面石膏板、无面纸的石膏纤维板、石膏空心板和石膏刨花板等。

1. 纸面石膏板

该板材是以石膏芯材及与其牢固结合在一起的护面纸组成，分普通型、耐水型、耐火型以及耐水耐火型四种。以建筑石膏及适量纤维类增强材料和外加剂为芯材，与具有一定强度的护面纸组成的石膏板为普通纸面石膏板；若在芯材配料中加入防水、防潮外加剂，并用耐水护面纸，即可制成耐水纸面石膏板；若在配料中加入无机耐火纤维和阻燃剂等，即可制成耐火纸面石膏板。

纸面石膏板的规格尺寸为：

长度：1500mm、1800mm、2100mm、2400mm、2440mm、2700mm、3000mm、3300mm、3600mm 和 3660mm。

宽度：600mm、900mm、1200mm 和 1220mm。

厚度：9.5mm、12.0mm、15.0mm、18.0mm、21.0mm 和 25.0mm。

纸面石膏板的质量要求和性能指标应满足标准 GB/T 9775—2008、GB 11978 和 GB 11979 的要求，耐水纸面石膏板的耐水指标应符合表 6-30 的规定；耐火纸面石膏板遇火稳定时间应不小于表 6-31 中规定。

耐水纸面石膏板的耐水性能 表 6-30

项 目		指　标					
		优等品		一等品		合格品	
		平均值	最大值	平均值	最大值	平均值	最大值
吸水率（浸水 2h,%）≤		5.0	6.0	8.0	9.0	10.0	11.0
表面吸水量（g），≤		1.6		2.0		2.4	
受潮挠度（mm），≤	板厚 9mm	48		52		56	
	板厚 12mm	32		36		40	
	板厚 15mm	16		20		24	

注：板材浸水 2h 后，护面纸与石膏芯不得剥离。

耐火纸面石膏板遇火稳定时间（min） 表 6-31

优等品	一等品	合格品
30	25	20

纸面石膏板的表观密度为 800～950kg/m³，导热系数低［约 0.20W/（m·K）］，隔声指数为 35～50dB，抗折荷载为 400～800N，表面平整、尺寸稳定。具有自重轻、保温隔热、隔声、防火、抗震，可调节室内湿度，加工性好，施工简便等优点。但用纸量较大，成本较高。

普通纸面石膏板可作为室内隔墙板、复合外墙板的内壁板、天花板等。耐水型板可用于相对湿度较大（≥75%）的环境，如厕所、盥洗室等。耐火型纸面石膏板主要用于对防火要求较高的房屋建筑中。

2. 石膏纤维板

该板材是以纤维增强石膏为基材的无面纸石膏板。用无机纤维或有机纤维与建筑石膏、缓凝剂等经打浆、铺装、脱水、成型、烘干而制成。可节省护面纸，具有质轻、高强、耐火、隔声、韧性高的性能，可加工性好。其尺寸规格和用途与纸面石膏板相同。

3. 石膏空心板

该板外形与生产方式类似于水泥混凝土空心板。它是以熟石膏为胶凝材料，适量加入各种轻质骨料（如膨胀珍珠岩、膨胀蛭石等）和改性材料（如矿渣、粉煤灰、石灰、外加剂等），经搅拌、振动成型、抽芯模、干燥而成。其长度为 2500～3000mm，宽度为 500～600mm，厚度为 60～90mm。该板生产时不用纸，不用胶，安装墙体时不用龙骨，设备简单，较易投产。

石膏空心板的表观密度为 600～900kg/m³，抗折强度为 2～3MPa，导热系数约为 0.22W/（m·K），隔声指数大于 30dB，耐火极限为 1～2.5h。具有质轻、比强度高、隔热、隔声、防火、可加工性好等优点，且安装方便。适用于各类建筑的非承重内隔墙，但若用于相对湿度大于 75% 的环境中，则板材表面应作防水等相应处理。

4. 石膏刨花板

该板材是以熟石膏为胶凝材料，木质刨花为增强材料，添加所需的辅助材料，经配合、搅拌、铺装、压制而成。具有上述石膏板材的优点，适用于非承重内隔墙和作为装饰板材的基材板。

三、植物纤维类板材

1. 稻草（麦秸）板

稻草板生产的主要原料是稻草或麦秸、板纸和脲醛树脂胶等。其生产方法是将干燥的稻草热压成密实的板芯，在板芯两面及四个侧边用胶贴上一层完整的面纸，经加热固化而成。板芯内不加任何胶粘剂，只利用稻草之间的缠绞拧编与压合形成密实并有相当刚度的板材。其生产工艺简单，生产线全长只有 80～90m，从进料到成品仅需 1h。稻草板生产能耗低，仅为纸面石膏板生产能耗的 1/3～1/4。

稻草板质量轻，表观密度为 310～440kg/m³，隔热保温性能好、导热系数＜0.14W/（m·K），单层板的隔声量为 30dB，如果两层稻草板中间加 30mm 的矿棉和 20mm 的空气层，则隔声效果可达 50dB，耐火极限为 0.5h，其缺点是耐水性差，可燃。

稻草板具有足够的强度和刚度，可以单板使用而不需要龙骨支撑，且便于锯、钉、打孔、钻和油漆，施工很便捷。适于用作非承重的内隔墙、天花板、厂房望板及复合外墙的内壁板。

2. 稻壳板

稻壳板是以稻壳与合成树脂为原料，经配料、混合、铺装、热压而成的中密度平板。可用脲醛胶和聚酯酸乙烯胶粘贴，表面可涂刷酚醛清漆或用薄木贴面加以装饰。可作为内隔墙及室内各种隔断板和壁橱（柜）隔板等。

3. 蔗渣板

蔗渣板是以甘蔗渣为原料，经加工、混合、铺装、热压成型而成的平板。该板生产时可不用胶而利用蔗渣本身含有的物质热压时转化成呋喃系树脂而起胶结作用，也可用合成树脂胶结成有胶蔗渣板。具有质轻、吸声、易加工（可钉、锯、刨、钻）和可装饰等特点。可用作内隔墙、天花板、门心板、室内隔断用板和装饰板等。

4. 麻屑板

麻屑板以亚麻杆茎为原料，经破碎后加入合成树脂、防水剂、固化剂等，混合、铺装、热压固化、修边、砑光等工序制成。性能、用途同蔗渣板。

四、复合墙板

以单一材料制成的板材，常因材料本身的局限性而使其应用受到限制，如质量较轻、隔热、隔声效果较好的石膏板、加气混凝土板、稻草板等，因其耐水性差或强度较低，通常只能用于非承重的内隔墙。而水泥混凝土类板材虽有足够的强度和耐久性，但其自重大，隔声保温性能较差。为克服上述缺点，常用不同材料组合成多功能的复合墙体以满足需要。

常用的复合墙板主要由承受（或传递）外力的结构层（多为普通混凝土或金属板）和保温层（矿棉、泡沫塑料、加气混凝土等）及面层（各类具有可装饰性的轻质薄板）组成，如图 6-5 所示。

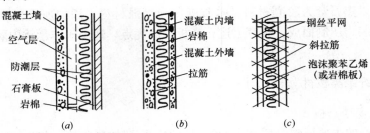

图 6-5　几种复合墙体构造
（a）拼装复合墙；（b）岩棉-混凝土预制复合墙板；（c）泰柏板（或 GY 板）

1. 混凝土夹心板

混凝土夹心板以 20～30mm 厚的钢筋混凝土作内外表面层，中间填以矿渣毡或岩棉毡、泡沫混凝土等保温材料，夹层厚度视热工计算而定。内外两层面板以钢筋件连接，可用于内外墙。

2. 泰柏墙板

泰柏板是以直径为 2.06±0.03mm，屈服强度为 390～490MPa 的钢丝焊接成的三维钢丝网骨架与高热阻自熄性聚苯乙烯泡沫塑料组成的芯材板，两面喷（抹）涂水泥砂浆而成，如图 6-6 所示。

泰柏板的标准尺寸为 1.22m × 2.44m ＝ 3m²，标准厚度为 100mm，平均自重为 90kg/m²，热阻为 0.64 (m²·K)/W（其热损失比一砖半的砖墙小 50%）。由于所用钢丝网骨架构造及夹心层材料、厚度的差别等，该类板材有多种名称，如 GY 板（夹心为

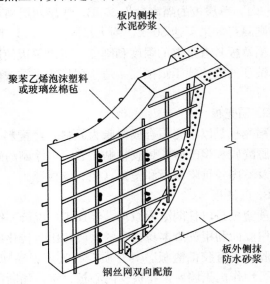

图 6-6　泰柏墙板的示意图

岩棉毡)、三维板、3D板、钢丝网节能板等，但它们的性能和基本结构相似。

该类板轻质高强、隔热隔声、防火、防潮、防震，耐久性好，易加工，施工方便。适用于自承重外墙、内隔墙、屋面板、3m跨内的楼板等。

3. 轻型夹心板

该类板是用轻质高强的薄板为外层，中间以轻质的保温隔热材料为芯材组成的复合板，用于外墙面的外层薄板有不锈钢板、彩色镀锌钢板、铝合金板、纤维增强水泥薄板等。芯材有岩棉毡、玻璃棉毡、阻燃型发泡聚苯乙烯、发泡聚氨酯等。用于内侧的外层薄板可根据需要选用石膏类板、植物纤维类板、塑料类板材等。该类复合墙板的性能和适用范围与泰柏板基本相同。

第七章 建 筑 钢 材

建筑钢材是重要的建筑材料。它主要指用于钢结构中的各种型材（如角钢、槽钢、工字钢、圆钢等）、钢板、钢管和用于钢筋混凝土结构中的各种钢筋、钢丝等。由于钢材在工厂生产中有较严格的工艺控制，因此质量通常能够得到保证。

建筑钢材具有一系列优良的性能。它有较高的强度，有良好的塑性和韧性，能承受冲击和振动荷载；可以焊接或铆接，易于加工和装配，所以被广泛地应用于建筑工程中。但钢材也存在易锈蚀及耐火性差的缺点。

第一节 钢的冶炼加工与分类

一、钢的冶炼加工及其对钢材质量的影响

钢是由生铁冶炼而成。生铁是铁矿石、熔剂（石灰石）、燃料（焦炭）在高炉中经过还原反应和造渣反应而得到的一种碳铁合金，其中碳的含量为 2.06%～6.67%，磷、硫等杂质的含量也较高。生铁硬而脆，无塑性和韧性，不能进行焊接、锻造、轧制等加工，在建筑中很少应用。

炼钢的原理是将熔融的生铁进行氧化，使碳的含量降低到一定的限度，同时把其他杂质的含量也降低到允许范围内。所以，理论上凡含碳量在 2% 以下，含有害杂质较少的铁碳合金可称为钢。钢的密度为 7.84～7.86g/cm^3。

目前，大规模炼钢方法主要有转炉炼钢法、平炉炼钢法和电弧炼钢法三种。

1. 转炉炼钢法

目前，转炉炼钢法发展迅速，已成为现代炼钢的主流。它是以纯氧代替空气吹入炼钢炉的铁水中，能有效地除去硫、磷等杂质，钢中所含气体很低，非金属夹杂物也很少，使钢的质量显著提高。冶炼速度快而成本却较低，常用来炼制较优质碳素钢和合金钢。

2. 平炉炼钢法

以固态或液态生铁，废钢铁或铁矿石作原料，用煤气或重油为燃料在平炉中进行冶炼。平炉炼钢熔炼时间长，化学成分便于控制，杂质含量少，成品质量高。其缺点是能耗高，冶炼时间长，成本高。平炉炼钢法已逐渐淘汰。

3. 电弧炉炼钢法

以电为能源迅速加热生铁或废钢原料。这种方法熔炼温度高，且温度可自由调节，清除杂质容易。因此钢的质量最好，但成本高，主要用于冶炼优质碳素钢及特殊合金钢。

在冶炼钢的过程中，由于精炼中必须供给足够的氧以保证杂质元素的氧化，同时氧化作用也使部分铁被氧化，使钢的质量降低。因而在炼钢后期精练时，需在炉内或钢包中加入脱氧剂（锰铁、硅铁、铝锭等）进行脱氧，使氧化铁还原为金属铁。钢水经脱氧后才能

浇铸成钢锭，轧制各种钢材。

在铸锭冷却过程中，由于钢内某些元素在铁的液相中的溶解度高于固相，使这些元素向凝固较迟的钢锭中心集中，导致化学成分在钢锭截面上分布不均匀，这种现象称为化学偏析，其中尤以硫、磷偏析最为严重，偏析现象对钢的质量影响很大。

根据脱氧程度不同，浇铸的钢锭可分为沸腾钢、镇静钢及半镇静钢三种。

沸腾钢是脱氧不完全的钢，钢水浇注后，产生大量一氧化碳气体逸出，引起钢水沸腾，故称沸腾钢。沸腾钢组织不够致密，气泡含量较多，化学偏析较大，成分不均匀，质量较差，但成本较低。

镇静钢脱氧完全，铸锭时钢水不致产生气泡，在锭模内平静地凝固，故称镇静钢。镇静钢组织致密，化学成分均匀，机械性能好，是质量较好的钢种。缺点是成本较高。

半镇静钢的脱氧程度及钢的质量介于上述二者之间。

由于在铸锭过程中往往出现偏析、缩孔、气泡、晶粒粗大、组织不致密等缺陷，故钢材在浇铸后，大多要再经过热压加工。

热压加工是将钢锭加热至呈塑性状态，再施加压力改变其形状，并使钢锭内部气泡焊合，疏松组织密实。通过热加工，不仅使钢锭轧成各种型钢及钢筋，也提高了钢的强度和质量，一般碾轧的次数越多，钢的强度提高也越大。

二、钢的分类

钢的品种很多，为了便于选用，常将钢按不同角度进行分类：

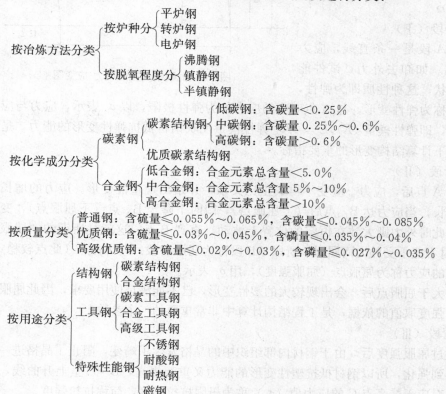

按冶炼方法分类
　　按炉种分：平炉钢、转炉钢、电炉钢
　　按脱氧程度分：沸腾钢、镇静钢、半镇静钢

按化学成分分类
　　碳素钢
　　　　碳素结构钢：低碳钢：含碳量＜0.25%；中碳钢：含碳量0.25%～0.6%；高碳钢：含碳量＞0.6%
　　　　优质碳素结构钢
　　合金钢
　　　　低合金钢：合金元素总含量＜5.0%
　　　　中合金钢：合金元素总含量5%～10%
　　　　高合金钢：合金元素总含量＞10%

按质量分类
　　普通钢：含硫量≤0.055%～0.065%，含碳量≤0.045%～0.085%
　　优质钢：含硫量≤0.03%～0.045%，含磷量≤0.035%～0.04%
　　高级优质钢：含硫量≤0.02%～0.03%，含磷量≤0.027%～0.035%

按用途分类
　　结构钢：碳素结构钢、合金结构钢
　　工具钢：碳素工具钢、合金工具钢、高级工具钢
　　特殊性能钢：不锈钢、耐酸钢、耐热钢、磁钢

目前，在建筑工程中常用的钢种是普通碳素结构钢和普通低合金结构钢。

第二节　建筑钢材的主要技术性能

钢材作为结构材料最主要的技术性能包括力学性能和工艺性能。其中力学性能中抗拉性能尤为重要。通过拉力试验，可确定其弹性模量、屈服应力、抗拉强度及延伸率。此外，钢材的力学性能还包括冲击韧性、硬度和抗疲劳性能；工艺性能主要有冷弯性能和焊接性能。

一、抗拉性能

拉伸是建筑钢材的主要受力形式，所以抗拉性能是表示钢材性能和选用钢材的重要指标。

将低碳钢（软钢）制成一定规格的试件，放在材料试验机上进行拉伸试验，可以绘出如图 7-1 所示的应力-应变关系曲线。从图 7-1 可以看出，低碳钢受力至拉断，全过程可划分四个阶段：弹性阶段（$O \rightarrow A$）、屈服阶段（$A \rightarrow B$）、强化阶段（$B \rightarrow C$）和颈缩阶段（$C \rightarrow D$）。

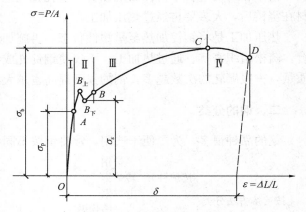

图 7-1　低碳钢受拉的应力-应变图

1. 弹性阶段（Ⅰ）

曲线中 OA 段是一条直线，应力与应变成正比。如卸去外力，试件能恢复原来的形状，这种性质即为弹性，此阶段的变形称为弹性变形。与 A 点对应的应力称为弹性极限，以 σ_p 表示，应力与应变的比值为常数，即弹性模量（E），$E = \sigma/\varepsilon$。弹性模量反映钢材抵抗弹性变形的能力，是钢材在受力条件下计算结构变形的重要指标。

2. 屈服阶段（Ⅱ）

应力超过 A 点后，应力、应变不再成正比关系，开始出现塑性变形。应力的增长滞后于应变的增长，当应力达 $B_\text{上}$ 点后（上屈服点），瞬时下降至 $B_\text{下}$ 点（下屈服点），变形迅速增加，而此时外力则大致在恒定的位置上波动，直到 B 点，这就是所谓的"屈服现象"，似乎钢材不能承受外力而屈服，所以 AB 段称为屈服阶段。与 $B_\text{下}$ 点（此点较稳定，易测定）对应的应力称为屈服点（屈服强度），用 σ_s 表示。

钢材受力大于屈服点后，会出现较大的塑性变形，已不能满足使用要求，因此屈服强度是设计钢材强度取值的依据，是工程结构计算中非常重要的一个参数。

3. 强化阶段（Ⅲ）

当应力超过屈服强度后，由于钢材内部组织中的晶格发生了畸变，阻止了晶格进一步滑移，钢材得到强化，所以钢材抵抗塑性变形的能力又重新提高，$B \rightarrow C$ 呈上升曲线，称为强化阶段。对应于最高点 C 的应力值（σ_b）称为极限抗拉强度，简称抗拉强度。

显然，σ_b 是钢材受拉时所能承受的最大应力值。屈服强度和抗拉强度之比（即屈强比$=\sigma_s/\sigma_b$）能反映钢材的利用率和结构安全可靠程度。计算中屈强比取值越小，其结构的安全可靠程度越高，但屈强比过小，又说明钢材强度的利用率偏低，造成钢材浪费。建筑结构合理的屈强比一般为 0.60～0.75。

4. 颈缩阶段（Ⅳ）

试件受力达到最高点 C 点后，其抵抗变形的能力明显降低，变形迅速发展，应力逐渐下降，试件被拉长，在有杂质或缺陷处，断面急剧缩小，直到断裂。故 CD 段称为颈缩阶段。

将拉断后的试件拼合起来，测定出标距范围内的长度 L_I（mm），L_I 与试件原标距 L_0（mm）之差为塑性变形值，它与 L_0 之比称为伸长率（δ），如图 7-2 所示。伸长率的计算公式如下：

$$\delta = \frac{L_1 - L_0}{L_0} \times 100\%$$

伸长率 δ 是衡量钢材塑性的一个重要指标，δ 越大说明钢材的塑性越好，而强度较低。具有一定的塑性变形能力，可保证应力重新分布，避免应力集中，从而使钢材用于结构的安全性大。

塑性变形在试件标距内的分布是不均匀的，颈缩处的变形量大，离颈缩部位越远其变形越小。所以，原标距与直径之比越小，则颈缩处伸长值在整个伸长值中的比重越大，计算出来的 δ 值就大。通常以 δ_5 和 δ_{10}（分别表示 $L_0 = 5d_0$ 和 $L_0 = 10d_0$ 时的伸长率）为基准。对于同一种钢材，其 δ_5 大于 δ_{10}。

中碳钢与高碳钢（硬钢）的拉伸曲线与低碳钢不同，屈服现象不明显，难以测定屈服点，则规定产生残余变形为原标距长度的 0.2％时所对应的应力值，作为硬钢的屈服强度，称为条件屈服点，用 $\sigma_{0.2}$ 表示。如图 7-3 所示。

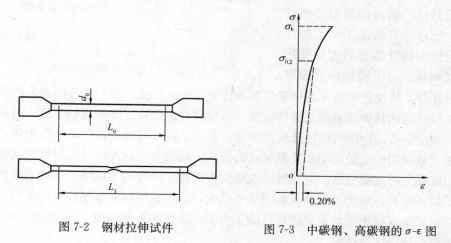

图 7-2　钢材拉伸试件　　　　　图 7-3　中碳钢、高碳钢的 σ-ε 图

二、冲击韧性

冲击韧性是指钢材抵抗冲击荷载而不被破坏的能力。它是以试件冲断时缺口处单位面积上所消耗的功（J/cm^2）来表示，其符号为 a_k。试验时将试件放置在固定支座上，然后

以摆锤冲击试件刻槽的背面，使试件承受冲击弯曲而断裂，如图 7-4 所示。a_k 越大，表示冲断试件时消耗的功越多，钢材的冲击韧性越好。

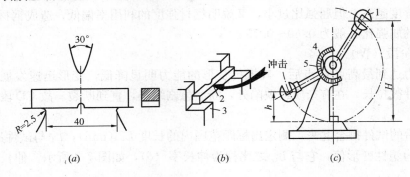

图 7-4　冲击韧性试验图

(a) 试件尺寸（mm）；(b) 试验装置；(c) 试验机

1—摆锤；2—试件；3—试验台；4—指针；5—刻度盘；

H—摆锤扬起高度；h—摆锤向后摆动高度

影响钢材冲击韧性的因素很多，当钢材内硫、磷的含量高，存在化学偏析，含有非金属夹杂物及焊接形成的微裂纹时，都会使冲击韧性显著降低。同时，环境温度对钢材的冲击功影响也很大。试验表明，冲击韧性随温度的降低而下降，开始时下降缓和，当达到一定温度范围时，突然下降很多而呈脆性，这种性质称为钢材的冷脆性。这时的温度称为脆性临界温度，如图 7-5 所示，它的数值越低，钢材的低温冲击性能越好。所以，在负温下使用的结构，应当选用脆性临界温度较使用温度低的钢材。由于脆性临界温度

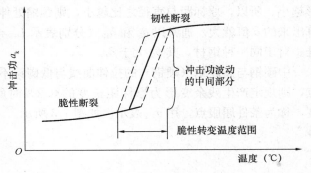

图 7-5　钢的脆性转变温度

的测定较复杂，故规范中通常是根据气温条件规定 −20℃ 或 −40℃ 的负温冲击值指标。

钢材随时间的延长而表现出强度提高，塑性和冲击韧性下降的现象，称为时效。因时效作用，冲击韧性还将随时间的延长而下降。通常，完成时效的过程可达数十年，但钢材如经冷加工或使用中经受振动和反复荷载的影响，时效可迅速发展。因时效导致钢材性能改变的程度称为时效敏感性。时效敏感性越大的钢材，经过时效后冲击韧性的降低就越显著。为了保证安全，对于承受动荷载的重要结构，应当选用时效敏感性小的钢材。

总之，对于直接承受动荷载而且可能在负温下工作的重要结构，必须按照有关规范要求进行钢材的冲击韧性试验。

三、疲劳强度

钢材在交变荷载（方向、大小循环变化的力）的反复作用下，往往在应力远小于其抗拉强度时就发生破坏，这种现象称为钢材的疲劳破坏。钢材的疲劳破坏指标用疲劳强度

（或称疲劳极限）来表示，它是指试件在交变应力作用下，不发生疲劳破坏的最大应力值。在设计承受反复荷载且须进行疲劳验算的结构时，应当了解所用钢材的疲劳强度。实验表明，钢材承受的交变应力 σ 越大，则钢材至断裂时经受的交变应力循环次数 N 越少，反之越多。当交变应力降低至一定值时，钢材可经受交变应力循环达无限次而不发生疲劳破坏。通常取交变应力循环次数取某一固定值（例如 $N=10^7$）时试件不发生破坏的最大应力值 σ_N 作为其疲劳极限。在进行疲劳试验时，采用的最小与最大应力之比 ρ 叫做疲劳特征值。对于预应力钢筋通常取 $0.7\sim0.85$，对于非预应力钢筋，通常取 $0.1\sim0.8$。

钢材的疲劳破坏一般是由拉应力引起的，首先在局部开始形成细小裂纹，随后由于微裂纹尖端的应力集中而使其逐渐扩大，直至突然发生瞬时疲劳断裂。从断口可以明显地区分出疲劳裂纹扩展区和瞬时断裂区。

一般来说，钢材的抗拉强度高，其疲劳极限也较高。钢材的内部组织结构，成分偏析及其他缺陷是决定其疲劳性能的主要因素。同时，由于疲劳裂纹是在应力集中处形成和发展的，故钢材的截面变化、表面质量及内应力大小等可能造成应力集中的因素都与其疲劳极限有关。例如，钢筋焊接接头的卷边和表面微小的腐蚀缺陷，都可使疲劳极限显著降低。当疲劳条件与腐蚀环境同时出现时，可促使局部应力集中的出现，大大增加了疲劳破坏的危险性。

四、硬度

硬度是衡量材料抵抗另一硬物压入、表面产生局部变形的能力。硬度可以用来判断钢材的软硬，同时间接地反映钢材的强度和耐磨性能。

测定钢材硬度采用压入法。即以一定的静荷载（压力），通过压头压在金属表面，然后测定压痕的面积或深度来确定硬度（图7-6）。按压头或压力不同，有布氏法、洛氏法等，相应的硬度试验指标称布氏硬度（HB）和洛氏硬度（HR）。较常用的方法是布氏法，其硬度指标是布氏硬度值。

布氏法的测定原理是：用直径为 D（mm）的淬火钢球以 P（N）的荷载将其压入试件表面，经规定的持续时间后卸荷，即得直径为 d（mm）的压痕，以压痕表面积 F 除荷载 P，所得的应力值即为试件的布氏硬

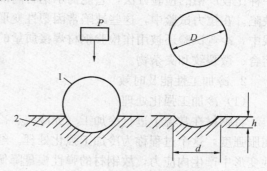

图7-6　布氏硬度试验原理图
1—钢球；2—试件
P—施加于钢球上的荷载；D—钢球直径；
d—压痕直径；h—压痕深度

度值 HB，以数字表示，不带单位。图7-6为布氏硬度测定示意图。

五、工艺性能

工艺性能是指钢材是否易于加工成型的性能，主要包括冷弯、冷拉、冷拔及焊接性能。

1. 冷弯性能

冷弯性能是指钢材在常温下承受弯曲变形的能力，以试验时的弯曲角度 α 和弯心直径

d 为衡量指标，如图 7-7 所示。钢材的冷弯试验是通过直径（或厚度）为 a 的试件，采用标准规定的弯心直径 $d(d = na)$，弯曲到规定的角度（180°或 90°）时，检查弯曲处有无裂纹、断裂及起层等现象。若无，则认为冷弯性能合格。钢材冷弯时的角度越大，弯心直径越小，则表示其冷弯性能越好。

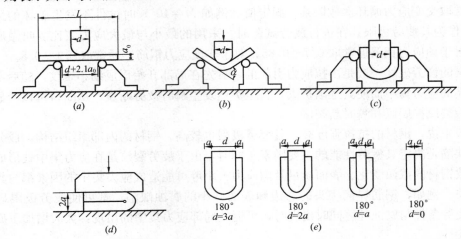

图 7-7　冷弯试验的弯心直径与弯曲角度

钢材的冷弯性能和其伸长率一样，也是表示钢材在静荷载条件下的塑性，但冷弯是钢材处于不利变形条件下的塑性，而伸长率是反映钢材在均匀变形下的塑性。故冷弯试验是一种比较严格的检验方法，它能揭示钢材内部组织是否均匀，是否存在内应力或夹杂物等缺陷。在拉力试验中，这些缺陷常因塑性变形导致应力重新分布而得不到反映。在工程实践中，冷弯试验还被用作检验钢材焊接质量的一种手段，能揭示焊件在受弯表面存在的未熔合、微裂纹和夹杂物。

2. 冷加工性能及时效

（1）冷加工强化处理

将钢材在常温下进行冷加工（如冷拉、冷拔或冷轧），使之产生塑性变形，从而提高屈服强度，这个过程称为冷加工强化处理。经强化处理后钢材的塑性和韧性降低。由于塑性变形中产生内应力，故钢材的弹性模量降低。

1）冷拉。

冷拉是将热轧钢筋用冷拉设备加力进行张拉，使之伸长。钢材经冷拉后，屈服强度可提高 20%～30%，可节约钢材 10%～20%，钢材经冷拉后屈服阶段缩短，伸长率降低，材质变硬。

2）冷拔。

将光面圆钢筋通过硬质合金拔丝模孔强行拉拔，每次拉拔断面缩小应在 10% 以下。钢筋在冷拔过程中，不仅受拉，同时还受到挤压作用，因而冷拔的作用比纯冷拉作用强烈。经过一次或多次冷拔后的钢筋，表面光洁度高，屈服强度提高 40%～60%，但塑性大大降低，具有硬钢的性质。

（2）时效

钢材经冷加工后，在常温下存放 15～20d 或加热至 100～200℃，保持 2h 左右，其屈服强度、抗拉强度及硬度进一步提高，而塑性及韧性继续降低，这种现象称为时效。前者称为自然时效，后者称为人工时效。由于时效过程中内应力的消减，故弹性模量可基本恢复到冷加工前的数值。

钢材的时效是普遍而长期的过程，有些未经冷加工的钢材，长期存放后也会出现时效现象。冷加工只是加速了时效发展。一般冷加工和时效同时采用，进行冷拉时通过试验来确定冷拉控制参数和时效方式。通常，强度较低的钢筋宜采用自然时效，强度较高的钢筋则应采用人工时效。

钢材经冷加工及时效处理后，其应力-应变关系变化的规律，可明显地在应力-应变图上得到反映，如图7-8所示。

图7-8中，$OABCD$ 为未经冷拉和时效试件的 σ-ε 曲线。当试件冷拉至超过屈服强度的任意一点 K，卸去荷载，此时由于试件已产生塑性变形，则曲线沿 KO' 下降，KO' 大致与 AO 平行。如立即再拉伸，则 σ-ε 曲线将成为 $O'KCD$（虚线）曲线，屈服强度由 B 点提高到 K 点。但如在 K 点卸荷后进行时效处理，然后再拉伸，则 σ-ε 曲线将成

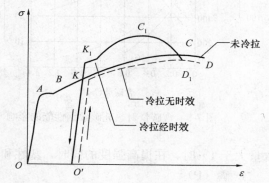

图 7-8　钢筋经冷拉时效后应力-应变图的变化

为 $O'K_1C_1D_1$ 曲线，这表明冷拉时效后，屈服强度和抗拉强度均得到提高，但塑性和韧性则相应降低。

3. 焊接性能

焊接是各种型钢、钢板、钢筋的重要连接方式。建筑工程的钢结构有 90% 以上是焊接结构。焊接的质量取决于焊接工艺、焊接材料及钢的焊接性能。钢材的可焊性，是指钢材是否适应用通常的方法与工艺进行焊接的性能。可焊性好的钢材，指易于用一般焊接方法和工艺施焊，焊口处不易形成裂纹、气孔、夹渣等缺陷；焊接后钢材的力学性能，特别是强度不低于原有钢材，硬脆倾向小。

钢材可焊性能的好坏，主要取决于钢的化学成分。钢的含碳量高将增加焊接接头的硬脆性，含碳量小于 0.25% 的碳素钢具有良好的可焊性。加入合金元素（如硅、锰、钒、钛等），也将增大焊接处的硬脆性，降低可焊性，特别是硫能使焊接产生热裂纹及硬脆性。

六、钢的化学成分对钢材性能的影响

钢材中除基本元素铁和碳外，常有硅、锰、硫、磷及氢、氧、氮等元素存在。这些元素来自炼钢原料、炉气及脱氧剂，在熔炼中无法除净。各种元素对钢的性能都有一定的影响，为了保证钢的质量，在国家标准中对各类钢的化学成分都作了严格的规定。

1. 碳（C）

它是钢中的重要元素，对钢的机械性能有重要的影响（图7-9）。当含碳量低于 0.8% 时，随着含碳量的增加，钢的抗拉强度（σ_b）和硬度（HB）提高，而塑性（δ）及韧性（a_k）降低。同时，还将使钢的冷弯、焊接及抗腐蚀等性能降低，并增加钢的冷脆性和时

效敏感性。

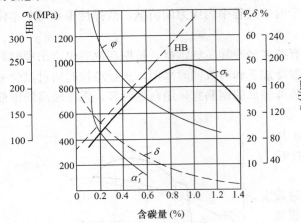

图 7-9　含碳量对热轧碳素钢性能的影响

2. 硅（Si）

它是钢中的有益元素，是为了脱氧去硫而加入的。硅是钢的主要合金元素。含量常在 1% 以内，可提高强度，对塑性和韧性没有明显影响。但含硅量超过 1% 时，冷脆性增加，可焊性变差。

3. 锰（Mn）

锰能消除钢的热脆性，改善热加工性能。当含量为 0.8%～1% 时，可显著提高钢的强度和硬度，几乎不降低塑性及韧性，所以它也是钢中主要的合金元素之一。当其含量大于 1% 时，在提高强度的同时，塑性和韧性有所下降，可焊性变差。

4. 磷（P）

它是钢中的有害元素，由炼钢原料带入。磷可显著降低钢材的塑性和韧性，特别是低温下冲击韧性下降更为明显。常把这种现象称为冷脆性。磷还能使钢的冷弯性能降低，可焊性变坏。但磷可使钢材的强度、硬度、耐磨性、耐蚀性提高。

5. 硫（S）

硫在钢的热加工时易引起钢的脆裂，称为热脆性。硫的存在还使钢的冲击韧性、疲劳强度、可焊性及耐蚀性降低，即使微量存在也对钢有害，因此硫的含量要严格控制。

6. 氧、氮

也是钢中的有害元素，它们显著降低钢的塑性和韧性，以及冷弯性能和可焊性能。

7. 铝、钛、钒、铌

均是炼钢时的强脱氧剂，也是合金钢常用的合金元素。适量加入到钢内，可改善钢的组织，细化晶粒，显著提高强度和改善韧性。

第三节　建筑钢材的标准与选用

建筑钢材可分为钢结构用型钢和钢筋混凝土结构用钢筋。

一、钢结构用钢材

1. 碳素结构钢

碳素结构钢包括一般结构钢和工程用热轧钢板、钢带、型钢等。现行国家标准《碳素结构钢》（GB/T 700—2006）具体规定了它的牌号表示方法、代号和符号、技术要求、试验方法、检验规则等。

（1）牌号表示方法

标准中规定：碳素结构钢按屈服点的数值（MPa）分为 195、215、235、275 四种；

按硫、磷杂质的含量由多到少分为 A、B、C、D 四个质量等级；按照脱氧程度不同分为特殊镇静钢（TZ）、镇静钢（Z）、沸腾钢（F）。钢的牌号由代表屈服点的字母 Q、屈服点数值、质量等级和脱氧程度四个部分按顺序组成。对于镇静钢和特殊镇静钢，在钢的牌号中可以省略。如 Q235—A，F，表示屈服强度为 235MPa，质量等级为 A 级的沸腾钢。

（2）技术要求

碳素结构钢的技术要求包括化学成分、力学性能、冶炼方法、交货状态及表面质量五个方面，碳素结构钢的化学成分、力学性能、冷弯试验指标应分别符合表 7-1、表 7-2、表 7-3 的要求。

碳素结构钢的化学成分（GB/T 700—2006）　　　　　　　表 7-1

牌号	统一数字代号[a]	等级	厚度（或直径）(mm)	脱氧方法	化学成分（质量分数）(%)，不大于				
					C	Si	Mn	P	S
Q195	U11952	—	—	F、Z	0.12	0.30	0.50	0.035	0.040
Q215	U12152	A	—	F、Z	0.15	0.35	1.20	0.045	0.050
	U12155	B							0.045
Q235	U12352	A		F、Z	0.22	0.35	1.40	0.045	0.050
	U12355	B			0.20[b]				0.045
	U12358	C		Z	0.17			0.040	0.040
	U12359	D		TZ				0.035	0.035
Q275	U12752	A		F、Z	0.24	0.35	1.50	0.045	0.050
	U12755	B	≤40	Z	0.21			0.045	0.045
			>40	Z	0.22				
	U12758	C		TZ	0.20			0.040	0.040
	U12759	D						0.035	0.035

a　表中为镇静钢、特殊镇静钢牌号的统一数字，沸腾钢牌号的统一数字代号如下：

Q195F——U11950；

Q215AF——U12150，Q215BF——U12153；

Q235AF——U12350，Q235BF——U12353；

Q275AF——U12750。

b　经需方同意，Q235B 的碳含量可不大于 0.22%。

碳素结构钢的力学性能（GB/T 700—2006）　　　　　　　表 7-2

牌号	等级	拉 伸 试 验													冲击试验（V 形缺口）	
		屈服强度[a]σ_s（MPa），不小于						抗拉强度[b]σ_b（MPa）	伸长率 A（%），不小于					温度（℃）	冲击吸收功（纵向）(J)不小于
		钢材厚度（或直径）(mm)							钢材厚度（或直径）(mm)						
		≤16	>16～40	>40～60	>60～100	>100～150	>150～200		≤40	>40～60	>60～100	>100～150	>150～200		
Q195	—	195	185	—	—	—	—	315～430	33	—	—	—	—	—	—
Q215	A	215	205	195	185	175	165	335～450	31	30	29	27	26	—	—
	B													+20	27

131

牌号	等级	拉伸试验												冲击试验（V形缺口）	
		屈服强度[a]σ_s（MPa），不小于						抗拉强度[b] σ_b （MPa）	伸长率 A （%），不小于					温度（℃）	冲击吸收功（纵向）（J）不小于
		钢材厚度（或直径）（mm）							钢材厚度（或直径）（mm）						
		≤16	>16～40	>40～60	>60～100	>100～150	>150～200		≤40	>40～60	>60～100	>100～150	>150～200		
Q235	A	235	225	215	215	195	185	370～500	26	25	24	22	21	—	—
	B													+20	27[c]
	C													0	
	D													—20	
Q275	A	275	265	255	245	225	215	410～540	22	21	20	18	17	—	—
	B													+20	27
	C													0	
	D													—20	

a Q195 的屈服强度值仅供参考，不作为交货条件。

b 厚度大于 100mm 的钢材，抗拉强度下限允许降低 20N/mm²。宽带钢（包括剪切钢板）抗拉强度上限不作为交货条件。

c 厚度小于 25mm 的 Q235B 级钢材，如供方能保证冲击吸收值合格，经需方同意，可不做检验。

碳素结构钢冷弯试验指标（GB/T 700—2006）　　　表 7-3

牌号	试样方向	冷弯试验 $B=2a$[a]180°	
		钢材厚度（或直径）[b]（mm）	
		≤60	>60～100
		弯心直径 d	
Q195	纵	0	—
	横	0.5a	
Q215	纵	0.5a	1.5a
	横	a	2a
Q235	纵	a	2a
	横	1.5a	2.5a
Q275	纵	1.5a	2.5a
	横	2a	3a

a B 为试样宽度，a 为试样厚度（或直径）。

b 钢材厚度（或直径）大于 100mm 时，弯曲试验由双方协商确定。

（3）各类牌号钢材的性能和用途

从表 7-2、表 7-3 中可知，钢材随牌号的增大，含碳量增加，强度和硬度相应提高，而塑性和韧性则降低。

Q235 号钢是建筑工程中应用最广泛的钢，属低碳钢，具有较高的强度，良好的塑性、韧性及可焊性，综合性能好，能满足一般钢结构和钢筋混凝土用钢要求，且成本较低，大量被用作轧制各种型钢、钢板及钢筋。

Q195、Q215 号钢，强度低，塑性和韧性较好，易于冷加工，常用作钢钉、铆钉、螺栓及钢丝等。Q215 号钢经冷加工后可代替 Q235 号钢使用。

Q275 号钢强度较高，但塑性、韧性较差，可焊性也差，不易焊接和冷弯加工，可用于轧制钢筋、制作螺栓配件等，但更多用于机械零件和工具等。

2. 低合金高强度结构钢

低合金高强度结构钢是在碳素结构钢的基础上，添加少量的一种或几种合金元素（总含量小于 5％）的一种结构钢。其目的是为了提高钢的屈服强度、抗拉强度、耐磨性、耐腐蚀性及耐低温性能等。因此，它是综合性较为理想的建筑钢材，尤其在大跨度、承受动荷载和冲击荷载的结构中更适用。另外，与使用碳素钢相比，可节约钢材 20％～30％，而成本并不提高。

（1）牌号表示法

根据国家标准《低合金高强度结构钢》（GB/T1591—2008）规定，共有八个牌号。所加元素主要有硅、锰、钒、钛、铌、铬、镍及稀土元素。其牌号的表示方法由屈服点字母 Q、屈服点数值、质量等级三个部分组成，屈服点数值共分 345MPa、390MPa、420MPa、460MPa、500MPa、550MPa、620MPa、690MPa 八种，质量等级按照硫、磷等杂质含量由多到少分为 A、B、C、D、E 五级。

（2）标准与选用

低合金高强度结构钢的化学成分、力学性能见表 7-4、表 7-5。

低合金高强度结构钢的化学成分（GB/T 1591—2008）　　　　表 7-4

牌号	质量等级	化学成分[a,b]（质量分数％）													
		C	Si	Mn	P	S	Nb	V	Ti	Cr	Ni	Cu	N	Mo	B	Als
							不大于									不小于
Q345	A	≤0.20	≤0.50	≤1.70	0.035	0.035	0.07	0.15	0.20	0.30	0.50	0.30	0.012	0.10	—	—
	B				0.035	0.035										
	C				0.030	0.030										
	D				0.030	0.025										0.015
	E	≤0.18			0.025	0.020										
Q390	A	≤0.20	≤0.50	≤1.70	0.035	0.035	0.07	0.20	0.20	0.30	0.50	0.30	0.015	0.10	—	—
	B				0.035	0.035										
	C				0.030	0.030										
	D				0.030	0.025										0.015
	E				0.025	0.020										
Q420	A	≤0.20	≤0.50	≤1.70	0.035	0.035	0.07	0.20	0.20	0.30	0.80	0.30	0.015	0.20	—	—
	B				0.035	0.035										
	C				0.030	0.030										
	D				0.030	0.025										0.015
	E				0.025	0.020										

牌号	质量等级	化学成分a,b（质量分数%）														
		C	Si	Mn	P	S	Nb	V	Ti	Cr	Ni	Cu	N	Mo	B	Als
					不大于											不小于
Q460	C	≤0.20	≤0.60	≤1.80	0.030	0.030										
	D				0.030	0.025	0.11	0.20	0.20	0.30	0.80	0.55	0.015	0.20	0.004	0.015
	E				0.025	0.020										
Q500	C	≤0.18	≤0.60	≤1.80	0.030	0.030										
	D				0.030	0.025	0.11	0.12	0.20	0.60	0.80	0.55	0.015	0.20	0.004	0.015
	E				0.025	0.020										
Q550	C	≤0.18	≤0.60	≤2.00	0.030	0.030										
	D				0.030	0.025	0.11	0.12	0.20	0.80	0.80	0.80	0.015	0.30	0.004	0.015
	E				0.025	0.020										
Q620	C	≤0.18	≤0.60	≤2.00	0.030	0.030										
	D				0.030	0.025	0.11	0.12	0.20	1.00	0.80	0.80	0.015	0.30	0.004	0.015
	E				0.025	0.020										
Q690	C	≤0.18	≤0.60	≤2.00	0.030	0.030										
	D				0.030	0.025	0.11	0.12	0.20	1.00	0.80	0.80	0.015	0.30	0.004	0.015
	E				0.025	0.020										

a 型材及棒材 P、S 含量可提高 0.005%，其中 A 级钢上限可为 0.045%。

b 当细化晶粒元素组合加入时，20（Nb＋V＋Ti）≤0.22%，20（Mo＋Cr）≤0.30%。

（3）低合金高强度结构钢的性能和用途

Q345、Q390 号钢综合力学性能好，焊接性能、冷热加工性能和耐蚀性能均好，C、D、E 级钢具有良好的低温韧性。主要用于工程中承受较高荷载的焊接结构。

Q420、Q460、Q500、Q550 等号钢强度高，特别是在热处理后有较高的综合力学性能。主要用于大型工程结构及荷载大的轻型结构。

3. 钢结构用钢材

钢结构构件一般应直接选用各种型钢。构件之间可直接或附连接钢板进行连接。连接方式有铆接、螺栓连接或焊接。所用母材主要是碳素结构钢及低合金高强度结构钢。

型钢有热轧和冷轧成型两种。钢板也有热轧（厚度为 0.35～200mm）和冷轧（厚度为 0.2～5mm）两种。

（1）热轧型钢

热轧型钢有角钢、工字钢、槽钢、T 型钢、Z 型钢等。

我国建筑用热轧型钢主要采用碳素结构钢 Q235—A（含碳量约为 0.14%～0.22%），其强度适中，塑性及可焊性较好，成本低，适合建筑工程使用。在钢结构设计规范中，推荐使用的低合金钢主要有两种：Q345（16Mn）及 Q390（15MnV），用于大跨度、承受动荷载的钢结构中。

钢材的拉伸性能

表7-5

拉伸试验[a,b,c]

牌号	质量等级	以下公称厚度（直径，边长）下屈服强度（R_a）(MPa)									以下公称厚度（直径，边长）抗拉强度（R_a）(MPa)							断后伸长率（A）(%) 公称厚度（直径，边长）					
		≤16mm	>16mm~40mm	>40mm~63mm	>63mm~80mm	>80mm~100mm	>100mm~150mm	>150mm~200mm	>200mm~250mm	>250mm~400mm	≤40mm	>40mm~63mm	>63mm~80mm	>80mm~100mm	>100mm~150mm	>150mm~250mm	>250mm~400mm	≤40mm	>40mm~60mm	>60mm~100mm	>100mm~150mm	>150mm~250mm	>250mm~400mm
Q345	A	≥345	≥335	≥325	≥315	≥305	≥285	≥275	≥265	—	470~630	470~630	470~630	470~630	450~600	450~600	—	≥20	≥19	≥19	≥18	≥17	≥17
	B									≥265													
	C																						
	D																						
	E																						
Q390	A	≥390	≥370	≥350	≥330	≥330	≥310	—	—	—	490~650	490~650	490~650	490~650	470~620	—	—	≥21	≥20	≥20	≥19	≥18	—
	B																						
	C																						
	D																						
	E																						
Q420	A	≥420	≥400	≥380	≥360	≥360	≥340	—	—	—	520~680	520~680	520~680	520~680	500~650	—	—	≥19	≥18	≥18	≥18	—	—
	B																						
	C																						
	D																						
	E																						
Q460	A	≥460	≥440	≥420	≥400	≥400	≥380	—	—	—	550~720	550~720	550~720	550~720	530~700	—	—	≥17	≥16	≥16	≥16	—	—
	D																						
	E																						

135

（2）冷弯薄壁型钢

通常是用 2~6mm 薄钢板冷弯或模压而成，有角钢、槽钢等开口薄壁型钢及方形、矩形等空心薄壁型钢。主要用于轻型钢结构。

（3）钢板、压型钢板

用光面轧辊轧制而成的扁平钢材，以平板状态供货的称为钢板；以卷材供货的称为钢带。按轧制温度不同，分为热轧和冷轧两种；热轧钢板按厚度分为厚板（厚度大于 4mm）和薄板（厚度为 0.35~4mm）两种；冷轧钢板只有薄板（厚度为 0.2~4mm）一种。

建筑用钢板及钢带主要是碳素结构钢。一些重型结构、大跨度桥梁、高压容器等也采用低合金钢板。一般厚板可用于焊接结构；薄板可用作屋面或墙面等围护结构；或用作涂层钢板的原材料；钢板还可用来弯曲成型钢。

薄钢板经冷压或冷轧成波形、双曲线、V 形等形状，称为压型钢板。彩色钢板（又称有机涂层薄钢板）、镀锌薄钢板、防腐薄钢板等都可用来制作压型钢板。其特点是：单位质量轻、强度高、抗震性能好、施工快、外形美观等。主要用于围护结构、楼板、屋面等。

二、钢筋混凝土用钢筋

钢筋混凝土结构所用的钢筋和钢丝，主要由碳素结构钢和低合金结构钢轧制而成。主要品种有热轧钢筋、冷加工钢筋、热处理钢筋、预应力混凝土用钢丝和钢绞线。

1. 热轧钢筋

用加热钢坯轧成的条形成品钢筋，称为热轧钢筋。它是建筑工程中用量最大的钢材品种之一，主要用于钢筋混凝土和预应力混凝土结构的配筋。

热轧钢筋按其轧制外形分为：热轧光圆钢筋、热轧带肋钢筋。带肋钢筋通常为圆形横截面，且表面通常带有两条纵肋和沿长度方向均匀分布的横肋。按肋纹的形状分为月牙肋和等高肋，如图 7-10 所示。月牙肋的纵横肋不相交，而等高肋则纵横肋相交。月牙肋钢筋有生产简便、强度高、应力集中敏感性小、疲劳性能好等优点，但其与混凝土的粘结锚固性能稍逊于等高肋钢筋。根据《钢筋混凝土用钢　第 1 部分　热轧光圆钢筋》（GB 1499.1—2008）和《钢筋混凝土用钢　第 2 部分　热轧带肋钢筋》（GB 1499.2—2007）规定，热轧钢筋的力学性能及工艺性能应符合表 7-6 的规定。H、R、B 分别为热轧、带肋、钢筋三个词的英文首位字母。

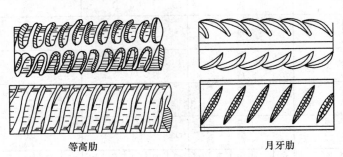

等高肋　　　　　　　　　月牙肋

图 7-10　带肋钢筋外形

热轧钢筋的性能　　　　　　　　　　　　　表 7-6

强度等级代号	外形	钢种	公称直径(mm)	屈服强度(MPa)	抗拉强度(MPa)	断后伸长率(%)	最大力总伸长率(%)	冷弯试验 角度	冷弯试验 弯心直径 d a—钢筋公称直径
				不小于					
HPB235	光圆	低碳钢	6~22	235	370	25.0	10.0	180°	$d=a$
HPB300				300	420				
HRB335 HRBF335	月牙肋	低碳钢 合金钢	6~25	335	455	17	7.5	180°	$d=3a$
			28~40						$d=4a$
			>40~50						$d=5a$
HRB400 HRBF400			6~25	400	540	16		180°	$d=4a$
			28~40						$d=5a$
			>40~50						$d=6a$
HRB500 HRBF500	等高肋	中碳钢 合金钢	6~25	500	630	15		180°	$d=6a$
			28~40						$d=7a$
			>40~50						$d=8a$

2. 预应力混凝土用热处理钢筋

预应力混凝土用热处理钢筋，是用热轧带肋钢筋经淬火和回火调质处理后的钢筋。通常，有直径为 6、8.2、10mm 三种规格，其屈服强度为不小于 1325MPa，抗拉强度不小于 1470MPa，伸长率（δ_{10}）不小于 6%，1000h 应力松弛率不大于 3.5%。按外形分为有纵肋和无纵肋两种，但都有横肋。钢筋热处理后卷成盘，使用时开盘钢筋自行伸直，按要求的长度切断。不能用电焊切断，也不能焊接，以免引起强度下降或脆断。热处理钢筋在预应力结构中使用，具有与混凝土粘结性能好，应力松弛率低，施工方便等优点。

3. 冷轧带肋钢筋

热轧圆盘条经冷轧后，在其表面带有沿长度方向均匀分布的三面或两面横肋，即成为冷轧带肋钢筋。钢筋冷轧后允许进行低温回火处理。根据《冷轧带肋钢筋》（GB 13788—2008）规定，冷轧带肋钢筋按抗拉强度分为 4 个牌号，分别为 CRB550、CRB650、CRB800、CRB970。C、R、B 分别为冷轧、带肋、钢筋三个词的英文首位字母，数值为抗拉强度的最小值。冷轧带肋钢筋的力学性能及工艺性能见表 7-7。与冷拔低碳钢丝相比较，冷轧带肋钢筋具有强度高、塑性好，与混凝土粘结牢固，节约钢材，质量稳定等优点。CRB550 宜用作普通钢筋混凝土结构，其他牌号宜用在预应力混凝土结构中。

冷轧带肋钢筋力学性能及工艺性能　　　　　　表 7-7

牌号	$R_{p0.2}$ (MPa)，$\geqslant$	R_m (MPa)，$\geqslant$	伸长率（%），$\geqslant$ $A_{33.3}$	伸长率（%），$\geqslant$ A_{100}	弯曲试验 (180°)	反复弯曲次数	松弛率（初始应力应相当于公称抗拉强度的 70%）(1000h,%)，$\leqslant$
CRB550	550	550	8.0	—	$D=3d$	—	—
CRB650	585	650	—	4.0		3	8
CRB800	720	800	—	4.0		3	8
CRB970	875	970	—	4.0		3	8

注：表中 D 为弯心直径，d 为钢筋公称直径。

4. 预应力混凝土用钢丝和钢绞线

预应力混凝土用钢丝是用优质碳素结构钢制成，根据《预应力混凝土用钢丝》(GB/T 5223—2002)规定，钢丝按加工状态分为冷拉钢丝（WCD）和消除应力钢丝两类。消除应力钢丝按松弛性能又分为低松弛级钢丝（代号 WLR）和普通松弛级钢丝（WNR）。钢丝按外形分为光圆（代号 P）、螺旋肋（代号 H）、刻痕（代号 I）三种。冷拉钢丝的力学性能应符合表 7-8 的规定。规定非比例伸长应力 $\sigma_{p0.2}$ 值不小于公称抗拉强度的 75%。除抗拉强度、规定非比例伸长应力外，对压力管道用钢丝还需进行断面收缩率、扭转次数、松弛率的检验；对其他用途钢丝还需进行断后伸长率、弯曲次数的检验。消除应力的光圆及螺旋肋钢丝的力学性能应符合表 7-9 的规定，消除应力的刻痕钢丝的力学性能应符合表 7-10 的规定。

冷拉钢丝力学性能　　　　　　　　表 7-8

公称直径 d_n (mm)	抗拉强度 σ_b (MPa)，$\geqslant$	规定非比例伸长应力 $\sigma_{p0.2}$ (MPa)，$\geqslant$	最大力下总伸长率（$L_0=200mm$）δ_{gt} (%) $\geqslant$	弯曲次数（次/180°）$\geqslant$	弯曲半径 R (mm)	断面收缩率 φ (%)，$\geqslant$	每 210mm 扭矩的扭转次数 n，$\geqslant$	初始应力相当于 70% 公称抗拉强度时，1000h 后应力松弛率 r (%) $\geqslant$
3.00	1470	1100		4	7.5	—	—	
4.00	1570	1180		4	10		8	
	1670	1250		4	15	35	8	
5.00	1770	1330	1.5	4	15			8
6.00	1470	1100		5	15		7	
7.00	1570	1180		5	20	30	6	
	1670	1250		5	20		6	
8.00	1770	1330		5	20		5	

消除应力的光圆及螺旋肋钢丝的力学性能　　　　　　　　表 7-9

公称直径 d_n (mm)	抗拉强度 σ_b (MPa)，不小于	规定非比例伸长应力 $\sigma_{p0.2}$ (MPa)，不小于		最大力下总伸长率（$L_0=200mm$）δ_{st} (%)，不小于	弯曲次数（次/180°），不小于	弯曲半径 R (mm)	应力松弛性能		
							初始应力相当于公称抗拉强度的百分数（%）	1000h 后应力松弛率 r (%)，不大于	
		WLR	WNR					WLR	WNR
								对所有规格	
4.00	1470	1290	1250		3	10			
	1570	1380	1330						
4.80	1670	1470	1410				60	1.0	4.5
	1770	1560	1500		4	15			
5.00	1860	1640	1580						
6.00	1470	1290	1250		4	15			
	1570	1380	1330		4	20			
6.25	1670	1470	1410	3.5	4	20	70	2.0	8
7.00	1770	1560	1500		4	20			
8.00	1470	1290	1250		4	20			
9.00	1570	1380	1330		4	25			
10.00	1470	1290	1250		4	25	80	4.5	12
12.00					4	30			

公称直径 d_n (mm)	抗拉强度 σ_b (MPa), ≥	规定非比例伸长应力 $\sigma_{p0.2}$ (MPa), ≥		最大力下总伸长率 (L_0=200mm) δ_{st} (%), ≥	弯曲次数 (次/180°), ≥	弯曲半径 R (mm)	应力松弛性能		
							初始应力相当于公称抗拉强度的百分数 (%)	1000h 后应力松弛率 r (%), ≤	
		WLR	WNR				对所有规格	WLR	WNR
≤5.0	1470	1290	1250	3.5	3	15	60	1.5	4.5
	1570	1380	1330						
	1670	1470	1410						
	1770	1560	1500						
	1860	1640	1580						
>5.0	1470	1290	1250				70	2.5	8
	1570	1380	1330						
	1670	1470	1410			20	80	4.5	12
	1770	1560	1500						

　　预应力混凝土用钢绞线，是以数根优质碳素结构钢钢丝经绞捻和消除应力的热处理后制成。根据《预应力混凝土用钢绞线》（GB/T 5224—2003），钢绞线按所用钢丝的根数分为三种结构类型：1×2、1×3 和 1×7。1×7 结构钢绞线以一根钢丝为中心，其余 6 根围绕在周围捻制而成。1×2 结构钢绞线的力学性能应符合表 7-11 的规定，1×3 结构钢绞线的力学性能应符合表 7-12 的规定，1×7 结构钢绞线的力学性能应符合表 7-13 的规定。

　　预应力钢丝和钢绞线强度高，并具有较好的柔韧性，质量稳定，施工简便，使用时可根据要求的长度切断。它适用于大荷载、大跨度、曲线配筋的预应力钢筋混凝土结构。

1×2 结构钢绞线力学性能　　　　表 7-11

钢绞线结构	钢绞线公称直径 D_n (mm)	抗拉强度 R_m (MPa), ≥	整根钢绞线的最大力 F_m (kN), ≥	规定非比例延伸力 $F_{P0.2}$ (kN), ≥	最大力总伸长率 (L_0≥400mm) A_{gt} (%), ≥	应力松弛性能	
						初始负荷相当于公称最大力的百分数 (%)	1000h 后应力松弛率 r (%), ≤
1×2	5.00	1570	15.4	13.9	对所有规格	对所有规格	对所有规格
		1720	16.9	15.2			
		1860	18.3	16.5			
		1960	19.3	17.3			
	5.80	1570	20.7	18.6		60	1.0
		1720	22.7	20.4			
		1860	24.6	22.1			
		1960	25.9	23.3			
	8.00	1470	36.9	33.2	3.5	70	2.5
		1570	39.4	35.5			
		1720	43.2	38.9			
		1860	46.7	42.0			
		1960	49.2	44.3			

钢绞线结构	钢绞线公称直径 D_n (mm)	抗拉强度 R_m (MPa) ≥	整根钢绞线的最大力 F_m (kN), ≥	规定非比例延伸力 $F_{P0.2}$ (kN), ≥	最大力总伸长率 ($L_0 \geq 400mm$) A_{gt} (%), ≥	应力松弛性能 初始负荷相当于公称最大力的百分数 (%)	应力松弛性能 1000h 后应力松弛率 r (%), ≤
1×2	10.00	1470	57.8	52.0		80	4.5
		1570	61.7	55.5			
		1720	67.6	60.8			
		1860	73.1	65.8			
		1960	77.0	69.3			
	12.00	1470	83.1	74.8			
		1570	88.7	79.8			
		1720	97.2	87.5			
		1860	105	94.5			

注：规定非比例延伸力 $F_{P0.2}$ 值不小于整根钢绞线公称最大力 F_m 的 90%。

1×3 结构钢绞线力学性能   表 7-12

钢绞线结构	钢绞线公称直径 D_n (mm)	抗拉强度 R_m (MPa) ≥	整根钢绞线的最大力 F_m (kN), ≥	规定非比例延伸力 $F_{P0.2}$ (kN), ≥	最大力总伸长率 ($L_0 \geq 400mm$) A_{gt} (%), ≥	应力松弛性能 初始负荷相当于公称最大力的百分数 (%)	应力松弛性能 1000h 后应力松弛率 r (%), ≤
1×3	6.20	1570	31.1	28.0	对所有规格	对所有规格	对所有规格
		1720	34.1	30.7			
		1860	36.8	33.1			
		1960	38.8	34.9			
	6.50	1570	33.3	30.0		60	1.0
		1720	36.5	32.9			
		1860	39.4	35.5			
		1960	41.6	37.4			
	8.60	1470	55.4	49.9	3.5	70	2.5
		1570	59.2	53.3			
		1720	64.8	58.3			
		1860	70.1	63.1			
		1960	73.9	66.5			
	8.74	1570	60.6	54.5		80	4.5
		1670	64.5	58.1			
		1860	71.8	64.6			
	10.80	1470	86.6	77.9			
		1570	92.5	83.3			
		1720	101	90.9			
		1860	110	99.0			
		1960	115	104			

140

钢绞线结构	钢绞线公称直径 D_n (mm)	抗拉强度 R_m (MPa), ≥	整根钢绞线的最大力 F_m (kN), ≥	规定非比例延伸力 $F_{P0.2}$ (kN), ≥	最大力总伸长率 (L_0≥400mm) A_{gt} (%), ≥	应力松弛性能 初始负荷相当于公称最大力的百分数 (%)	1000h后应力松弛率 r (%), ≤
1×3	12.90	1470	125	113			
		1570	133	120			
		1720	146	131			
		1860	158	142			
		1960	166	149			
1×3I	8.74	1570	60.6	54.5			
		1670	64.5	58.1			
		1860	71.8	64.6			

注：规定非比例延伸力 $F_{P0.2}$ 值不小于整根钢绞线公称最大力 F_m 的 90%。

1×7 结构钢绞线力学性能   表 7-13

钢绞线结构	钢绞线公称直径 D_n (mm)	抗拉强度 R_m (MPa), ≥	整根钢绞线的最大力 F_m (kN), ≥	规定非比例延伸力 $F_{P0.2}$ (kN), ≥	最大力总伸长率 (L_0≥400mm) A_{gt} (%), ≥	应力松弛性能 初始负荷相当于公称最大力的百分数 (%)	1000h后应力松弛率 r (%), ≤
1×7	9.50	1720	94.3	84.9	对所有规格	对所有规格	对所有规格
		1860	102	91.8			
		1960	107	96.3			
	11.10	1720	128	115			
		1860	138	124			
		1960	145	131			
	12.70	1720	170	153		60	1.0
		1860	184	166			
		1960	193	174			
	15.20	1470	206	185	3.5		
		1570	220	198			
		1670	234	211		70	2.5
		1720	241	217			
		1860	260	234			
		1960	274	247			
	15.70	1770	266	239		80	4.5
		1860	279	251			
	17.80	1720	327	294			
		1860	353	318			
(1×7) C	12.70	1860	208	187			
	15.20	1820	300	270			
	18.00	1720	384	346			

注：规定非比例延伸力 $F_{P0.2}$ 值不小于整根钢绞线公称最大力 F_m 的 90%。

三、钢材的选用原则

1. 荷载性质

对经常承受动力或振动荷载的结构，易产生应力集中，引起疲劳破坏，需选用材质高的钢材。

2. 使用温度

经常处于低温状态的结构，钢材易发生冷脆断裂，特别是焊接结构，冷脆倾向更加显著，应该要求钢材具有良好的塑性和低温冲击韧性。

3. 连接方式

焊接结构当温度变化和受力性质改变时，易导致焊缝附近的母体金属出现冷、热裂纹，促使结构早期破坏。所以，焊接结构对钢材化学成分和机械性能要求应较严。

4. 钢材厚度

钢材力学性能一般随厚度增大而降低，钢材经多次轧制后，钢的内部结晶组织更为紧密，强度更高，质量更好。故一般结构用的钢材厚度不宜超过 40mm。

5. 结构重要性

选择钢材要考虑结构使用的重要性，如大跨度结构，重要的建筑物结构，须相应选用质量更好的钢材。

第八章 木　材

木材具有对优良的性能，如轻质高强，导电、导热性低，有较好的弹性和韧性，能承受冲击和振动，易于加工等。目前，木材较少用于外部结构材料，但由于它有美观的天然纹理，装饰效果较好，所以仍被广泛用作装饰与装修材料。但由于木材构造不均匀、各向异性、易吸湿变形、易腐易燃等缺点，且树木生长周期缓慢、成材不易等原因，因而在应用上也受到限制。

第一节　木材的构造

天然树木分针叶树和阔叶树两大类。针叶树树干通直高大，容易获得较大尺寸的木材，且纹理平顺，材质均匀，木质软，容易加工，所以也称为软木材。针叶树木材自重较小，变形较小，耐腐蚀性强，是建筑工程用木材的主要原材料。常用的针叶树材种有松树、柏树和杉树等。阔叶树树干通直部分较短，材质较硬，所以也叫做硬木材。阔叶树木材自重较大，强度较高，容易产生胀缩和翘曲变形，容易开裂。但阔叶树中有些树种花纹美观，适合用作房屋建筑的内部装修、家具和胶合板材料等。常用的阔叶树材种有榆木、水曲柳、柞木等。

一、木材的宏观构造

宏观构造是指肉眼或放大镜能观察到的木材组织。由于木材是各向异性的，可通过横切面、径切面、弦切面了解其构造，如图 8-1 所示。图中横切面是与树纵轴相垂直的横向切面；径切面是通过树轴的纵切面；弦切面是与树心有一定距离，与树轴平行的纵向切面。

从图 8-1 中可知，树木主要由树皮、髓心和木质部组成。木材主要是使用木质部。木质部是髓心和树皮之间的部分，是木材的主体。在木质部中，靠近髓心的部分颜色较深，称为心材；靠近树皮的部分颜色较浅，称为边材。

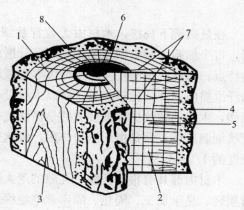

图 8-1　木材的宏观构造
1—横切面；2—径切面；3—弦切面；4—树皮；
5—木质部；6—髓心；7—髓线；8—年轮

心材含水量较小，不易翘曲变形，耐蚀性较强；边材含水量较大，易翘曲变形，耐蚀性也不如心材。

从横切面可以看到深浅相同的同心圆，称为年轮。每一年轮中，色浅而质软的部分是春季长成的，称为春材或早材；色深而质硬的部分是夏秋季长成的，称为夏材或晚材。夏材越多，木材质量越好。年轮越密且均匀，木材质量较好。在木材横切面上，有许多径向的，从髓心向树皮呈放射状的细线条，或断或续地穿过数个年轮，称为髓线，是木材中较脆弱的部位，干燥时常沿髓线发生裂纹。

二、木材的微观构造

在显微镜下所见到的木材组织称为微观构造。针叶树和阔叶树的微观构造不同，如图8-2和图8-3所示。

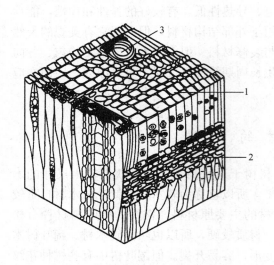

图 8-2　针叶树马尾松微观构造
1—管胞；2—髓线；3—树脂道

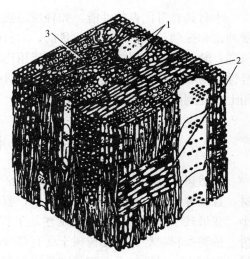

图 8-3　阔叶树柞木微观构造
1—导管；2—髓线；3—木纤维

在显微镜下观察，木材由无数管状细胞紧密结合而成，这些管状细胞部分沿纵向排列，每个细胞由细胞壁和细胞腔两部分组成，细胞壁由细长的纤维组成。由于木材微观结构特点，木材沿纵向拉伸是将纤维本身破坏，需要较大的外力，而横向拉伸是将纵向排列的纤维横向撕开，比较容易，所以木材沿不同方向受力的强度不同，即表现为各向异性。例如，木材的顺纹抗拉强度大约是横纹抗拉强度的 40～60 倍。而顺纹抗压强度并不是把管状细胞压坏，而是由于压力作用，细胞壁失稳导致破坏，顺纹抗压强度大约是顺纹抗拉强度的 1/2～1/3。

木材内部具有很多孔隙，孔隙的绝大部分是细胞腔，其次是细胞之间的间隙。因此木材质轻、易于加工、隔热、隔声和电绝缘好，并具有较高的弹性和韧性，在受到动荷载或冲击荷载时，即使超出弹性极限范围，也能吸收相当部分的能量，木材横纹受力时此种特征尤其明显。同样由于大量细胞腔的存在以及细胞纵向排列的特点，木材吸水率和变形量很大，且沿不同方向变形率不同，这是造成木材制品变形的根本原因。除了强度和变形的各向异性特点之外，木材的导热性、导电性等在各个方向上也存在较大的差异。因此在加工和使用木材时，要充分考虑木材的各向异性特点。

木材的组成中含有对真菌和昆虫有营养的成分，真菌和昆虫容易在木材内繁殖生长，因此木材容易腐朽和被蛀蚀。但木材的多孔性使木材易于进行化学加工，如制浆和水解、防腐和干燥处理以及改性等。

第二节 木材的主要性质

一、密度与表观密度

木材的密度平均约为 $1.55 g/cm^3$，表观密度平均为 $500 kg/m^3$，表观密度大小与木材种类及含水率有关，通常以含水率为 15%（标准含水率）时的表观密度为准。

二、含水量

（1）木材的含水量

以木材所含水的质量占木材干燥质量的百分率（即含水率）表示。

木材吸水的能力很强，其含水量随所处环境的湿度变化而异，所含水分由自由水、吸附水、化合水三部分组成。自由水是存在于细胞腔和细胞间隙内的水分，木材干燥时自由水首先蒸发，自由水的存在将影响木材的表观密度、抗腐蚀性等；吸附水是存在于细胞壁中的水分，木材受潮时其细胞壁首先吸水，吸附水的变化对木材的强度和湿胀干缩性影响很大；化合水是木材化学成分中的结合水，它是随树种的不同而异。

水分进入木材后，首先形成吸附水，吸附饱和后，多余的水成为自由水。木材干燥时，首先失去自由水，然后才失去吸附水。当吸附水已达饱和状态而又无自由水存在时，木材的含水率称为该木材的纤维饱和点。其值随树种而异，一般为 25%～35%，平均值为 30%。它是木材物理力学性质是否随含水率而发生变化的转折点。

（2）平衡含水率

木材的平衡含水率与周围空气相对湿度达到平衡时，称为木材的平衡含水率。即当木材长时间处于一定温度和湿度的空气中，其水分的蒸发和吸收趋于平衡，含水率相对稳定的含水率。木材平衡含水率随大气的温度和相对湿度变化而变化。为了避免木材在使用过程中因含水率变化太大而引起变形或开裂，木材使用前，须干燥至使用环境常年平均的平衡含水率。

三、木材的湿胀干缩

木材细胞壁内吸附水含量的变化会引起木材的变形，即湿胀干缩。

木材含水量大于纤维饱和点时，表示木材的含水率除吸附水达到饱和外，还有一定数量的自由水。此时，木材如受到干燥或受潮，只是自由水改变，不发生木材的变形。但含水率小于纤维饱和点时，则表明水分都吸附在细胞壁的纤维上，它的增加或减少才能引起体积的膨胀或收缩，即只有吸附水的改变才影响木材的变形，如图 8-4 所示。

由于木材构造的不均匀性，木材的变形在各个方向上也不同：顺纹方向最小，径向较大，弦向最

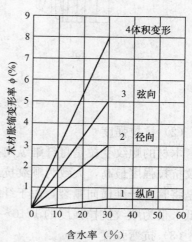

图 8-4 木材含水率与膨胀变形的关系

大。因此，湿材干燥后，其截面尺寸和形状会发生明显的变化，如图 8-5 所示。例如对角线分别为径向和弦向的 7 号板材，由于径向对角线方向收缩率小，弦向对角线方向收缩率大，失水后由正方形变成了菱形；沿弦向取材的长方形 9 号板材，靠近中心的长边收缩较小，靠外部的长边收缩较大，变形后发生翘曲等。

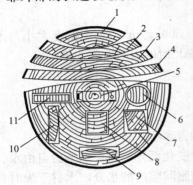

图 8-5　木材干燥后截面形状的改变
1—弓形成橄榄核形；2、3、4—成反翘；
5—通过髓心径锯板两头缩小成纺锤形；
6—圆形成椭圆形；7—与年轮成对角线的
正方形变菱形；8—两边与年轮平行的正方
形变长方形；9、10—长方形板的翘曲；
11—边材径向锯板较均匀

湿胀干缩将影响木材的使用。干缩会使木材翘曲，开裂，接榫松动，拼缝不严。湿胀可造成表面鼓凸，所以木材在加工或使用前应预先进行干燥，使其接近于与环境湿度相适应的平衡含水率。

四、强度

1. 木材的各种强度

（1）抗压强度

木材的抗压分顺纹受压和横纹受压，如图 8-6 所示。当作用力的方向与木材纤维方向平行时为顺纹受压，此时木材的细胞壁在压力作用下最容易失稳破坏，而不是纤维的断裂，所以木材的顺纹抗压强度较高，但也只有顺纹抗拉强度的 15％ ～30％。横纹受压是作用力与木材纤维方向垂直时的抗压强度，分弦向受压和径向受压两种。横纹受压相当于将细长的管状细胞压扁，所以横纹抗压强度值不高，并且将产生较大变形，由于木材尺寸的关系，在实际工程中很少有横纹受压的构件。

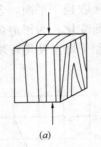 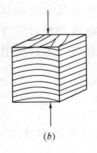 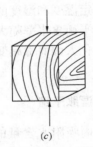

图 8-6　木材的抗压
（a）顺纹受压；（b）横纹径向受压；（c）横纹弦向受压

（2）抗拉强度

木材的顺纹受拉是将纤维纵向拉断破坏，比较困难，所以在木材的所有受力方式中，顺纹抗拉强度最高，大致为顺纹抗压强度的 3～4 倍，可达到 50～200MPa 之间。横纹抗拉是将管状纤维横向撕裂，由于纤维之间的横向联系比较疏松，所以木材的横向抗拉强度很低，仅为顺纹抗拉强度的 1/10～1/40。

（3）抗弯强度

房屋建筑的梁属于受弯构件，其内部应力分布比较复杂，上部为顺纹受压、下部为顺纹受拉，在水平面中还存在剪切力。木材受弯通常是受压区首先达到极限应力，但不马上破坏，产生微小的皱纹，随着应力增大，皱纹逐渐扩展，产生较大的塑性变形。当受拉区内许多纤维达到强度极限时，最后因纤维本身断裂以及纤维之间的联结断裂而破坏。所以木材的抗弯强度较高，通常是顺纹抗压强度的 1.5～2 倍。

（4）剪切强度

木材的剪切强度有顺纹剪切、横纹剪切和横纹切断三种受力方式，如图 8-7 所示。顺纹剪切即剪切力方向与纤维方向平行，剪切力使木材的纤维之间沿纵向相对滑移，纤维本身不破坏，但由于纤维之间的横向联结很弱，所以木材的顺纹抗剪强度很小，一般为顺纹抗拉的 15%～30%。横纹剪切即剪切力方向与木材的纤维方向垂直，剪切面与纤维方向平行，剪切力使纤维之间沿横向滑移，所以木材的横纹抗剪强度更低。横纹切断为剪切力方向与木材的纤维方向垂直，同时剪切面与纤维方向也垂直，要使木材破坏，须将木材纤维切断，所以木材的横纹切断强度较大，一般为顺纹剪切强度的 4～5 倍。

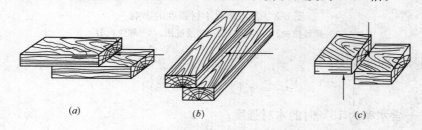

图 8-7　木材的剪切受力方式
（a）顺纹剪切；（b）横纹剪切；（c）横纹切断

综合上述木材沿不同方向受力时的破坏形式可见，木材的强度呈现出明显的各向异性特点。表 8-1 以顺纹抗压强度为基数，木材沿不同方向受力时强度的相对比较值。

木材各强度之间关系 表 8-1

抗压强度		抗拉强度		抗弯强度	抗剪强度	
顺纹	横纹	顺纹	横纹		顺纹	横纹切断
1	1/10～1/3	2～3	1/20～1/3	1.5～2	1/7～1/3	1/2～1

2. 影响木材强度的主要因素

木材强度除由本身组织构造因素决定外，还与含水率、疵点（木节、斜纹、裂缝、腐朽及虫蛀等）、负荷持续时间、温度等因素有关。

（1）含水率

当木材含水率超过纤维饱和点变化时，含水率的变化是自由水变化，基本上不影响木材的强度；当含水率降低至纤维饱和点以下时，随着含水率降低，吸附水减少，细胞壁趋于紧密，木材强度增大。通常以木材含水率为 15% 时的强度作为标准强度。

木材含水率对其各种强度的影响程度是不相同的，受影响最大的是顺纹抗压强度，其次是抗弯强度，对顺纹抗剪强度影响小，影响最小的是顺纹抗拉强度，如图 8-8 所示。

为了具有可比性，规定以木材含水率为 15% 时的强度为标准，其他含水率时的强度

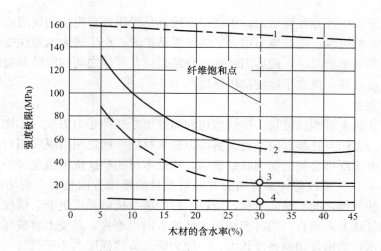

图 8-8　含水率对木材强度的影响
1—顺纹抗拉；2—抗弯；3—顺纹抗压；4—顺纹抗剪

可按下式换算为标准强度：

$$\sigma_{15} = \sigma_{w}[1 + \alpha(w - 15)]$$

式中　σ_{15}——含水率为 15％时的木材强度；

　　　σ_{w}——含水率为 w％时的木材强度；

　　　w——木材含水率（％）；

　　　α——含水率校正系数。按照作用力形式和树种取下列数值：顺纹抗压：红松、落叶松、杉、榆、桦为 0.05，其他树种为 0.04；顺纹抗拉：针叶树为 0，阔叶树为 0.015；抗弯：各种树种均为 0.04；顺纹抗剪：各种树种均为 0.03。

（2）负荷时间

木材在长期外力作用下，只有在应力远低于强度极限的某一定范围之下时，才可避免因长期负荷而破坏。而它所能承受的不致引起破坏的最大应力，称为持久强度。木材的持久强度仅为极限强度的 50％～60％。木材在外力作用下会产生塑性流变，当应力不超过持久强度时，变形到一定限度后趋于稳定；若应力超过持久强度时，经过一定时间后，变形急剧增加，从而导致木材破坏。因此，在设计木结构时，应考虑负荷时间对木材强度的影响，一般应以持久强度为依据。

（3）环境温度

随温度升高，木材中细胞壁的成分会逐渐软化，强度也随之降低。在一般的气候条件下，温度升高不会引起化学成分的改变，温度降低时，木材将恢复原来的强度。当温度由 25℃升到 50℃时，将因木纤维和其间的胶体软化等原因，使木材抗压强度降低 20％～40％，抗拉和抗剪强度降低 12％～20％。当木材长期处于 60～100℃温度时，会引起水分和所含挥发物质的蒸发，而呈暗褐色，强度下降，变形增大。当温度在 100℃以上时，木材中的纤维素发生热裂解，分解为组成元素（碳、氢和氧），使颜色变黑，强度明显下降。所以如果结构物的环境温度可能长期超过 50℃时，不宜采用木结构。当温度降低至 0℃以下时，木材中的水分结冰，木材强度将增大，但木质变脆，一旦解冻，各项强度都将低于未受冻时的强度。

（4）缺陷

木材在生长、采伐、储存、加工和使用过程中会产生一些缺陷，如木节、裂纹、腐朽和虫蛀等。这些会破坏木材的构造，造成材质的不连续性和不均匀性，从而使木材的强度大大降低，甚至可失去其使用价值。

第三节 木 材 的 防 护

一、木材的防腐防虫

木材受到真菌侵害后，其细胞改变颜色，结构逐渐变松、变脆，强度和耐久性降低，这种现象称为木材的腐蚀（腐朽）。

侵害木材的真菌，主要有霉菌、变色菌、腐朽菌等。它们在木材中生存和繁殖必须同时具备三个条件：适当的水分、足够的空气和适宜的温度。当空气相对湿度在90%以上，木材的含水率在35%～50%，环境温度在25～30℃时，适宜真菌繁殖，木材最易腐蚀。

此外，木材还易受到白蚁、天牛、蠹虫等昆虫的蛀蚀，使木材形成很多孔眼或沟道，甚至蛀穴，破坏木质结构的完整性而使强度严重降低。

木材防腐基本原理在于破坏真菌及虫类生存和繁殖的条件，常用方法有以下两种：一是将木材干燥至含水率在20%以下，保证木结构处在干燥状态，对木结构物采取通风、防潮、表面涂刷涂料等措施；二是将化学防腐剂施加于木材，使木材成为有毒物质，常用的方法有表面喷涂法、浸渍法、压力渗透法等。常用的防腐剂有水溶性的、油溶性的及浆膏类的几种。

二、木材防火

木材为易燃物质，应进行防火处理，以提高其耐火性，使木材着火后不致沿表面蔓延，或当火源移开后，材面上的火焰立即熄灭。常用的防火处理是在木材表面涂刷或覆盖难燃材料，或用防火剂浸渍木材。常用的防火涂料有石膏、硅酸盐类、四氯苯酐醇树脂、丙烯酸乳胶防火涂料等。浸渍用防火剂有磷氯系列、硼化物系列、卤素系列防火剂等。

第四节 木材在建筑工程中的应用

在建筑工程施工中，应根据已有木材的树种、等级、材质情况合理使用木材，做到大材不小用，好材不零用。

一、木材的种类

建筑工程中常用木材，按其用途和加工程度有圆条、原木、锯材三类，如表8-2所示。

分类名称	说　明	主　要　用　途
圆条	除去皮、根、树梢的木料，但尚未按一定尺寸加工成规定直径和长度的材料	建筑工程的脚手架、建筑用材、家具等
原木	已经除去皮、根、树梢的木料，并已按一定尺寸加工成规定直径和长度的材料	直接使用的原木：用于建筑工程（如屋架、檩、椽等）、桩木、电杆、坑木等 加工原木：用于胶合板、造船、车辆、机械模型·及一般加工用材等
锯材	已经加工锯解成材的木料，凡宽度为厚度 3 倍或 3 倍以上的，称为板材，不足 3 倍的称为方材	建筑工程、桥梁、家具、造船、车辆、包装箱板等

二、木质复合板材

　　木质复合板材以木质材料为基本素材制造而成，所采用的木质素材通常是等外材、劣质材、小径材、枝桠材及木材加工的边角料等，也可采用非木质纤维材料，如棉秆、亚麻杆、蔗渣等，将这些原料加工成小块、细屑、锯末、刨花、薄板或纤维等形状，掺入胶粘剂压制或拼接而成。木质复合板材有型压板、层压板、夹心板三种基本形式。型压板是由一种基本材料，如纤维、刨花、锯末等松散材料用胶粘剂粘合成型的板材，如纤维板、木丝板、刨花板等；层压板是用相同或不同的薄板材料，分层用胶结剂粘结压合而成，主要有胶合板；夹心板是以碎木块拼接作为心材，两面用其他材料作面层，如大心板、各种细木工板等。

　　1. 胶合板

　　胶合板是用原木旋切成薄片，经干燥处理后，再用胶粘剂按奇数层数，以各层纤维互相垂直的方向，粘合热压而成的人造板材，一般为 3～13 层。建筑工程中常用的是三合板和五合板，用作建筑物室内隔墙板、护壁板、顶棚板、门面板以及各种家具和装修等。制作胶合板的原木树种主要使用水曲柳、椴木、桦木、马尾松等。胶合板材质均匀、吸湿变形小、幅面大、不翘曲、板面花纹美丽、装饰性强。如果墙体或顶棚有吸声要求，还可根据图样加工成不同孔径、不同孔距、不同图案的穿孔胶合板。

　　2. 纤维板

　　纤维板是将木材加工剩下来的板皮、刨花、树枝等废料，经破碎浸泡、研磨成木浆，再加入一定量的胶结料，经热压成型，干燥处理而成的人造板材，按容重分为硬质纤维板、半硬质纤维板和软质纤维板三种。硬质纤维板吸声、防水性能良好，坚固耐用，施工方便。有着色硬质板、单板贴面板、打孔板、印花板、模压板等品种。软质纤维板经表面处理，可用作顶棚天花的罩面板。纤维板的特点是材质均匀，各向强度一致，抗弯强度高、耐磨、绝热性好，不易胀缩和翘曲，不腐朽，无木节、虫眼等缺陷。在建筑工程中可代替木板，主要用作建筑装修材料和建筑构件，例如室内隔墙或墙壁的装饰板、天花板、门板、窗框、阳台栏杆、楼梯扶手和建筑模板等；还用于制作家具及各种台面板、桌椅、茶几、课桌及组合家具的箱、柜等，由于抗污染性、耐水性强，更适合于制作厨房的炊用家具。模压时利用模板花纹可直接在板面上形成各种花纹，不需要进行再加工，表面喷涂各种涂料，装饰效果更佳。

3. 木丝板、木屑板、刨花板

木丝板、木屑板、刨花板属于型压板的一种，将天然木材加工剩下的木丝、木屑、刨花等，经干燥、加胶粘剂拌合后压制而成，分为低密度板、中密度板、高密度板。具有抗弯、抗冲击强度高、表面细密均匀、防水性能好等优点，可用作室内隔板、天花板等，中密度以上板材可用作橱柜基材，防水性好，不易变形，表面贴防火板具有防火性能。

4. 大芯板、细木工板

大芯板属于夹心板类型，其心材采用价格低廉的软杂木，例如杨木、杉木、松木等木块，或者木材加工的剩余料拼接铺成板状，两面用胶合板夹住所形成的。细木工板主要用于家具制作，其心材比大芯板密实、材质较好；大芯板主要用于家居装修和家具制作，例如作为护壁板、门板、柜橱、顶棚等部位的基层，表面再粘贴木质优良的榉木、曲柳贴面。

三、木质地板

木材具有天然的花纹，良好的弹性，给人以淳朴、典雅的质感。用木材制成的木质地板作为室内地面装饰材料具有独特的功能和价值，得到了广泛的应用。

木地板是由软木树材（如松、杉等）和硬木树材（如水曲柳、榆木、橡木、枫木、樱桃木、柞木等）经加工处理而制成的木板拼铺而成。木地板可分为条木地板、拼花木地板、漆木地板、复合地板等。

1. 条木地板

条木地板是使用最普遍的木质地板。地板面层有单、双层之分，单层硬木地板是在木搁栅上直接钉企口板，称普通实木企口地板；双层硬木地板是在木搁栅上先钉一层毛板，再钉一层实木长条企口地板。木搁栅有空铺和实铺两种形式，但多用实铺法，即将木搁栅直接铺在水泥地坪上，然后在搁栅上铺毛板和地板。

普通条木地板（单层）的板材常选用松、杉等软木树材，硬木条板多选用水曲柳、柞木、枫木、榆木等硬质木材。材质要求采用不易腐朽、不易变形开裂的木板。

2. 拼花木地板

拼花木地板是较普通的室内地面装修材料，安装分双层和单层两种。双层拼花木地板是将面层用暗钉钉在毛板上，单层拼花木地板是采用粘结材料，将木地板面层直接粘贴于找平后的混凝土基层上。

拼花木地板是由水曲柳、柞木、胡桃木、柚木、枫木、榆木等优良木材，经干燥处理后，加工出的条状小木板。它具有纹理美观、弹性好、耐磨性强、坚硬、耐腐等特点，且拼花木地板一般均经过远红外线干燥，含水率恒定，因而变形稳定，易保持地面平整、光滑而不翘曲变形。

3. 漆木地板

漆木地板是国际上流行的高级装饰材料。这种地板的基板选用珍贵树种，如北美洲的橡木、枫木、樱桃木、胡桃木、山毛榉；南美巴西的象牙木；东南亚、非洲地区的柚木、花梨木、紫檀木等，经先进设备严格按规定进行锯割、干燥、定湿等科学化处理，再进行精细加工而成精密的企口地板基板，然后对企口基板表面进行封闭处理，并用树脂漆进行涂装的板材。

4. 复合地板

复合地板分为两类：实木复合地板和耐磨塑料贴面复合地板。

（1）实木复合地板一般分三层结构，表层厚 4～7mm，选用珍贵树种如榉木、橡木、樱桃木、枫木、水曲柳等的锯切板；中间层厚 7～12mm，选用一般木材如松木、杉木、杨木等；底层（防潮层）厚 2～4mm，选用各种木材旋切单板。也有以多层胶合板为基层的多层实木复合地板。该地板既可以直接铺设在平整的地坪上，又可以像实木长条企口地板一样，铺设在毛地板上。

（2）耐磨塑料贴面复合地板简称复合地板。它是以防潮薄膜为平衡层，以硬质纤维板、中密度纤维板、刨花板为基层，木纹图案浸汁纸为装饰层，耐磨高分子材料面层复合而成的新型地面装饰材料。复合地板的装饰层是一种木纹图案浸汁纸，因此复合地板的品种花样很多，色彩丰富，几乎覆盖了所有珍贵树种，如榉木、栎木、樱桃木、橡木、枫木等。该地板避免了木材受气候变化而产生的变形、虫蛀，以及防潮和经常性保养等问题。而且耐磨、阻燃、防潮、防静电、防滑、耐压、易清理、花纹整齐、色泽均匀，但其弹性不如实木地板。

第九章　建筑塑料、涂料与胶粘剂

建筑塑料、涂料、胶粘剂均属有机高分子材料，它们由高分子化合物（又称聚合物）所组成。这类材料有天然的（如淀粉、纤维素、蛋白质等）和人工合成的（合成树脂、合成纤维、合成橡胶等）两大类。用作建筑材料的高分子聚合物主要是合成树脂，其次是合成橡胶与合成纤维，在此基础上衍生出了塑料、涂料及胶粘剂等材料。合成树脂是由于在聚合过程中所得产物酷似天然树木所分泌出的脂质（如松香）而得名。

第一节　建　筑　塑　料

塑料制品是以合成树脂为主要组成材料，在一定温度和压力下制成各种形状，且在常温常压下能保持其形状不变的有机合成高分子材料。建筑塑料是指用于建筑工程的各种塑料及制品。建筑塑料具有很多特点，符合现代材料的发展趋势。是一种理想的可用于替代木材、部分钢材和混凝土等传统建筑材料的新型材料。

一、塑料的主要特性

1. 质量轻

塑料制品的密度通常在 $0.8 \sim 2.2 \mathrm{g/cm^3}$ 之间，约为钢材的 $1/5$、铝的 $1/2$、混凝土的 $1/3$，与木材相近。

2. 比强度高

塑料按单位质量计算的强度已接近甚至超过钢材，是一种优良的轻质高强的材料。

3. 保温隔热、吸声性好

其导热系数小，特别是泡沫塑料的导热性更小，是理想的保温隔热和吸声材料。

4. 耐化学腐蚀性好

它耐酸碱等化学物质腐蚀的能力比金属材料和一些无机材料强，特别适宜用作化工厂门窗、地面、墙壁。对环境水及盐类也有较好的抗腐蚀能力。

5. 电绝缘性好

一般塑料都是电的不良导体。

6. 耐水性强

塑料吸水率和透气性一般都很低，可用于防水防潮工程。

7. 富有装饰性

塑料制品不仅可以着色，而且色泽鲜艳耐久，还可进行印刷、电镀、压花等加工，使塑料制品呈现丰富多彩的艺术装饰效果。

8. 加工性好

塑料可以采用多种方法加工成各种类型和形状的产品，有利于机械化大规模生产。

总之，塑料具有很多优点，而且有些性能是一般传统建筑材料所无法比拟的。但塑料易于老化、耐热性差、弹性模量低，热变形温度一般在 60～120℃，部分塑料易着火或缓慢燃烧，且产生有毒气体。

二、塑料的组成

塑料是由作为主要成分的合成树脂和根据需要加入的各种添加剂（助剂）组成的。也有不加任何添加剂的塑料，如有机玻璃、聚乙烯等。

1. 合成树脂

合成树脂是用人工合成的高分子聚合物，简称树脂。塑料的名称也按其所含树脂的名称来命名。聚合物是由一种或多种有机小分子链聚合而成大分子量的化合物，分子量都在 1 万以上，有的甚至可高达数百万。

合成树脂是塑料组成材料中的基本组分，在一般塑料中约占 30%～60%，有的甚至更多。树脂在塑料中主要起胶结作用，它不仅能自身硬结，还能将其他材料牢固地胶结在一起。因合成树脂种类、性质、用量不同，塑料的物理力学性质也不同，所以塑料的主要性质决定于所采用的合成树脂。

合成树脂主要是由碳、氢和少量的氧、氮、硫等原子以某种化学键结合而成的有机化合物。按分子中的碳原子之间结合形式的不同，合成树脂分子结构的几何形状有线型、支链型和体型（也称网状型）三种。聚合物最简单的连接方式呈线型，在线型两侧还可形成支链，而许多线型或支链型大分子由化学键连接，形成体型结构，如图 9-1 所示。

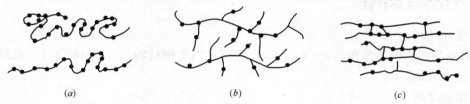

(a)　　　　　　　　　　(b)　　　　　　　　　　(c)

图 9-1　合成树脂分子结构示意图

。代表一个小分子

(a) 线型分子链；(b) 支链型分子链；(c) 网状型分子链

1) 按生产时的合成方式不同，合成树脂分为加聚树脂和缩聚树脂。

加聚树脂又称聚合树脂，是由含不饱和双键的化合物单体，通过引发剂使双键打开，并以共价键结合起来，而成为巨大的聚合物分子。常见的加聚树脂有：聚乙烯（PE）、聚氯乙烯（PVC）、聚苯乙烯（PS）、聚醋酸乙烯（PVAC）、聚丙烯（PP）、聚甲基丙烯酸甲酯（PMMA）、丙烯腈－丁二烯－苯乙烯（ABS）树脂等。

缩聚树脂又称缩合树脂，通常由一种、两种或三种官能团的化合物单体，在加热或催化剂作用下，脱掉小分子，逐步结合而成。常用的有酚醛树脂（PF）、脲醛树脂（UF）、环氧树脂（EP）、不饱和聚酯（UP）、聚氨酯树脂（PU）、有机硅树脂（SI）等。

2) 按受热时发生的变化不同，合成树脂又分为热塑性树脂和热固性树脂两种。

热塑性树脂具有受热软化，冷却时硬化的性能。这一过程可以反复进行（即反复塑制），对其性能和外观没有什么影响。热塑性树脂的分子结构都属线型或支链型，它包含全部聚合树脂和部分缩合树脂。其优点是加工成型简便，有较高的机械性能。缺点是耐热性、刚性较差。

热固性树脂在加工时受热软化，产生化学变化，相邻的分子互相交联而逐渐硬化成型，再受热则不软化或改变其形状，只能塑制一次。热固性树脂的分子结构为体型，包括大部分缩合树脂。其优点是耐热性较好，受压不易变形，但缺点是机械性能较差。

2. 添加剂

塑料中除主要成分为合成树脂外，还有其他物质，如填充料、增塑剂、稳定剂、润滑剂和着色剂等，统称为添加剂。合成树脂中加入所需的添加剂后，可改变塑料的性质，改进加工和使用性能。

（1）填充料

填充料又称填料，在合成树脂中加入填充料，可降低高分子化合物链间的流淌性，以提高其强度、硬度和耐热性，同时也能降低塑料的成本。常用的无机填充料有滑石粉、硅藻土、云母、石灰石粉、玻璃纤维等；有机填充料有木粉、纸屑等。

（2）增塑剂

塑料中掺加增塑剂的目的是增加塑料的可塑性和柔软性，减少脆性。增塑剂通常是沸点高、难挥发的液体，或是低熔点的固体。其缺点是会降低塑料制品的机械性能和耐热性等。常用的增塑剂有：邻苯二甲酸二丁酯（DBP）、邻苯二甲酸二辛酯（DOP）、樟脑等。

（3）稳定剂

塑料在成型加工和使用中，因受热、光或氧的作用，会出现降解、氧化断链、交联等现象，造成颜色变深、性能降低。加入稳定剂可提高质量，延长使用寿命。常用的稳定剂有硬脂酸盐、铅白、环氧化物等。

（4）润滑剂

塑料加工时，为了便于脱模和使制品表面光洁，需加润滑剂。

（5）着色剂

使塑料具有鲜艳的色彩和光泽。着色剂还应具有分散性好、附着力强，不与塑料成分发生化学反应，抗溶剂，不退色等特性。常采用有机染料、无机染料或颜料等。

此外，根据建筑塑料使用及成型加工时的需要，还可添加硬化剂（固化剂）、发泡剂、抗静电剂、阻燃剂等。

三、塑料的分类

塑料的品种很多，分类方法也很多，通常按树脂的合成方法分为聚合物塑料和缩合物塑料。按树脂在受热时所发生的变化不同，分为热塑性塑料和热固性塑料。

1. 聚合类树脂和塑料

（1）聚乙烯（PE）

聚乙烯是由乙烯单体聚合而成。按其密度大小，分为高密度聚乙烯（HDPE）和低密度聚乙烯（LDPE）。聚乙烯的耐溶剂性特别好，在室温下不溶于已知溶剂；能耐大多数酸碱，只有硝酸和浓硫酸会对它缓慢腐蚀。聚乙烯熔点为 $132\sim135℃$。低密度聚乙烯的力学性能较差，强度不高，质地较软；高密度聚乙烯的力学性能尚好。聚乙烯很易燃烧，设计制品时应当采取阻燃措施。主要用作建筑防水材料、给水排水管、卫生洁具等。

（2）聚氯乙烯（PVC）

聚氯乙烯是由氯乙烯单体聚合而成。按聚合方法不同，有悬浮法和乳液法两类。

悬浮聚合制得的聚氯乙烯，外观为粉状，根据分子量的范围分为六个等级，其用途也不甚相同。一般要求加工性能良好时，应选用分子量较低的；要求机械性能较高时，则选用高分子量的等级。

用乳液法生产的聚氯乙烯，颗粒很细，通称糊状树脂，用来配制 PVC 糊，主要用来以涂布法生产壁纸和地板等。

聚氯乙烯因含有氯，致使其具有自熄性，作为建材是十分有利的。但聚氯乙烯对光、热的稳定性差，设计制品时必须加入稳定剂。聚氯乙烯塑料制品分为硬制和软制两类。硬制聚氯乙烯塑料制品，基本上不含增塑剂，其性能相当好，但抗冲击性较差，尤其在低温时呈现脆性，通常需加入某些改性树脂，以提高抗冲击性。软制聚氯乙烯制品的柔性，随所加增塑剂量而变，变化范围较大。PVC 塑料管道和塑钢门窗是近年来发展迅速的产品。

（3）聚苯乙烯（PS）

聚苯乙烯是由苯乙烯单体聚合而成。聚苯乙烯为白色或无色的透明固体，透光度可高达 88% 以上，化学稳定性良好，但性脆、易燃，能溶于苯、甲苯、乙苯等芳香族溶剂。在建筑中，聚苯乙烯主要用作隔热材料，是将颗粒型聚苯乙烯，吸收低沸点液体，加热发泡，模压成各种聚苯乙烯泡沫塑料制品。

为提高聚苯乙烯的抗冲击性和耐热性，常通过将苯乙烯与不同单体共聚或共混的方法，研制成聚苯乙烯改性品种。如将丙烯腈、乙二烯和苯乙烯三种单体共聚而成的 ABS 塑料，它的抗冲击性很好，在低温时也不迅速下降。ABS 塑料在建筑中可用来制造管道、模板、异形板材等。

（4）ABS 塑料

ABS 塑料是由丙烯腈、丁二烯和苯乙烯三种单体共聚而成的。丙烯腈使 ABS 有良好的耐化学腐蚀性及表面硬度，丁二烯使 ABS 呈现橡胶状韧性，苯乙烯使 ABS 具有热塑性塑料加工特性。三种组分的比例约为 A：B：S＝（10～30）：（23～41）：（29～69）。为调整 ABS 的性能，三者配合比例可在一定范围内变化。

ABS 为不透明塑料，密度为 $1.02 \sim 1.08 g/cm^3$，尺寸稳定，硬而不脆，易于成型和机械加工，耐化学腐蚀。其耐热温度为 96～116℃，易燃，耐候性差。ABS 塑料可制作装饰板及室内装饰用配件和日用品等。其发泡制品可代替木材制作家具。

（5）聚甲基丙烯酸甲酯（PMMA）

俗称"有机玻璃"，是由丙酮、氰化物和甲醇反应产物甲基丙烯酸甲酯单体，再加入引气剂、增塑剂聚合而成。

PMMA 透光率高达 92%，耐候性强。但表面易划伤，易溶于低级酮、苯、丙酮、甲苯及四氯化碳等有机溶剂中。常代替玻璃用于受振或易碎处，也可作为室内隔墙板、天窗、装饰板及制造浴缸等。

（6）聚丙烯（PP）

PP 由丙烯单体用催化剂定向聚合而成。由于聚丙烯中的碳原子不对称，按主链上的甲基 CH_3 排列是否有序，可将聚丙烯分为等规、间规和无规三种。其中，间规排列和等规排列合并称为有规 PP。在等规中，CH_3 都排在主链的一侧；间规 PP 中，CH_3 则间隔地排在主链的两侧；无规 PP 中，甲基的排列是无规则的。PP 的等规度愈高，其机械性能愈好。无规 PP 的性能很差，为无定形蜡状物质，熔点、硬度、刚性都很低。PP 的燃烧性与 PE 接近，其抗拉强度高于 PE 和 PS，耐热性比较好，在 100℃时还能保持常温时抗拉强度的一半。

2. 缩合类树脂和塑料

（1）环氧树脂（EP）

环氧树脂品种很多，最普通的是缩水甘油醚类。其中产量较大的是双酚 A 型，是从石油废气中提取的双酚 A（二酚基丙烷）与环氧氯丙烷在碱性介质中缩合而得。EP 的粘结力强，而且粘结适应性好，与金属、木材、玻璃，陶瓷及混凝土等均能粘结。EP 稳定性好，在未加入固化剂前可放置很久而不变质，固化后抗化学侵蚀性强，收缩性小，并有良好的物理力学性能。可制作玻璃钢，配制涂料，浇铸电器设备，用作胶粘剂或浇灌材料等。

（2）有机硅（Si）

有机硅聚合物也称有机硅氧烷。由单官能团与双官能团一起缩聚成的低分子硅缩聚物为硅油；用纯双官能团硅醇缩聚得到的高分子线型缩聚物为硅橡胶；用三官能团硅醇缩聚可得到热固性有机硅树脂和塑料。Si 耐热性较好，耐火温度为 200～250℃，它不吸水，具有很好的憎水性和电性能，是很好的防水涂料和优良的建筑密封材料。

（3）酚醛树脂（PF）

酚醛树脂是以酚类和醛类化合物缩聚而得的一类树脂和塑料，其中主要是以苯酚和甲醛为单体缩聚而得。

酚醛树脂有两种结构，线型大分子和体型大分子，前者属热塑性，后者属热固性。酚醛树脂塑料具有强度高、刚性大、耐腐蚀、耐热、电绝缘性好等优点，属自熄性塑料。在工程中得到广泛应用，主要用作模压制品、电器配件和小五金等。此外，尚可用来配制涂料、胶粘剂等。

（4）脲醛树脂（UF）

脲醛树脂是由尿素与甲醛缩聚而成。低分子量时的脲醛树脂呈液态，溶于水和某些有机溶剂，常用作胶粘剂、涂料等。高分子量的脲醛树脂为白色固体，用来加工成模塑粉，色泽鲜艳，有自熄性，可制作装饰品、电器绝缘件和小五金等。

（5）三聚氰胺甲醛树脂（MF）

三聚氰胺甲醛树脂，是由三聚氰胺与甲醛缩聚而成，通称密胺树脂。三聚氰胺甲醛树脂与脲醛树脂相近，但其耐水性和电气性能均较好，多用来生产层压装饰板。还能用机械方法制成泡沫塑料，作为空心墙的隔热层。

（6）不饱和聚酯（UP）

不饱和聚酯是以多元酸和二元醇制成的不饱和树脂，为线型聚合物，但加入不饱和单体后，经共聚而形成体型结构。通常指的不饱和聚酯，是已加入不饱和单体后的热固性树脂。不饱和聚酯的优点是工艺性能良好，可在室温固化，主要用来生产玻璃钢，还用来制造各种非增强的模塑制品，如卫生洁具、人造大理石和塑料涂布地板等。

3. 玻璃纤维增强塑料

玻璃纤维增强塑料通常称为玻璃钢，是以玻璃纤维作增强材料，以合成树脂为胶粘剂，经一定的成型工艺制成的复合材料。

用于玻璃钢的树脂，主要是不饱和聚酯树脂，也常用环氧树脂和酚醛树脂等。用作玻璃钢的增强纤维，是玻璃纤维纺织的纱、布、毡之类。

玻璃钢质轻，比强度高，耐高温，耐腐蚀，电绝缘性能好，在建筑及其他行业都广泛应用。目前，在工程中多见的玻璃钢制品有：各种层压板、装饰板、房顶采光材料、门窗框、通风道、冷却塔、落水管、浴盆以及现制的耐酸防护层等。

四、常用的建筑塑料及制品

常用塑料的性能、特性及用途见表 9-1，常用的建筑塑料制品见表 9-2。

常用塑料的性能及主要用途 表 9-1

种类		相对密度	线膨胀系数 (10⁻⁵/℃)	吸水率 (%) (24h)	耐热温度 (℃)	抗拉强度 (MPa)	伸长率 (%)	抗压强度 (MPa)	抗弯强度 (MPa)	弹性模量 (MPa)	特性	主要用途
热固性树脂	酚醛树脂 (PF)	1.25～1.4	2.5～6.0	0.1～0.2	120	49～56	1.0～1.5	20～210	70～105	5300～7000	电绝缘性好、耐水、耐光、耐热、耐霉腐、强度较高	电工器材、胶粘剂、涂料等
	有机硅树脂 (Si)	1.65～2.00	5～5.8	0.2～0.5	<250	18～30	—	110～170	48～54		耐高温、耐寒、耐腐蚀、电绝缘、耐水性好	耐热高级绝缘材料、电工器材、防水材料、涂料等
	聚酯树脂 (硬质) (UP)	1.10～1.45	5.5～10	0.15～0.6	120	42～70	<5	90～255	60～130	2100～4500	耐腐蚀，电绝缘，绝热，透光	玻璃钢、各种零配件、层压装饰板
热塑性树脂	聚氯乙烯 (硬质) (PVC)	1.35～1.70	5～18.5	0.07～0.4	50～70	35～63	20～40	55～90	70～110	2500～4200	耐腐蚀，电绝缘，常温强度良好；高温和低温强度不高	装饰板、建筑零配件、管道等
	聚氯乙烯 (软质) (PVC)	1.2～1.7	—	0.25～1	65～80	7～25	100～500	7～12.5	—	—	耐腐蚀，电绝缘性好，质地柔软，强度低	薄板、薄膜、管道、壁纸、墙布、地毯等
	聚乙烯 (PE)	0.91～0.98	16～18	<0.015	100	11～40	100～550	—	—	130～250	耐化学腐蚀，电绝缘，耐水；强度不高	薄板、薄膜、管道、冷水箱、电绝缘材料、各种零配件等
	聚苯乙烯 (PS)	1.04～1.07	6～8	0.03～0.05	65～95	35～63	1～3.6	80～110	55～110	2800～4200	耐化学腐蚀，电绝缘，透光，耐水，不耐热，性脆，易燃	水箱、泡沫塑料、各种零配件等

种类		相对密度	线膨胀系数(10⁻⁵/℃)	吸水率(%)(24h)	耐热温度(℃)	抗拉强度(MPa)	伸长率(%)	抗压强度(MPa)	抗弯强度(MPa)	弹性模量(MPa)	特性	主要用途
热塑性树脂	聚丙烯(PP)	0.90～0.91	10.8～11.2	0.03～0.04	100～120	30～39	＞200	39～56	42～56	—	质轻，刚性、延性、耐热性好，耐腐蚀，不耐磨，易燃	管道、容器、建筑零件、耐腐蚀衬板等
	ABS	1.02～1.08	1.0～9.0	0.2～0.3	78～116	21～63		18～76			易加工，耐化学腐蚀，易燃，耐候性差	装饰板及配件、日用品
	PMMA	1.18～1.12	5.0～9.0	0.3～0.4	60～102	49～77	2～10	84～126	91～120		透光性强，耐候性好，不易破裂	室内装饰、可代替玻璃用于受振、易碎处

建筑中应用的塑料制品　　　　表 9-2

分　类		主 要 塑 料 制 品
装饰材料	塑料地面材料	塑料地砖和卷材
		塑料涂布地板
		塑料地毯
	塑料内墙面材料	塑料墙纸
		三聚氰胺装饰层压板
		塑料墙面砖
	建筑涂料	内外墙有机高分子溶液和乳液涂料
		内外墙有机高分子水性涂料
		有机无机复合涂料
	塑料门窗	塑料门（框板门、镶板门）
		塑料窗
		百叶窗
	装修线材：踢脚线、挂镜线、扶手、踏步	
	塑料建筑小五金、灯具	
	塑料平顶（吊平顶、发光平顶）	
	塑料隔断板	
水暖工程材料	给水排水管材、管件、落水管	
	煤气管	
	卫生洁具：浴缸、水箱、洗面池	
防水工程材料	防水卷材，防水涂料，密封、嵌缝材料，止水带	
隔热材料	现场发泡泡沫塑料、泡沫塑料	
混凝土工程材料	塑料模板	

分　类	主 要 塑 料 制 品	
墙面及屋面材料	护墙板	异形板材、扣板、折板
		复合护墙板
	屋面板（屋面天窗、透明压花塑料天花板）	
	屋面有机复合材料（瓦、聚四氟乙烯涂覆玻璃布）	
塑料建筑	充气建筑、塑料建筑物、盒子卫生间、厨房	

第二节　建　筑　涂　料

涂料是一种可涂刷于基层表面，并能结硬成膜的材料。常用于建筑装饰，主要起装饰和保护作用，以提高主体建筑材料的耐久性。涂料是最简单的一种饰面方式，它具有工期短、工效高、自重轻、价格低、维修更新方便等特点，而且色彩丰富，质感逼真。因此，在建筑工程中得到广泛应用。

一、涂料的组成

各种涂料的组成不同，但基本上由主要成膜物质、次要成膜物质、辅助成膜物质等组成。

（1）主要成膜物质，包括基料、胶粘剂或固着剂。其作用是将涂料中的其他组分粘结在一起，并能牢固附着在基层表面，形成连续均匀、坚韧的保护膜。主要成膜物质的性质，对形成涂膜的坚韧性、耐磨性、耐候性以及化学稳定性等，起着决定性的影响作用。

（2）次要成膜物质，包括颜料和填料，它们是构成涂膜的组成部分，以微细粉状均匀分散于涂料介质中，赋予涂膜以色彩、质感，使涂膜具有一定的遮盖力，减少收缩，还能增加涂膜的机械强度，防止紫外线的穿透作用，提高涂膜的抗老化性、耐候性等。但它们不能离开主要成膜物质而单独成膜。

（3）稀释剂又称溶剂，是溶剂型涂料的一个重要组成部分。它是一种具有既能溶解油料、树脂，又易于挥发，能使树脂成膜的有机物质。其作用是：将油料、树脂稀释并将颜料和填料均匀分散；调节涂料的黏度，使涂料便于涂刷、喷涂在物体表面，形成连续薄层；增加涂料的渗透力；改善涂料与基面的粘结能力，节约涂料等。但过多的掺用溶剂会降低涂膜的强度和耐久性。

（4）辅助材料又称助剂。其用量很少，但种类很多，各有特点，且作用显著，是改善涂料某些性能的重要物质。以催干剂、增韧剂使用较普遍。

二、涂料的分类

涂料品种多，使用范围很广，分类方法也不尽相同。一般根据涂料的主要成膜物质的化学组成可分为有机涂料、无机涂料及复合涂料三大类。也可按建筑上使用部位和功能分为外墙涂料、内墙涂料、地面涂料、顶棚涂料，或装饰涂料、防水涂料、防腐涂料、防火涂料等。按分散介质不同，建筑涂料又可分为溶剂型涂料、水乳型涂料和水溶性涂料。按涂层质感不同，可分为薄质涂料、厚质涂料等。

1. 有机涂料

有机涂料常用的有三种类型：

（1）溶剂型涂料

是以有机高分子合成树脂为主要成膜物质，有机溶剂为稀释剂，加入适量的颜料、填料及辅助材料，经研磨而成的涂料。其优点是涂膜细而坚韧，有较好的耐水性、耐候性及气密性。缺点是易燃，溶剂挥发时对人体有害，施工时要求基层干燥，且价格较贵。常用品种有过氯乙烯、聚乙烯醇缩丁醛、氯化橡胶、丙烯酸酯等内、外墙涂料。

（2）水溶性涂料

是以水溶性合成树脂为主要成膜物质，以水为稀释剂，并加入少量的颜料、填料及辅助材料，经研磨而成的涂料。其水溶性树脂可直接溶于水中，与水形成单相的溶液。它的耐水性、耐候性较差，一般只用于内墙涂料。常用品种有聚乙烯醇水玻璃内墙涂料、聚乙烯醇缩甲醛类墙、地面涂料等。

（3）乳胶涂料

又称乳胶漆，是由合成树脂借助乳化剂的作用，以 $0.1\sim0.5\mu m$ 的极微细粒子分散于水中构成乳液，并以乳液为主要成膜物质，加入适量颜料、填料、辅助材料经研磨而成的涂料。由于以水为稀释剂，价格便宜，无毒、不燃，有一定的透气性，涂布时不需基层很干燥，涂膜耐水、耐擦洗性较好，可作为内外墙建筑涂料。乳胶型涂料是今后建筑涂料发展的主流。常用品种有聚醋酸乙烯乳液、醋酸乙烯-顺丁烯二丁酯、乙烯-醋酸乙烯、醋酸乙烯-丙烯酸酯、苯乙烯-丙烯酸酯共聚乳液等。

2. 无机涂料

无机涂料是 20 世纪 80 年代末才在我国开始研制、生产的。目前，应用较广的有碱金属硅酸盐系中的硅酸钠水玻璃外墙涂料和硅酸钾水玻璃外墙涂料及硅溶胶系外墙涂料。其特点为涂膜硬度大，耐磨性好，耐水性、耐久性、耐热性好，原料来源丰富，价格便宜。是一种有发展前途的建筑涂料。无机涂料的特点是：资源丰富、工艺简单，粘结力、遮盖力强，耐久性好，颜色均匀，装饰效果好，且不燃，无毒。

3. 复合涂料

复合涂料可使有机、无机涂料各自发挥优势，取长补短。如聚乙烯醇水玻璃内墙涂料就比单纯使用聚乙烯醇涂料的耐水性有所提高；以硅溶胶、丙烯酸系复合的外墙涂料在涂膜的柔韧性及耐候性方面更好。

总之，有机、无机复合建筑涂料的研制，对降低成本，改善性能，适应建筑装饰的要求等方面提供了一条更有效的途径。

4. 油漆类涂料

油漆涂料是指一般常用的所谓"油漆"，其分类是以主要成膜物质为依据，我国油漆涂料共分 17 大类，详见现行国家标准《涂料产品分类、命名和型号》（GB 2705），在建筑中常用的是清漆和色漆。

（1）清漆

清漆是一种不含颜料的透明涂料，由成膜物本身或成膜物溶液和其他助剂组成。主要有如下品种：

1) 虫胶清漆。

由虫胶漆溶于酒精而成。具有快干的特点，在木材涂饰中用来封闭木材多孔的表面。

2) 酚醛清漆。

按所用酚醛树脂的种类不同，而有许多品种，常用的是松香改性的酚醛树脂清漆。酚醛树脂清漆是由松香改性酚醛树脂、干性油、催干剂和溶剂等组成。改性酚醛树脂增加了与油或其他树脂混溶的基团而具有溶油性。这种涂料干燥快、漆膜坚硬、耐水、绝缘，耐化学腐蚀，但漆膜较脆，颜色易泛黄变深。这种漆由于性能较好，价格低，在酚醛树脂漆中占重要地位。主要用于涂饰木器，可显示出木器的底色和花纹。

3) 醇酸清漆。

醇酸清漆是由干性醇酸树脂加催干剂制成。干性醇酸树脂是醇酸树脂用不饱和脂肪酸或干性油、半干性油等改性制得。能溶于脂肪烃溶剂、松节油或芳香烃溶剂中。这种漆的附着力、耐久性比酚醛清漆好，能自然干燥，但漆膜较软，耐碱性及耐水性差。它适于喷刷室内外金属和木材表面。

4) 硝基清漆。

硝基清漆或称清喷漆，是由硝化棉、不干性醇酸树脂、增韧剂及稀释剂等组成。这种漆干燥迅速，有良好光泽，耐油，坚韧耐磨，耐候性好。但易燃，不抗紫外线，不能在60℃以上环境中使用。可作硝基磁漆罩光用，也可涂饰于木质零件、木器及金属表面，是高级家具用涂料。

除上述清漆外，常用的还有聚氨酯清漆、氨基罩光清漆等。

各类清漆均能形成透明光亮的涂层。加入醇溶或油溶颜料，还可制得各色透明清漆，广泛用于涂饰壁板、地板、门窗、楼梯扶手等，也可供色漆涂层罩光用。

（2）色漆

色漆是指因加入颜料（有时也加填料）而呈现某种颜色，具有遮盖力的涂料的统称。包括磁漆、调和漆、底漆、防锈漆等。

1) 磁漆。

是在清漆中掺加颜料而成。磁漆是以成膜物命名的，如酚醛磁漆、醇酸磁漆等。磁漆的漆膜除有光泽外，还有鲜艳的色彩，其性质比同类的清漆更为稳定，多用于室内工程。如加有适当数量的干性油，也可用于室外。磁漆在建筑中广泛用作装饰性面漆。

2) 调和漆。

调和漆分为油性调和漆（成膜物为干性油）、磁性调和漆（成膜物为松香脂衍生物与干性油的混合物，如酯胶调和漆）及醇酸调和漆（成膜物为干性油）等。调和漆含填料较多，漆膜坚硬、平整，但细腻程度及耐候性不如同系列磁漆，装饰性一般，价格低廉。多用于建筑门窗表面涂饰。

3) 底漆。

底漆是施于物体表面的第一层涂料，作为面层涂料的基底。底漆应对基材有良好的附着能力，并与面层牢固结合。底漆以其主要成膜物命名，通常注明主要颜料的名称，如酚醛铁红底漆、醇酸锌黄底漆等。底漆主要供金属表面使用，也可用于木材或其他物体表面。

4）防锈漆。

防锈漆是一种具有防锈作用的底漆，由成膜物及颜料组成。主要颜料有红丹、锌黄、偏硼酸钡、磷酸锌、铅粉等。防锈漆也按成膜物和颜料之名称命名，例如醇酸红丹防锈漆、酚醛硼钡防锈漆等。

三、常用的建筑涂料

建筑涂料的品种繁多，性能各异，下面按涂料的使用部位分别介绍外墙涂料、内墙涂料及地面涂料。

1. 外墙涂料

外墙涂料的主要功能是装饰和保护建筑物的外墙面，使建筑物外貌整洁美观，从而达到美化城市环境的目的。同时，能够起到保护建筑物外墙的作用，延长其使用时间。为了获得良好的装饰与保护效果，外墙涂料一般应具有装饰性好、耐水性好、耐候性好、耐沾污性好的特点。此外，外墙涂料还应有施工及维修方便、价格合理等特点。建筑外墙涂料的主要类型及品种如下：

（1）聚氨酯系外墙涂料

聚氨酯系外墙涂料是以聚氨酯树脂或聚氨酯与其他树脂复合物为主要成膜物质，加入填料、助剂组成的优质外墙涂料。

该涂料具有近似橡胶弹性的性质，对基层的裂缝有很好的适应性，其涂层可耐5000次以上伸缩疲劳而不发生断裂，有较好的耐水、耐碱、耐酸等性能，表面光洁度极好，呈瓷状质感，耐候性、耐沾污性好。

聚氨酯系外墙涂料一般为双组分或多组分涂料，施工时，需按规定比例现场调配，故施工较麻烦且要求严格。该系列中较常用的为聚氨酯丙烯酸酯涂料，是由聚氨酯丙烯酸酯树脂为主要成膜物质，添加优质的颜料、填料及助剂，经研磨配制而成的双组分溶剂型涂料。适用于混凝土或水泥砂浆外墙的装饰，如高级住宅、商业楼群、宾馆建筑的外墙饰面，其实际装饰效果可达10年以上。

（2）丙烯酸系列外墙涂料

丙烯酸系列外墙涂料是以改性丙烯酸共聚物为成膜物质，掺入紫外光吸收剂、填料、有机溶剂、助剂等，经研磨而制成的一种溶剂型外墙涂料。该系列涂料价格低廉，不泛黄，装饰效果好，使用寿命长，估计可达10年以上，是目前外墙涂料中较为常用的品种之一。

溶剂型丙烯酸外墙涂料的特点：涂料无刺激性气味，耐候性良好，在长期日照、日晒、雨淋的环境中，不易变色、粉化或脱落。耐碱性好，且对墙面有较好的渗透作用，涂膜坚韧，附着力强。使用不受限制，即使是在零度以下的严寒季节，也能干燥成膜。施工方便，可刷、可滚、可喷，也可根据工程需要配制成各种颜色。

丙烯酸外墙涂料适用于民用、工业、高层建筑及高级宾馆内外装饰，也适用于钢结构、木结构的装饰防护。

（3）无机外墙涂料

无机外墙涂料是以硅酸钾或硅溶胶为主要胶粘剂，加入填料、颜料及其他助剂（如六偏磷酸钠）等，经混合、搅拌、研磨而制成的一种无机外墙涂料。

无机涂料因为不含有机高分子合成树脂，因此，耐老化、耐紫外线辐射；成膜温度低，色泽丰富；不用有机稀释剂，价格便宜，施工安全；无毒，不燃，可刷，可滚涂、喷涂、弹涂，工效高。适用于工业和民用建筑外墙和内墙饰面工程，也可用于水泥预制板、水泥石棉板、石膏板涂饰等。

（4）彩色砂壁状外墙涂料

彩色砂壁状外墙涂料又称彩砂涂料，是以合成树脂乳液和着色骨料为主体，外加增稠剂及各种助剂配制而成。由于采用高温烧结的彩色砂粒、彩色陶瓷或天然带色石屑作为骨料，使制成的涂层具有丰富的色彩及质感，其保色性及耐候性比其他类型的涂料有较大的提高，耐久性可达 10 年以上。

涂料主要采用合成乳液作为主要成膜物质，其品种有：醋酸乙烯-丙烯酸酯共聚乳液（原材料成本低，性能能满足一般装饰的要求），苯乙烯-丙烯酸酯共聚乳液（原料成本略高于醋酸乙烯-丙烯酸酯共聚乳液，耐水性明显改善，目前国内以这种乳液为主）和纯丙烯酸酯共聚乳液（性能好，但其价格贵）。

骨料分为着色骨料及普通骨料两类：着色骨料，在涂料中起着色、丰富质感的作用。可由三种方法得到：颜料和石英砂在高温下烧结而成、陶土加颜料焙烧而成和天然带色石材粉碎而成。普通骨料，如石英砂或白云石砂粒等，在涂料中起调色作用。单独使用着色骨料，颜色比较呆板，用普通骨料与着色骨料配合使用可调整颜色深浅，使涂层色调有层次，获得类似天然石材的质感，同时也可降低产品价格。

骨料宜采用细砂为主，适当加入粗粒的合理级配，这样可提高耐污染性及装饰性。

彩砂涂料中加入成膜助剂后，可以使乳液成膜温度降到 5℃左右，常用的成膜助剂有丙二醇和苯甲醇等。为了防止涂料发霉、发臭或黏度降低，常用五氯酚钠和苯甲酸钠作防霉剂及防腐剂。

2. 内墙涂料

内墙涂料又可用于顶棚，它的主要功能是装饰及保护内墙墙面及顶棚，使其美观，达到良好的装饰效果。内墙涂料应具有以下特点：色彩丰富、细腻、和谐、耐碱性、耐水性、耐粉化性良好，且透气性好，涂刷容易，价格合理。常用的内墙涂料有乳胶漆、多彩涂料等。

（1）乳胶漆

合成树脂乳液内墙涂料（又称乳胶漆）是以合成树脂乳液为基料（成膜材料）的薄型内墙涂料。一般用于室内墙面装饰，但不宜用于厨房、卫生间、浴室等潮湿墙面。目前，常用的品种有苯丙乳胶漆、乙丙乳胶漆、聚醋酸乙烯乳胶内墙涂料、氯-偏共聚乳液内墙涂料等。

1）苯丙乳胶漆。

苯丙乳胶漆是由苯乙烯、丙烯酸酯、甲基丙烯酸三元共聚乳液为主要成膜物质，掺入适量的填料、少量的颜料和助剂，经研磨、分散后配制而成的一种各色无光内墙涂料。用于内墙装饰，其耐碱、耐水，耐擦性及耐久性都优于其他内墙涂料，是一种高档内墙装饰涂料，同时也是外墙涂料中较好的一种。苯丙乳胶漆可用于住宅或公共建筑的内墙装饰。

2）乙丙乳胶漆。

乙丙乳胶漆是以聚醋酸乙烯与丙烯酸醋共聚乳液为主要成膜物质，掺入适量的填料及少量的颜料及助剂，经过研磨、分散后配制成的半光或有光的内墙涂料。用于建筑内墙装饰，其耐碱性、耐水性、耐久性都优于聚醋酸乙烯乳胶漆，并具有光泽，是一种中高档的内墙装饰涂料。乙丙乳胶漆具有外观细腻，耐水性好和保色性好的优点，适用于高级建筑的内墙装饰。

3）聚醋酸乙烯乳胶内墙涂料。

它是以聚醋酸乙烯乳液为主要成膜物质，加入适量的填料、少量的颜料及其他助剂，经加工而成的水乳型涂料。具有无味、无毒、不燃、易于施工、干燥快、透气性好、附着力强、耐水性较好、颜色鲜艳、施工方便、装饰效果明快等优点，适用于装饰要求较高的内墙。

4）氯-偏乳液涂料。

氯-偏乳液涂料属于水乳型涂料。它是以氯乙烯-偏氯乙烯共聚乳液为主要成膜物质，添加少量其他合成树脂水溶液胶（如聚乙烯醇水溶液等）共聚液体为基料，掺入适量不同品种的颜料、填料及助剂等配制而成的涂料。氯-偏乳液涂料品种很多，除了地面涂料外，还有内墙涂料、顶棚涂料、门窗涂料等。氯-偏乳液涂料具有无味、无毒、不燃、快干、施工方便、粘结力强；涂层坚牢光洁、不脱粉；有良好的耐水、防潮、耐磨、耐酸、耐碱、耐一般化学药品侵蚀，涂层寿命较长等特点，且产量大，在乳液类中价格较低。

它一般适用于工业及民用住宅建筑物的内墙面装饰和养护，对于地下建筑工程和山下洞库的防潮效果更为显著。该涂料由两组分配成，一组为色浆，一组为氯偏清漆，使用时按色浆：氯偏清漆＝120：30 的比例配制。

（2）溶剂型内墙涂料

溶剂型内墙涂料与溶剂型外墙涂料基本相同。由于其透气性较差，易结露，且施工时有大量有机溶剂逸出，因而室内施工更应重视通风与防火。但溶剂型内墙涂料涂层光洁度好，易于清洗，耐久性亦好，目前主要用于大型厅堂、室内走廊、门厅等部位，一般民用住宅内墙装饰很少应用。可用作内墙装饰的溶剂型建筑涂料主要品种有：过氯乙烯墙面涂料、聚乙醇缩丁醛墙面涂料、氯化橡胶墙面涂料、丙烯酸酯墙面涂料、聚氨酯系墙面涂料以及聚氨酯-丙烯酸酯系墙面涂料。

（3）多彩内墙涂料

多彩内墙涂料是将带色的溶剂型树脂涂料慢慢地掺入到甲基纤维素和水组成的溶液中，通过不断搅拌，使其分散成细小的溶剂型油漆涂料滴，形成不同颜色油滴的混合悬浊液。它是一种较常用的墙面、顶棚装饰材料。

多彩内墙涂料按其介质可分为水包油型、油包水型、油包油型和水包水型四种，见表9-3。其中以水包油型的储存稳定性最好，应用亦很广泛。

多彩内墙涂料是 20 世纪 80 年代应用较多的一种内墙装饰涂料。这类涂料具有色彩鲜艳、雅致、装饰效果好、耐久性好、涂膜有弹性、耐磨损、耐洗刷以及耐污染等特点。多彩内墙涂料适用于建筑物内墙和顶棚水泥混凝土、砂浆、石膏板、木材、钢、铝等多种基面的装饰。

类 型	分散相	分散介质
O/W	溶剂型涂料	保护胶体水溶液
W/O	水性涂料	溶剂或可溶于溶剂的成分
O/O	溶剂型涂料	溶剂或可溶于溶剂的成分
W/W	水性涂料	保护胶体水溶液

（4）幻彩涂料

幻彩涂料，又称梦幻涂料、云彩涂料，是用特种树脂乳液和专门的有机、无机颜料制成的高档水性内墙涂料。幻彩涂料的种类较多，按组成的不同主要有用特殊树脂与专门的有机、无机颜料复合而成的；用特殊树脂与专门制得的多彩金属化树脂颗粒复合而成的；用特殊树脂与专门制得的多彩纤维复合而成的等。其中使用较多、应用较为广泛的为第一种，该类又按是否使用珠光颜料分为两种。特殊的珠光颜料赋予涂膜以梦幻般的感觉，使涂膜呈现珍珠、贝壳、飞鸟、游鱼等具有的优美珍珠光泽。

幻彩涂料以其变幻奇特的质感及艳丽多变的色彩为人们展现出一种全新感觉的装饰效果，并具有优良的耐水性、耐碱性和耐洗刷性。幻彩涂料主要用于办公室、住宅、宾馆、商店、会议室等的内墙、顶棚涂饰等。

幻彩涂料适用于混凝土、砂浆、石膏、木材、玻璃、金属等多种基层材料，要求基层材料清洁、干燥、平整、坚硬。可采用喷、涂、刷、辊、刮等多种方式施工。

3. 地面涂料

地面涂料的主要功能是装饰与保护室内地面，使地面清洁美观，与其他装饰材料一同创造优雅的室内环境。为了获得良好的装饰效果，地面涂料应具有以下特点：耐碱性好、粘结力强、耐水性好、耐磨性好、抗冲击力强、涂刷施工方便及价格合理等。在此主要介绍适用于水泥砂浆地面的有关涂料品种。

（1）过氯乙烯水泥地面涂料

过氯乙烯水泥地面涂料，是我国将合成树脂用作建筑物室内水泥地面装饰的早期材料之一。它是以过氯乙烯树脂为主要成膜物质，掺用少量其他树脂，并加入一定量的增塑剂、填料、颜料、稳定剂等物质，经捏和、混炼、切粒、溶解、过滤等工艺过程而配制成的一种溶剂型地面涂料。

过氯乙烯水泥地面涂料具有干燥快、施工方便、耐水性好、耐磨性较好、耐化学腐蚀性强等特点。由于含有大量易挥发、易燃的有机溶剂，因而在配制涂料及涂刷施工时应注意防火、防毒。

（2）聚氨酯地面涂料

聚氨酯是聚氨基甲酸酯的简称。聚氨酯地面涂料分薄质罩面涂料与厚质弹性地面涂料两类。前者主要用于木质地板或其他地面的罩面上光。后者用于刷涂水泥地面，能在地面形成无缝且具有弹性的耐磨涂层，因此称之为弹性地面涂料。

聚氨酯弹性地面涂料是甲、乙两组分常温固化型的橡胶类涂料。甲组分是聚氨酯预聚体。乙组分由固化剂、颜料、填料及助剂按一定比例混合、研磨均匀制成。两组分在施工应用时按一定比例搅拌均匀后，即可在地面上涂刷。涂层固化是靠甲、乙两组分反应、交联后而形成具有一定弹性的彩色涂层。

涂料与水泥、木材、金属、陶瓷等地面的粘结力强，能与地面形成一体，整体性好。涂层的弹性变形能力大，不会因地基开裂、裂纹而导致涂层的开裂。色彩丰富，可涂成各种颜色，也可在地面做成各种图案。耐磨性很好，并且耐油、耐水、耐酸、耐碱，是化工车间较为理想的地面材料。重涂性好，便于维修。施工较复杂，原材料具有毒性，施工中应注意通风、防火及劳动保护。聚氨酯地面涂料固化后，具有一定的弹性，且可加入少量的发泡剂形成含有适量泡沫的涂层。因此，步感舒适，适用于高级住宅的地面，但价格较贵。

（3）聚醋酸乙烯水泥地面涂料

聚醋酸乙烯水泥地面涂料，是由聚醋酸乙烯水乳液、普通硅酸盐水泥及颜料、填料配制而成的一种地面涂料。主要成膜物质为聚醋酸乙烯乳液与水泥。聚醋酸乙烯乳液为白色或乳酪色的黏稠液体，有微酸性，无毒，对物体有较强的粘结力。可用于新旧水泥地面的装饰，是一种新颖的水性地面涂布材料。

聚醋酸乙烯水泥地面涂料是一种有机、无机复合的水性涂料，其质地细腻，对人体无毒害，施工性能良好，早期强度高，与水泥地面基层的粘结牢固。形成的涂层具有优良的耐磨性、抗冲击性、色彩美观大方，表面有弹性，外观类似塑料地板。原材料来源丰富，价格便宜，涂料配制工艺简单。该涂料适用于民用住宅室内地面的装饰，亦可取代塑料地板或水磨石地坪，用于某些实验室、仪器装配车间等地面，涂层耐久性约为 10 年。

（4）环氧树脂厚质地面涂料

环氧树脂厚质地面涂料，是以环氧树脂为主要成膜物质的双组分常温固化型涂料。涂料是由甲、乙两组分组成。甲组分是以环氧树脂为主要成膜物质，加入填料、颜料、增塑剂和其他助剂等组成。乙组分是以胺类为主的固化剂组成。环氧树脂涂料与基层粘结性能优良，涂膜坚韧、耐磨，具有良好的耐化学腐蚀、耐油、耐水等性能，以及优良的耐老化和耐候性，装饰效果良好。是近年来国内开发的耐腐蚀地面和高档外墙涂料新品种。

双组分固化操作时较复杂，且施工时应注意通风、防火，要求地面含水率不大于 8%。

第三节 胶 粘 剂

胶粘剂是指具有良好的粘结性能，能把两物体牢固地胶接起来的一类物质。

一、胶粘剂的组成

胶粘剂的品种很多，但其组分一般有以下几种物质：

1. 粘料

它是胶粘剂的基本组分，其性质决定了胶粘剂的性能、用途和使用工艺。一般胶粘剂是用粘料的名称来命名的。

2. 稀释剂

稀释剂又称溶剂。其作用是降低胶黏剂的黏度以便于操作，提高胶粘剂的润湿性和流动性。但随着溶剂掺量的增加，粘结强度将下降。

3. 固化剂

其作用是使某些线型分子通过交联作用形成网状或体型的结构，从而使胶粘剂硬化成坚固的胶层。固化剂也是胶粘剂的主要成分，其性质和用量对胶粘剂的性能起着重要作用。

4. 填料

一般在胶粘剂中不发生化学反应，但加入填料可以改善胶粘剂的性能，如增加胶粘剂的黏度、强度及耐热性，减少收缩，同时降低成本。

二、胶粘剂的分类

胶粘剂品种繁多，用途不同，组成各异，可以从不同角度进行分类。常用的是按胶粘剂的化学成分作如下分类：

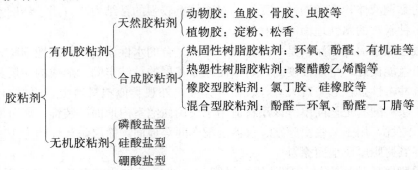

三、常用胶粘剂

1. 环氧树脂胶粘剂

环氧树脂胶粘剂是以环氧树脂为主要原料，掺加适量固化剂、增塑剂、填料和稀释剂等配制而成。具有粘结力强、收缩性小、稳定性高、耐化学腐蚀、耐热、耐久等优点。对于铁制品、玻璃、陶瓷、木材、塑料、皮革、水泥制品、纤维材料等都具有良好的粘结能力。适用于水中作业和需耐酸碱等场合及建筑物的修补，故俗称万能胶。

2. 聚乙烯醇缩甲醛胶粘剂

商品名称为108胶，是由聚乙烯醇和甲醛为主要原料，加入少量盐酸、氢氧化钠和水，在一定条件下缩聚而成的无色透明胶体。

水溶性聚乙烯醇缩甲醛的耐热性好，胶结强度高，施工方便，抗老化性好。108胶在建筑中应用十分广泛，可用作胶结塑料壁纸、墙布、瓷砖等。在水泥砂浆中掺入少量的水溶性聚乙烯醇缩甲醛，能提高砂浆的粘结性、抗渗性、柔韧性，以及具有减少砂浆收缩等优点。

3. 聚醋酸乙烯乳液胶粘剂

俗称白乳胶，由醋酸乙烯单体聚合而成。其用途之广不亚于108胶。该乳液是一种白色黏稠液体，呈酸性，具有亲水性，且流动性好。在胶粘时可以湿粘或干粘。但内聚力低，耐水性差，干固温度不宜过低或过高。主要用于承受力不太大的胶结中，如纸张、木材、纤维等的胶粘。另外，可将其加入涂料中，作为主要成膜物质，也可加入水泥砂浆中组成聚合物水泥砂浆。

4. 酚醛树脂胶粘剂

酚醛树脂是热固性树脂中最早工业化用于胶粘剂的品种之一。它的胶结强度高，但必须在加压、加热条件下进行粘结。酚醛树脂可用松香、干性油或脂肪酸等改性，改性后的酚醛树脂可溶性增加，韧性提高。主要用于胶接纤维板、非金属材料及塑料等。

5. 聚乙烯醇缩脲甲醛胶粘剂

商品名称为 801 建筑胶，它是一种经过改性的 108 胶。801 建筑胶是通过在 108 胶的制备过程中加入尿素而制得的。这样可以大大降低对人体有害的游离甲醛的含量，且胶结能力得以增强。801 建筑胶可以代替 108 胶用于建筑工程之中，且其胶结强度和耐水性均比 108 胶高。

第十章 防 水 材 料

建筑工程中的防水材料，可分为刚性防水材料和柔性防水材料两大类。刚性防水材料，是以水泥混凝土自防水为主，外掺各种防水剂、膨胀剂等共同组成的水泥混凝土或砂浆自防水结构。而柔性防水材料，是产量和用量最大的一类防水材料，而且其防水性能可靠，可适应各种不同用途和各种外形的防水工程，因此在国内外得到推广和应用。本章主要讨论柔性防水材料。

第一节 沥 青

沥青是由多种有机化合物构成的复杂混合物。在常温下呈固体、半固体或液体状态；颜色呈褐色以至黑色；能溶解于多种有机溶剂。

沥青在建筑工程上广泛用于防水、防腐、防潮工程及水工建筑与道路工程中。

按产源分类，沥青有下列品种，目前常用的主要是石油沥青，少量煤沥青。

$$
沥青 \begin{cases} 地沥青 \begin{cases} 天然沥青 \\ 石油沥青 \end{cases} \\ 焦油沥青 \begin{cases} 煤沥青 \\ 页岩沥青 \end{cases} \end{cases}
$$

一、石油沥青

石油沥青是一种有机胶凝材料，它是由许多高分子碳氢化合物及其非金属（如氧、硫、氮等）衍生物组成的复杂混合物。由于其化学成分复杂，为便于分析研究和实用，常将其物理、化学性质相近的成分归类为若干组，称为组分。不同的组分对沥青性质的影响不同。

1. 石油沥青的组分

通常将沥青分为油分、树脂质和沥青质三部分组成。

（1）油分

为沥青中最轻的组分，呈淡黄至红褐色，密度为 $0.7 \sim 1 \mathrm{g/cm^3}$。它能溶于大多数有机溶剂，如丙酮、苯、三氯甲烷等，但不溶于酒精。在石油沥青中含量为 $40\% \sim 60\%$。油分使沥青具有流动性。

（2）树脂质

为密度略大于 $1 \mathrm{g/cm^3}$ 的黑褐色或红褐色黏稠物质。能溶于汽油、三氯甲烷和苯等有机溶剂，但在丙酮和酒精中溶解度很低。在石油沥青中含量为 $15\% \sim 30\%$。它使石油沥青具有塑性与粘结性。

（3）沥青质

为密度大于 $1 \mathrm{g/cm^3}$ 的固体物质，黑色。不溶于汽油、酒精，但能溶于二硫化碳和三氯甲烷中。在石油沥青中含量为 10％～30％。它决定石油沥青的温度稳定性和粘结性，它的含量越多，则石油沥青的软化点越高，脆性越大。

此外，石油沥青中常含有一定量的固体石蜡，它会降低沥青的粘结性、塑性、温度稳定性和耐热性。

石油沥青中的各组分是不稳定的。在阳光、空气、水等外界因素作用下，各组分之间会不断演变，油分、树脂质会逐渐减少，沥青质逐渐增多，这一演变过程称为沥青的老化。沥青老化后，其流动性、塑性变差，脆性增大，从而变硬，易发生脆裂乃至松散，使沥青失去防水、防腐效能。

2. 石油沥青的主要技术性质

（1）黏滞性（稠度）

黏滞性是指沥青软硬、稀稠的程度。液态沥青用黏滞度表示，半固态或固态沥青用针入度来表示。即在 25℃的条件下，以 100g 重的标准针，经 5s 沉入沥青的深度，0.1mm 为 1 度。针入度测定示意图见图 10-1。针入度值大，说明沥青流动性大，黏性差。

（2）塑性

塑性指沥青在一定温度下受外力作用时产生变形而不被破坏的能力。沥青的塑性以延伸率来表示。按标准试验方法，制成"8"形标准试件，试件中间最狭处断面积为 1cm^2，在规定温度（一般为 25℃）和规定速度（5cm/min）的条件下在延伸仪上进行拉伸，延伸度以试件拉细而断裂时的长度（cm）表示。延伸度高表示沥青的塑性好。延伸度测定示意图见图 10-2。

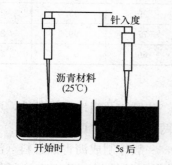

图 10-1　针入度测定示意图

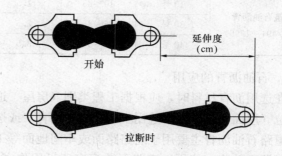

图 10-2　延伸度测定示意图

（3）温度稳定性（耐热性）

温度升高时，沥青由固体或半固体逐渐软化最后变成液体；当温度降低时，沥青的塑性降低，稠度增大而最后变得脆硬。沥青这种随温度变化而稠度与塑性发生变化的性质叫做温度稳定性。温度稳定性用软化点表示。软化点可通过"环球法"试验测定，如图 10-3 所示。将沥青试样装入规定尺寸的铜环 B 中，上置规定尺寸和质量的钢球 a，再将置球的铜环放在有水或甘油的烧杯中，以 5℃/min 的速率加热至沥青软化下垂达 25mm 时的温度（℃），即为沥青软化点。软化点高，说明沥青的耐热性能好。

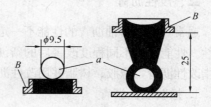

图 10-3　软化点测定示意图

（4）大气稳定性

大气稳定性指石油沥青在热、阳光、氧气和潮湿等因素的长期综合作用下抵抗老化的性能，它反映沥青的耐久性。大气稳定性可以用沥青的蒸发减量及针入度变化来表示，即试样在 160℃温度加热蒸发 5h 后的质量损失百分率和蒸发前后的针入度比两项指标来表示。蒸发损失率越小，针入度比越大，则表示沥青的大气稳定性越好。

3. 石油沥青的技术性能

我国石油沥青产品按用途分为道路石油沥青、建筑石油沥青等。这两种石油沥青的主要技术性能要求见表 10-1。石油沥青的牌号主要根据其针入度、延度和软化点等质量指标划分，以针入度值表示。同一品种的石油沥青，牌号越高，则其针入度越大，脆性越小；延度越大，塑性越好；软化点越低，温度敏感性越大。

石油沥青主要性能要求 表 10-1

名称及标准号码	牌　号	针入度 25℃，100g，1/10mm	延度 25℃，(cm) ≥	软化点（环球法）（℃）	溶解度（%）≥	闪点（开口）（℃）≥
道路石油沥青（SH0522—2000）	200 号	200～300	20	30～45	99	180
	180 号	150～200	100	35～45	99	200
	140 号	110～150	100	38～48	99	230
	100 号	80～110	90	42～52	99	230
	60 号	50～80	70	45～55	99	230
建筑石油沥青（GB/494—1998）	10 号	10～25	1.5	99	99.5	230
	30 号	26～35	2.5	77	99.5	230
	40 号	36～50	3.5	66	99.5	230

4. 石油沥青的应用

在选用沥青材料时，应根据工程类别（房屋、道路、防腐）及当地气候条件，所处工作部位（屋面、地下）来选用不同牌号的沥青（或选取两种牌号沥青调配使用）。

道路石油沥青主要用于道路路面或车间地面等工程，一般拌制成沥青混合料（沥青混凝土或沥青砂浆）使用。道路石油沥青还可用作密封材料和粘结剂以及沥青涂料等。此时，一般选用黏性较大和软化点较高的石油沥青。

建筑石油沥青针入度较小（黏性较大）、软化点较高（耐热性较好），但延伸度较小（塑性较小），主要用作制造防水材料、防水涂料和沥青嵌缝膏。它们绝大部分用于屋面及地下防水、沟槽防水、防腐蚀及管道防腐等工程。

二、改性沥青

通常，普通石油沥青的性能不一定能全面满足使用要求，为此，常采取措施对沥青进行改性。性能得到不同程度改善后的新沥青，称为改性沥青。改性沥青可分为橡胶改性沥青，树脂改性沥青，橡胶、树脂并用改性沥青，再生胶改性沥青和矿物填充剂改性沥青等。

1. 橡胶改性沥青

橡胶改性沥青是在沥青中掺入适量橡胶后使其改性的产品。沥青与橡胶的相溶性较好，混溶后的改性沥青高温变形很小，低温时具有一定塑性。所用的橡胶有天然橡胶、合成橡胶（氯丁橡胶、丁基橡胶和丁苯橡胶等）和再生橡胶。使用不同品种橡胶掺入的量与方法不同，形成的改性沥青性能也不同。

2. 合成树脂类改性沥青

用树脂改性石油沥青，可以改进沥青的耐寒性、耐热性、粘结性和不透气性。常用的树脂有：古马隆树脂、聚乙烯、无规聚丙烯（APP）等。

3. 橡胶和树脂改性沥青

橡胶和树脂用于沥青改性，使沥青同时具有橡胶和树脂的特性。且树脂比橡胶便宜，两者又有较好的混溶性，故效果较好。

4. 矿物填充料改性沥青

为了提高沥青的粘结能力和耐热性，减小沥青的温度敏感性，经常加入一定数量的粉状或纤维状矿物填充料。常用的矿物粉有滑石粉、石灰粉、云母粉、硅藻土粉等。

第二节 防 水 卷 材

防水卷材是一种可卷曲的片状防水材料。根据其主要防水组成材料可分为沥青防水卷材、高聚物改性沥青防水卷材和合成高分子防水卷材三大类。沥青防水卷材是传统的防水材料（俗称油毡），但因其性能远不及改性沥青，因此将逐渐被改性沥青卷材所代替。

一、沥青防水卷材

沥青防水卷材是用原纸、纤维织物、纤维毡等胎体材料浸涂沥青，表面撒布粉状、粒状或片状材料制成的可卷曲的片状防水材料。

1. 石油沥青纸胎油毡

石油沥青纸胎油毡是用低软化点石油沥青浸渍原纸，然后用高软化点石油沥青涂盖油纸两面，再涂或撒隔离材料（石粉或云母片）所制成的一种纸胎防水卷材。

石油沥青纸胎油毡的幅宽，有 915mm 和 1000mm 两种，每卷的总面积为 $20\pm0.3m^2$。这种油毡按原纸 $1m^2$ 的质量克数分为 200 号、350 号和 500 号三种标号；按所用隔离材料不同，又分为粉状面油毡和片状面油毡；按浸涂材料总量和物理性能，石油沥青纸胎油毡分为合格品、一等品及优等品三个等级。其中，200 号油毡适用于简易防水、临时性建筑防水、建筑防潮包装等；350 号和 500 号粉状面油毡适用于屋面、地下、水利等工程的多层防水；片状面油毡适用于单层防水。

2. 石油沥青玻璃布胎油毡

石油沥青玻璃布胎油毡是用石油沥青涂盖材料浸涂玻璃纤维布的两面，再涂撒隔离材料而制成的一种以无机纤维布为胎体的沥青防水卷材。

石油沥青玻璃布胎油毡的幅宽有 915mm 和 1000mm 两种，每卷的总面积为 $20\pm0.3m^2$，每卷的质量，包括不大于 0.5kg 的硬质卷心在内，应不小于 14kg。石油沥青玻璃布胎油毡应附硬质卷心卷紧，涂盖材料应均匀、致密地涂盖在玻璃布的两面上。每卷油毡的接头不应超过一处，其中较短的一段不得少于 2500mm，接头处应剪切整齐，并加长 150mm 备作搭接。毡面应无裂纹、孔眼、折皱、扭曲，毡边应无裂口和缺边等缺陷。成卷油毡在 5~45℃ 的环境温度下，应易于展开，不得有粘结和裂纹。

玻璃布胎油毡的柔度大大优于纸胎油毡，且能耐霉菌腐蚀。可用于地下工程防水和防腐、屋面工程防水、非热力住宅管道的防腐保护层。

3. 石油沥青玻璃纤维毡胎油毡

石油沥青玻璃纤维毡胎油毡（以下简称玻纤油毡）是以无纺玻璃纤维薄毡为胎芯，用石油沥青浸涂薄毡两面，表面涂、撒或贴隔离材料所制成的一种防水卷材。玻纤胎油毡的防水性能优于玻璃布胎油毡。

玻纤油毡的幅宽为 1000mm，按所用的隔离材料不同分为薄膜面、粉面和砂面三个品种。玻纤油毡的标号是以玻璃纤维胎材质标号命名的，共有 15、25、35 号三个标号。按物理性能分为优等品、一等品和合格品三个等级。

玻纤油毡适用于铺设一般工业与民用建筑的屋面和地下防水、防腐，主要用于多叠层复合防水系统，也可用于非热力管道的防腐保护层。15 号和 25 号适用于多层防水的底层；25 号和 35 号砂面玻纤油毡适用于防水层的面层；35 号适用于单层防水。

4. 铝箔面油毡

铝箔面油毡是用玻纤毡作胎基，浸涂氧化沥青，在其表面用压纹铝箔贴面，底面撒以细粒矿物料或覆盖聚乙烯（PE）膜制成的一种具有热反射和装饰功能的防水卷材。其隔汽、防渗、防水性能较好，具有一定抗拉强度。

铝箔面油毡的幅宽为 1000mm，每卷面积为 $10\pm0.1m^2$。按标称卷重分为 30、40 号两种标号，按物理性能分为优等品、一等品、合格品三个等级。成卷油毡应卷紧、卷齐，卷筒两端厚度差不得超过 5mm，端面里进外出不得超过 10mm；成卷油毡在环境温度为 10~45℃ 时应易于展开；不得有距卷芯 1000mm 外、长度在 10mm 以上的裂纹；铝箔与涂盖材料应粘结牢固，不允许有分层、气泡现象；铝箔表面应洁净，花纹整齐，不得有污迹、折皱、裂纹等缺陷；在油毡贴铝箔的一面，留一条宽 50~100mm 无铝箔的搭接边，在搭接边上撒以细颗粒隔离材料或用 0.005mm 厚的聚乙烯薄膜覆面，聚乙烯膜应粘结紧密，不得有错位或脱落现象；每卷油毡接头不应超过一处，其中较短的一段不应少于 2500mm，接头处应剪切整齐，并加 150mm 留作搭接宽度。

30 号铝箔面油毡适用于多层防水工程的面层；40 号铝箔面油毡适用于单层或多层防水工程的面层。

二、高聚物改性沥青防水卷材

该卷材使用的高聚物改性沥青，指在石油沥青中添加聚合物，通过高分子聚合物对沥青的改性作用，提高沥青软化点，增加低温下的流动性，使感温性能得到明显改善；增加弹性，使沥青具有可逆变性的能力；改善耐老化性和耐硬化性，使聚合物沥青具有良好使用功能，即高温不流淌、低温不脆裂，刚性、力学强度、低温延伸性有所提高，增大负温下柔韧性，延长使用寿命，从而使改性沥青防水卷材能够满足建筑工程防水应用的功能。用于沥青改性的聚合物较多，有以 SBS（苯乙烯—丁二烯—苯乙烯合成橡胶）为代表的弹性体聚合物和以 APP（无规聚丙烯合成树脂）为代表的塑性体聚合物两大类。卷材的胎体主要使用玻纤毡和聚酯毡等高强材料。主要品种有：SBS 改性沥青防水卷材和 APP 改性沥青防水卷材两种。

1. 弹性体改性沥青防水卷材（SBS卷材）

SBS是苯乙烯—丁二烯—苯乙烯的英文词头缩写，属嵌段共聚物。SBS改性沥青防水卷材是在石油沥青中加入SBS进行改性的卷材。SBS是由丁二烯和苯乙烯两种原料聚合而成的嵌段共聚物，是一种热塑性弹性体，它在受热的条件下呈现树脂特性，即受热可熔融成黏稠液态，可以和沥青共混，兼有热缩性塑料和硫化橡胶的性能，因此SBS也称热缩性丁苯橡胶，它不需要硫化，并且具有弹性高、抗拉强度高、不易变形、低温性能好等优点。在石油沥青中加入适量的SBS而制得的改性沥青具有冷不变脆、低温性好、塑性好、稳定性高、使用寿命长等优良性能，可大大改善石油沥青的低温屈挠性和高温抗流动性能。它能彻底改变石油沥青冷脆裂的弱点，并保持了沥青的优良憎水性和粘结性。

SBS卷材按胎基分为聚酯胎（PY）和玻纤胎（G）两类。按上表面隔离材料分为聚乙烯膜（PE）、细砂（S）及矿物粒（片）料（M）三种。按物理性能分为Ⅰ型和Ⅱ型。

卷材幅宽1000mm。聚酯胎卷材厚度为3mm和4mm；玻纤胎卷材厚度为2mm、3mm和4mm。每卷面积为15m²、10m²和7.5m²三种。物理力学性能应符合表10-2规定。

SBS卷材物理力学性能（GB 18242—2000）　　　　表10-2

序号	胎　基		PY		G	
	型　号		Ⅰ	Ⅱ	Ⅰ	Ⅱ
1	可溶物含量（g/m²），≥	2mm	—		1300	
		3mm	2100			
		4mm	2900			
2	不透水性	压力（MPa），≥	0.3		0.2	0.3
		保持时间（min），≥	30			
3	耐热度（℃）		90	105	90	105
			无滑动、流淌、滴落			
4	拉力（N/50mm），≥	纵向	450	800	350	500
		横向			250	300
5	最大拉力时延伸率（%），≥	纵向	30	40		
		横向				
6	低温柔度（℃）		−18	−25	−18	−25
			无裂纹			
7	撕裂强度（N），≥	纵向	250	350	250	350
		横向			170	200
8	人工气候加速老化	外　观	1级			
			无滑动、流淌、滴落			
		拉力保持率（%），≥　纵向	80			
		低温柔度（℃）	−10	−20	−10	−20
			无裂纹			

注：表中1～6项为强制性项目。

SBS改性沥青防水卷材不但具有上述很多优点，而且施工方便，可以选用冷粘贴、热粘贴、自粘贴，可以叠层施工。厚度大于 4mm 的可以单层施工，厚度大于 3mm 的可以热熔施工。故广泛应用于工业建筑和民用建筑，尤其适用于较低气温环境和结构变形复杂的建筑防水工程。

2. 塑性体改性沥青防水卷材（APP 卷材）

塑性体改性沥青防水卷材，是以聚酯毡或玻纤毡为胎基，无规聚丙烯（APP）或聚烯烃类聚合物（APAO、APO）作改性剂，两面覆以隔离材料所制成的建筑防水卷材，统称 APP 卷材。

APP 卷材的品种、规格与 SBS 卷材相同。其物理力学性能应符合表 10-3 的规定。

APP 改性沥青防水卷材广泛用于工业与民用建筑的屋面和地下防水工程，以及道路、桥梁建筑的防水工程，尤其适用于较高气温环境和高湿地区建筑工程防水。

APP 卷材物理力学性能（GB 18243—2008）　　　　表 10-3

序号	项 目			指 标				
				I		II		
				PY	G	PY	G	PYG
1	可溶物含量/（g/m²）≥		3mm	2100				—
			4mm	2900				—
			5mm	3500				—
			试验现象	—	胎基不燃	—	胎基不燃	—
2	耐热性		℃	110		130		
			≤mm	2				
			试验现象	无流淌，滴落				
3	低温柔性（℃）			—7		—15		
				无裂缝				
4	不透水性 30min			0.3MPa	0.2MPa	0.3MPa		
5	拉力	最大峰拉力（N/50mm）	≥	500	350	800	500	900
		次高峰拉力（N/50mm）	≥	—	—	—	—	800
		试验现象		拉伸过程中，试件中部无沥青涂盖层开裂或与胎基分离现象				
6	延伸率	最大峰时延伸率（%）	≥	5		40		—
		第二峰时延伸率（%）	≥					15
7	浸水后质量增加（%）≤	PE.S		1.0				
		M		2.0				
8	热老化	拉力保持率（%）	≥	90				
		延伸率保持率（%）	≥	80				
		低温柔性（℃）		—2		—10		
				无裂缝				
		尺寸变化率（%）	≤	0.7	—	0.7	—	0.3
		质量损失（%）	≤	1.0				

序号	项 目		指　标				
			I		II		
			PY	G	PY	G	PYG
9	接缝剥离强度（N/mm）	≥			1.0		
10	钉杆撕裂强度[a]（N）	≥			—		300
11	矿物粒料粘附性[b]（g）	≤			2.0		
12	卷材下表面沥青涂盖层厚度[c]（mm）	≥			1.0		
13	人工气候加速老化	外观			无滑动、流淌、滴落		
		拉力保持率（%） ≥			80		
		低温柔性（℃）		−2		10	
					无裂缝		

[a]　仅适用于单层机械固定施工方式卷材。

[b]　仅适用于矿物粒料表面的卷材。

[c]　仅适用于热熔施工的卷材。

三、合成高分子防水卷材

合成高分子防水卷材是以合成橡胶、合成树脂或它们两者的共混体系为基料，加入适量的化学助剂和填充料等，经过橡胶或塑料加工工艺，如经塑炼、混炼，或挤出成型、硫化、定型等工序加工制成的片状可卷曲的卷材。

目前，合成高分子防水卷材主要分为合成橡胶（硫化橡胶和非硫化橡胶）、合成树脂、纤维增强三大类。合成橡胶类当前最具代表性的产品有三元乙丙橡胶防水卷材，还有以氯丁橡胶、丁基橡胶等为原料生产的卷材，但与三元乙丙橡胶防水卷材的性能相比，不在同一档次水平。合成树脂类的主要品种是聚氯乙烯防水卷材，其他合成树脂类防水卷材，如氯化聚乙烯防水卷材、高密度聚乙烯防水卷材等，也存在与聚氯乙烯防水卷材档次不同的问题。此外，我国还研制出多种橡塑共混防水卷材，其中氯化聚乙烯—橡胶共混防水卷材具有代表性，其性能指标接近三元乙丙橡胶防水卷材。由于原材料与价格有一定优势，推广应用量正逐步扩大。

1. 三元乙丙橡胶防水卷材

三元乙丙橡胶防水卷材是以乙烯、丙烯和任何一种非共轭二烯烃（如双环戊二烯）三种单体共聚合成的三元乙丙橡胶为主体，掺入适量的丁基橡胶、硫化剂、促进剂、软化剂、补强剂和填充剂等，经过配料、密炼、拉片、过滤、挤出（或压延）成型、硫化、检验、分卷、包装等工序，加工制成的高档防水材料。

三元乙丙橡胶分子结构中的主链上没有双键，分子内没有极性取代基，基本上属于饱和的高分子化合物，当三元乙丙橡胶受到臭氧、紫外线、湿热等作用时，主链上不易发生断裂，这是它耐老化性强于主链上含有双键的橡胶的根本原因。据有关资料介绍，三元乙丙橡胶防水卷材使用寿命可达50年以上。此外，三元乙丙橡胶防水卷材还具有一定的耐化学性，对于多种极性化学药品和酸、碱、盐有良好的抗耐性；具有优异的耐低温和耐高温性能，在低温下，仍然具有良好的弹性、伸缩性和柔韧性，可在严寒和酷热的环境中使用；具有优异的耐绝缘性能；拉伸强度高，伸长率大，对伸缩或开裂变形的基层适应性强，能适应防水基层伸缩或开裂、变形的需要，而且施工方便，不污染环境，不受施工环境条件限制。故广泛适用于各种工业建筑和民用建筑屋面的单层外露防水层，是重要等级防水工程的首选材料。尤其适用于受振动、易变形建筑工程防水，如体育馆、火车站、港口、机场等。另外，还可用于蓄水池、污水处理池、电站、水库、水渠等防水工程以及各种地下工程的防水，如地下储藏室、地下铁路、桥梁、隧道等。

三元乙丙橡胶防水卷材分硫化型和非硫化型二种，在 GB 18173.1～GB 18173.4（高分子材料、片材）中的代号分别为 JL1 和 JF1。三元乙丙卷材的厚度规格有 1.0mm、1.2mm、1.5mm、1.8mm、2.0mm 五种。宽度有 1.0m、1.1m 和 1.2m 三种，每卷长度为 20m 以上。其物理力学性能详见表 10-4。

三元乙丙橡胶卷材的物理力学性能   表 10-4

项　　　目		指 标 值	
		JL1	JF1
断裂拉伸强度（MPa）	常温≥	7.5	4.0
	60℃≥	2.3	0.8
扯断伸长率（%）	常温≥	450	450
	−20℃≥	200	200
撕裂强度（kN/m），≥		25	18
不透水性，30min 无渗漏		0.3MPa	0.3MPa
低温弯折（℃），≤		−40	−30
加热伸缩量（mm）	延伸，<	2	2
	收缩，<	4	4
热空气老化（80℃×168h）	断裂拉伸强度保持率（%），≥	80	90
	扯断伸长率保持率（%），≥	70	70
	100%伸长率外观	无裂纹	无裂纹
耐碱性［10%Ca（OH）$_2$，常温×168h］	断裂拉伸强度保持率（%），≥	80	80
	扯断伸长率保持率（%），≥	80	90
臭氧老化（40℃×168h）	伸长率40%，500ppm	无裂纹	无裂纹

2. 聚氯乙烯（PVC）防水卷材

聚氯乙烯防水卷材是以聚氯乙烯树脂为主体材料，加入适量的增塑剂、改性剂、填充剂、抗氧剂、紫外线吸收剂和其他加工助剂，如润滑剂、着色剂等，经过捏合、高速混合、造粒、塑料挤出和压延牵引等工艺制成的一种高档防水卷材。

聚氯乙烯防水卷材的特点是：拉伸强度高、伸长率好，热尺寸变化率低；抗撕裂强度高，能提高防水层的抗裂性能；耐渗透，耐化学腐蚀，耐老化；可焊接性好，即使经数年风化，也可焊接，在卷材正常使用范围内，焊缝牢固可靠；低温柔性好；有良好的水汽扩散性，冷凝物易排释，留在基层的湿气易排出；施工操作简便、安全、清洁、快速，而且原料丰富，防水卷材价格合理，易于选用。

聚氯乙烯防水卷材的适用范围：适用于各种工业、民用建筑新建或翻修建筑物、构筑物外露或有保护层的工程防水，以及地下室、隧道、水库、水池、堤坝等土木建筑工程防水。

PVC防水卷材分均质和复合型两个品种，前者为单一的PVC片材，后者指有纤维毡或纤维织物增强的片材。

PVC卷材宽度有1.0m、1.2m、1.5m、2.0m四种；厚度有0.5mm、1.0mm、1.2mm、1.5mm、1.8mm、2.0mm六种；长度为20m以上。

均质型PVC卷材应符合GB 12952标准P型指标，复合型PVC卷材应符合GB 18173.1标准要求。

均质型PVC卷材物理性能详见表10-5，复合型PVC卷材物理性能见表10-6。

均质型PVC卷材物理力学性能 表10-5

序号	项 目 名 称		国标指标P型（一等品）		
1	拉伸强度（MPa），≥		10.0		
2	断裂伸长率（%），≥		200		
3	热处理尺寸变化率（%），≥		2.0		
4	低温弯折性		−20℃无裂纹		
5	不透水性（0.3MPa，30min）		不透水		
6	抗穿孔性		不渗水		
7	剪切状态下的粘合性		$\delta_{sa} \geq 2.0$N/mm 或在接缝外断裂		
8	热老化处理（90±2℃，168h）	外观质量	无气泡、粘结、孔洞		
		拉伸强度相对变化率（%）	±20		
		断裂伸长率相对变化率（%）			
		低温弯折性	−20℃无裂纹		
9	人工气候老化处理	拉伸强度相对变化率（%）	±20		
		断裂伸长率相对变化率（%）			
		低温弯折性	−20℃无裂纹		
10	酸碱水溶液处理		H_2SO_4	Ca（OH）$_2$	NaOH
		拉伸强度相对变化率（%）	±20	±20	±20
		断裂伸长率相对变化率（%）			
		低温弯折性	−20℃无裂纹		

复合型PVC卷材物理力学性能 表10-6

项 目		指 标
		FS1
断裂拉伸强度（N/cm）	常温≥	100
	60℃≥	40
胶断伸长率（%）	常温≥	150
	−20℃≥	10

项　目		指标
		FS1
撕裂强度（N），≥		20
不透水性（30min，不渗漏）		0.3MPa
低温弯折（℃），≤		−30
加热伸缩量（mm）	延伸<	2
	收缩<	2
热空气老化（80℃，168h）	断裂拉伸强度保持率（%），≥	80
	胶断伸长率保持率（%），≥	70
耐碱性 [10%Ca（OH）₂，常温×168h]	断裂拉伸强度保持率（%），≥	80
	胶断伸长率保持率（%），≥	80
臭氧老化（40℃×168h），200ppm		无裂纹
人工气候老化	断裂拉伸强度保持率（%），≥	80
	胶断伸长率保持率（%），≥	70

3. 氯化聚乙烯防水卷材

氯化聚乙烯防水卷材是以氯化聚乙烯树脂为主要原料，加入适量的化学助剂和一定量的填充材料，采用塑料或橡胶的加工工艺，经捏合、塑炼、压挤、取卷、检验、包装等工序加工制成的防水卷材。

氯化聚乙烯防水卷材具有良好的防水、耐油、耐腐蚀及阻燃性能。有多种色彩，较好的耐候性，冷粘结作业，施工方便，在国内属中档防水卷材。

氯化聚乙烯防水卷材有Ⅰ型、Ⅱ型之分。Ⅰ型为非增强卷材，属均质型，Ⅱ型为纤维增强卷材。其厚度分 1.0mm、1.2mm、1.5mm、2.0mm 四种，宽度有 900mm、1000mm、1200mm、1500mm 四种。

氯化聚乙烯防水卷材的物理性能应符合 GB 12593 标准要求，指标分优等品、一等品、合格品。氯化聚乙烯防水卷材的主要物理力学性能指标见表10-7。

氯化聚乙烯防水卷材主要物理性能指标　　　　表10-7

序号	项　目	Ⅰ型			Ⅱ型		
		优等品	一等品	合格品	优等品	一等品	合格品
1	拉伸强度（MPa），≥	12.0	8.0	5.0	12.0	8.0	5.0
2	断裂伸长率（%），≥	300	200	100			
3	热处理尺寸变化率（%），≤	纵向2.5 横向1.5	3.0		1.0		
4	低温弯折性	−20℃无裂纹					
5	抗渗透性	不透水					
6	抗穿孔性	不渗水					
7	剪切状态下的粘合性 （N/mm），≥	2.0					

4. 氯化聚乙烯—橡胶共混防水卷材

氯化聚乙烯—橡胶共混防水卷材是以氯化聚乙烯树脂和橡胶共混为主体，加入适量软化剂、防老剂、稳定剂、硫化剂和填充剂，经捏合、混炼、过滤、挤出或压延成型、硫化、检验、包装等工序加工制成的防水卷材。

氯化聚乙烯—橡胶共混防水卷材具有氯化聚乙烯的高强度和优异的耐臭氧性、耐老化性能，而且具有橡胶类材料所特有的高弹性和优异的耐低温性、高延伸性。故被称为一种高分子"合金"。该卷材可采用冷施工，工艺简单，操作方便，劳动效率高。

氯化聚乙烯—橡胶共混防水卷材广泛适用于屋面外露用工程防水、非外露用工程防水、地下室外防外贴法或外防内贴法施工的防水工程，以及地下室、桥梁、隧道、地铁、污水池、游泳池、堤坝和其他土木建筑工程防水。

产品为硫化匀质型。宽度有 1.0m 和 1.2m 两种，厚度分 1.0mm、1.2mm、1.5mm、1.8mm、2.0mm 五种。每卷长度不小于 20m。其物理力学性能见表 10-8。

氯化聚乙烯—橡胶共混防水卷材物理力学性能　　　　　　　表 10-8

项　　　目		指　　标
		JL2
断裂拉伸强度（MPa）	常温≥	6.0
	60℃≥	2.1
扯断伸长率（%）	常温≥	400
	−20℃≥	200
撕裂强度（kN/m），≥		24
不透水性（30min），不渗漏		0.3MPa
低温弯折（℃），≤		−30
加热伸缩量（mm）	延伸<	2
	收缩<	4
热空气老化（80℃，168h）	断裂拉伸强度保持率（%），≥	80
	扯断伸长率保持率（%），≥	70
	100%伸长率外观	无裂纹
耐碱性 [10%Ca（OH)$_2$，常温×168h]	断裂拉伸强度保持率（%），≥	80
	扯断伸长率保持率（%），≥	80
臭氧老化（40℃×168h）	伸长率（20%，500phm）	无裂纹

第三节　防　水　涂　料

防水涂料是一种流态或半流态物质，涂刷在基层表面，经溶剂或水分挥发，或各组分间的化学反应，形成一定弹性的薄膜，使表面与水隔绝，起到防水、防潮作用。

防水涂料按液态类型可分为溶剂型、水乳型和反应型三种；按成膜物质的主要成分分为沥青类、高聚物改性沥青类和合成高分子类。

一、沥青类防水涂料

沥青防水涂料是以石油沥青为基料，掺加无机填料和助剂而制成的低档防水涂料。按其类型可分为溶剂型和水乳型，按其使用目的可制成薄质型和厚质型。该类防水涂料生产方法简单，产品价格低廉。

1. 溶剂型沥青防水涂料

溶剂型沥青防水涂料是将未改性石油沥青用有机溶剂（溶剂油）充分溶解而成，因其性能指标较低，在生产中控制一定的含固量，通常为薄质型，一般主要作为 SBS、APP 改性沥青防水卷材的基层处理剂，混凝土基面防潮、防渗或低等级建筑防水工程。

2. 水乳型沥青防水涂料

水乳型沥青防水涂料是以未改性的石油沥青为基料，以水为分散介质，加入无机填料、分散剂等有关助剂，在机械强力搅拌作用下制成的水乳型沥青乳液防水涂料。该类厚质防水涂料有水性石灰乳化沥青防水涂料、水性石棉沥青防水涂料、膨润土沥青乳液防水涂料。此类防水涂料成本低，无毒，无味，可在潮湿基层上施工，有良好的粘结性，涂层有一定透气性。但成膜物是未改性的石油沥青、矿物乳化剂和填料，固化后弹性和强度较低。使用时需相当厚度才能起到防水作用。

二、高聚物改性沥青防水涂料

高聚物改性沥青防水涂料通常是用再生橡胶、合成橡胶、SBS 或树脂对沥青进行改性而制成的溶剂型或水乳型涂膜防水材料。通过对沥青改性的防水涂料，具有高温不流淌、低温不脆裂、耐老化、增加延伸率和粘结力等性能，能够显著提高防水涂料的物理力学性能，扩大应用范围。

高聚物改性沥青防水涂料包括氯丁橡胶沥青防水涂料（水乳型和溶剂型两类）、再生橡胶沥青防水涂料（水乳型和溶剂型两类）、SBS 改性沥青防水涂料等种类。

1. 溶剂型氯丁橡胶改性沥青防水涂料

该防水涂料是以石油沥青为基料，氯丁橡胶为改性材料，加入适量的无机填料、增塑剂和溶剂等，经溶解、混合而成的溶剂型防水涂料。

该种涂料耐候性、耐腐蚀性强，延伸性好，适应基层变形能力强；形成涂膜的速度快且致密完整，可在低温下冷施工，简单方便。适用于混凝土屋面防水，地下室、卫生间等防水防潮工程，也可用于旧建筑防水维修及管道防腐。

溶剂型氯丁橡胶改性沥青防水涂料技术性能见表 10-9。

溶剂型氯丁橡胶改性沥青防水涂料技术性能 表 10-9

项　目	指　标
干燥性	(20±2)℃，湿度 (65±5)％，表干 2.5h，实干 10h
耐热性	(80±2)℃试件垂直放置，无流淌、下滑、脱落现象
低温柔性	−20℃时绕 φ10 棒半周，涂膜无裂纹剥落现象
不透水性	动水压 0.1MPa，30min 不透水
抗裂性	(20±2)℃，涂膜 0.30～0.4mm，基层裂缝宽 0.2mm 时不开裂
耐酸碱性	20℃饱和 Ca (OH)$_2$ 溶液，2％硫酸溶液浸泡 15d 无剥落起泡、斑点、分层起皱现象

2. 水乳型氯丁橡胶改性沥青防水涂料

水乳型氯丁橡胶改性沥青防水涂料又称氯丁胶乳沥青防水涂料，是以阳离子氯丁胶乳和阳离子型石油沥青乳液混合，稳定分散在水中而制成的一种水乳型防水涂料。

该种涂料的特点是：耐酸、碱性能好，有良好的抗渗透性、气密性和抗裂性；成膜快、强度高，防水涂膜耐候性、耐高温和低温性好；无毒、无味、不污染环境；施工安全、操作方便、可冷施工，可采用刮涂、滚刷或喷涂等方法。

该种涂料适用于屋面、厕浴间、天沟防水层和屋面隔汽层；地下室防水、防潮隔离层；斜沟、天沟、建筑物间连接缝等非平面防水层等。其技术性能见表 10-10。

水乳型氯丁橡胶改性沥青防水涂料技术性能 表 10-10

项　目	指　标
外观	深棕乳状液
黏度	0.1～0.25Pa·s
涂膜干燥度	表干 4h，实干 24h
耐热度	80℃，5h 无变化
粘结强度	≥0.2MPa
低温柔性	−10℃，2h，ϕ10 棒绕无断裂
不透水性	动水压 0.1MPa，30min 不透水
抗裂性	基层裂缝宽度≥0.2mm 时不裂
抗老化性	人工老化 27 周，LH-Ⅰ型老化仪 24 h 为一周期，无明显龟裂

3. 水乳型再生橡胶沥青防水涂料

水乳型再生橡胶沥青防水涂料是由阳离子型再生胶乳和沥青乳液混合，稳定分散在水中而形成的一种乳液状防水涂料。

这种涂料具有良好的相容性；克服了沥青热淌冷脆的缺陷；具有一定的柔韧性、耐高低温、耐老化性能；可冷施工，无毒无污染，操作方便，可在潮湿基层上施工；原料来源广泛、价格低。但气温低于 5℃时不宜施工。

水乳型再生胶沥青防水涂料技术性能见表 10-11。

水乳型再生胶沥青防水涂料技术性能 表 10-11

项　目	指　标
耐热性	80℃，5h 无变化
耐碱性	饱和 Ca(OH)$_2$ 溶液浸泡 15d 无变化
不透水性	动水压 0.1MPa，30min 不透水
粘结性	八字模法粘结强度≮0.23MPa
低温柔性	−15℃ϕ10 圆棒绕，无裂纹
抗裂性	基层开裂 1.7mm，涂膜不开裂
涂膜干燥时间	表干≮4h，实干≮24h

4. 溶剂型再生橡胶沥青防水涂料

溶剂型再生橡胶沥青防水涂料是由再生橡胶、沥青和汽油为主要原料，加入填充料，经油法再生及研磨制浆等工艺制成的防水涂料。

该涂料具有较好的耐水性、抗裂性，高温不流淌，低温不脆裂，弹塑性能良好，有一定的耐老化性，干燥速度快，操作方便，可在负温下施工。适用于工业与民用建筑混凝土屋面防水层、地下室、水池、冷库、地坪等的抗渗、防潮以及旧油毡屋面的维修和翻修。该涂料比较适合表面变形较大的节点及接缝处，同时应配用嵌缝材料，才能收到更好的效果。

溶剂型再生橡胶沥青防水涂料的技术性能见表 10-12。

溶剂型再生橡胶沥青防水涂料技术性能   表 10-12

项 目	试 验 条 件	指 标
粘结强度	(20±2)℃，八字模法测抗拉强度	>0.2MPa
耐热性	(80±2)℃，5h	无流淌、脱落、下滑
低温柔性	−10℃绕 φ10 棒，180°	无网纹、裂纹、剥落
耐碱性	20℃，饱和 Ca (OH)₂ 溶液，15d	无剥落、起泡、分层起皱
耐酸性	1％硫酸溶液，15d	无剥落、起泡、斑点、分层、起皱
不透水性	动水压 0.1MPa，30min	不透水
干燥性	(20±2)℃，湿度 65±5％	表干 2.5h，实干 10h
抗裂性	(20±2)℃，涂膜厚 0.3～0.4mm，基层裂缝宽不小于 0.2mm	涂膜不开裂

5. SBS 改性沥青防水涂料

有水乳型和溶剂型两种。水乳型是以石油沥青为基料，用 SBS 橡胶对沥青进行改性，再以膨润土等作为分散剂，在机械强烈搅拌下制成的膏状涂料；溶剂型是以石油沥青为基料，掺入 SBS 橡胶和溶剂在机械搅拌下混合成的防水涂料。

SBS 改性沥青防水涂料的防水性能、低温柔韧性、抗裂性、粘结性良好；可冷施工，操作简便，无毒，安全，是一种较理想的中档防水涂料。适用于屋面、地面、卫生间、地下室等复杂基层的防水工程，特别适用于寒冷地区的工程。

SBS 改性沥青防水涂料的技术性能见表 10-13。

SBS 改性沥青防水涂料的技术性能   表 10-13

项 目	指 标
外观	黑色黏稠液体
固体性	≥50％
粘结性	与水泥砂浆粘结强度≥0.3MPa
耐热性	(80±2)℃，5h 垂直放置，不起泡、起层、脱落
抗裂性	(−20±2)℃涂膜厚 0.3～0.4mm，涂膜不裂的基层裂缝宽≥1mm
不透水性	动水压 0.2MPa，30min，不透水；静水压 φ60 玻管，水柱高 40mm，100d，不透水
人工老化	水冷氙灯照射 300h，无异常
耐酸碱性	(20±2)℃，1％H₂SO₄ 溶液、饱和 Ca (OH)₂ 溶液浸泡 30d 无异常
耐湿性	湿度 90％，温度 35～40℃，100d，无异常

三、合成高分子防水涂料

合成高分子防水涂料是以合成橡胶或合成树脂为主要成膜物质，加入其他辅料配制而成的单组分或多组分防水涂料。

合成高分子防水涂料包括聚氨酯防水涂料、丙烯酸酯防水涂料、硅橡胶防水涂料、聚合物水泥防水涂料等品种。

1. 聚氨酯防水涂料

聚氨酯防水涂料有双组分反应固化型和单组分湿固化型。双组分聚氨酯防水涂料中，甲组分为聚氨酯预聚体，乙组分为含有催化剂、交联剂、固化剂、填料、助剂等的固化组分。现场将甲、乙组分按规定配合比混合均匀，涂覆后经固化反应形成高弹性膜层。双组分聚氨酯防水涂料又分为沥青基聚氨酯防水涂料（适用于隐蔽防水工程）和纯聚氨酯防水涂料（一般为彩色，侧重外露防水工程），为了区别于煤焦油基聚氨酯防水涂料，也常将这类涂料统称为非焦油基聚氨酯防水涂料。单组分有沥青基的、溶剂型纯聚氨酯的、纯聚氨酯以水为稀释剂的等。煤焦油基的双组分和单组分产品都已被淘汰。

聚氨酯防水涂料的特点：具有橡胶状弹性，延伸性好，抗拉强度和抗撕裂强度高；具有良好的耐酸、耐碱、耐腐蚀性；施工操作简便，对于大面积施工部位或复杂结构，可实现整体防水涂层。

聚氨酯防水涂料适用于屋面、地下室、厕浴间、游泳池、铁路、桥梁、公路、隧道、涵洞等防水工程。

聚氨酯防水涂料的主要物理力学性能指标见表 10-14。

聚氨酯防水涂料物理力学性能　　　　　　　　　　　　　　表 10-14

项　　目		指　　标	
		一等品	合格品
拉伸强度（MPa），>		2.45	1.65
断裂时的延伸率（%），>		450	350
加热伸缩率（%），<	伸长	1	
	缩短	4	6
拉伸时的老化	加热老化	无裂缝及变形	
	紫外线老化	无裂缝及变形	
低温柔性		−35（℃），无裂纹	−30（℃），无裂纹
不透水性（0.3MPa，30min）		不渗漏	
固体含量（%）		≥94	
适用时间（min）		≥20，黏度不大于 10^5MPa·s	
涂膜表干时间（h）		≤4，不粘手	
涂膜实干时间（h）		≤12，无粘着	

2. 丙烯酸酯防水涂料

丙烯酸酯防水涂料是以丙烯酸乳酸为基料，掺加合成橡胶乳液改性剂、表面活性剂、增塑剂、成膜助剂、防霉剂、颜料及填料而制成的一种水乳型、无毒、无味、无污染的单组分建筑防水涂料。

丙烯酸酯防水涂料以水为稀释剂，无溶剂污染，不燃，无毒，能在多种材质表面直接施工。涂膜后可形成具有高弹性、坚韧、无接缝、耐老化、耐候性优异的防水涂膜，并可根据需要加入颜料配制成彩色涂层，美化环境。

丙烯酸弹性防水涂料可在潮湿或干燥的混凝土、砖石、木材、石膏板、泡沫板等基面上直接涂刷施工。还适用于新旧建筑物及构筑物的屋面、墙面、室内、卫生间等工程，以及非长期浸水环境下的地下工程、隧道、桥梁等防水工程。其物理力学性能见表 10-15。

丙烯酸酯防水涂料物理力学性能 表 10-15

项 目		指 标
拉伸强度（MPa）	无处理	0.78
	加热处理	无处理的 145%
	紫外线处理	无处理的 205%
	碱处理	无处理的 75%
	酸处理	无处理的 82%
断裂时的延伸率（%）	无处理	868
	加热处理	600
	紫外线处理	285
	碱处理	430
	酸处理	556
低温柔性（℃）	加热处理	−25
	紫外线处理	−25
不透水性（MPa）	无处理	0.2、30min 不透水
加热缩短率（%）	热处理	2.3
低温贮存稳定性	三个循环	未见凝固、离析现象

3. 硅橡胶防水涂料

硅橡胶防水涂料是以硅橡胶乳液及其他乳液的复合物为主要基料，掺入无机填料（如碳酸钙、滑石粉等）及各种助剂（如酯类增塑剂、消泡剂等）配制而成的乳液型防水涂料。

该涂料兼有涂膜防水和浸透性防水材料两者的优良性能，具有良好的防水性、渗透性、成膜性、弹性、粘结性和耐高温性。适应基层的变形能力强，能渗入基层与基底粘结牢固。修补方便，凡在施工遗漏或出现损伤处可直接涂刷。适用于地下室、卫生间、屋面及各类贮水、输水构筑物的防水、防渗及渗漏工程修补。其物理力学性能见表 10-16。

硅橡胶防水涂料的物理力学性能 表 10-16

项 目	指 标
外观	白色或其他浅色
含固量	66%
抗渗性	迎水面 1.1～1.5MPa，背水面 0.3～0.5MPa

项　目	指　标
渗透性	可渗入基底约 0.3mm 左右
抗裂性	4.5～6mm（涂膜厚 0.4～0.5mm）
延伸率	640%～1000%
低温柔性	−30℃合格
粘结强度	0.57MPa
扯断强度	2.2MPa
耐热性	100±1℃，6h，不起鼓、不脱落
耐老化	人工老化 168 h，不起皱、不起鼓、不脱落，延伸率达 530%

4. 聚合物水泥防水涂料

聚合物水泥防水涂料也称 JS 复合防水涂料，是近年来发展较快，应用广泛的新型建筑防水涂料。由有机液体料（如聚丙烯酸酯、聚醋酸乙烯乳液及各种添加剂组成）和无机粉料（如高铝高铁水泥、石英粉及各种添加剂组成）复合而成的双组分防水涂料，是一种具有有机材料弹性高又有无机材料耐久性好等优点的新型防水材料，涂覆后可形成高强坚韧的防水涂膜，并可根据需要配制成各种彩色涂层。

聚合物水泥防水涂料的特点是：涂层坚韧高强，耐水性、耐久性好；无毒、无味、无污染，施工简便、工期短，可用于饮水工程；可在潮湿的多种材质基面上直接施工，抗紫外线性能、耐候性能、抗老化性能良好，可用于外露式屋面防水；掺加颜料，可形成彩色涂层；在立面、斜面和顶面上施工不流淌，适用于有饰面材料的外墙、斜屋面防水，表面不沾污。

聚合物水泥防水涂料的适用范围：可在潮湿或干燥的各种基面上直接施工，如砖石、砂浆、混凝土、金属、木材、泡沫板、橡胶、沥青等；用于各种新旧建筑物及构筑物防水工程，如屋面、外墙、地下工程、隧道、桥梁、水库等；调整液料与粉料比例为腻子状，也可作为粘结、密封材料，用于粘贴马赛克、瓷砖等。

产品分为 I 型和 II 型。I 型适用于非长期浸水的环境，II 型适用于长期浸水的环境。其物理力学性能见表 10-17。

聚合物水泥防水涂料的物理力学性能　　　　　　　　表 10-17

试 验 项 目		技 术 指 标	
		I 型	II 型
固体含量（%），≥		65	
干燥时间	表干时间（h），≤	4	
	实干时间（h），≤	8	
拉伸强度（MPa），≥		1.2	1.8
断裂伸长率（%），≥		200	80
低温柔性（φ10mm 棒）		−10℃无裂纹	—
不透水性（0.3MPa，30min）		不透水	不透水
潮湿基面粘结强度（MPa），≥		0.5	1.0
抗渗性（背水面）（MPa），≥		—	0.6

第四节　建筑防水密封材料

建筑密封材料是指填充于建筑物的接缝、裂缝、门窗框、玻璃周边及管道接头或其他结构物的连接处，起水密、气密作用的材料。

建筑密封材料按其外观形状可分为定型密封材料（如密封带、止水带、密封条）与不定型密封材料（各种密封胶、嵌缝膏），按其基本原料主要分为改性沥青密封材料和高分子密封材料两大类，详见图10-4。

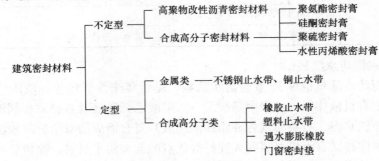

图 10-4　建筑密封材料分类及常见产品

一、改性沥青密封材料

1. 建筑防水沥青嵌缝油膏

建筑防水沥青嵌缝油膏是以石油沥青为基料，加入橡胶（SBS）、废橡胶粉、稀释剂、填充料等热熔共混而成的黑色油膏，是使用较久的低档密封材料。可冷用嵌填，用于建筑的接缝、孔洞、管口等部位的防水防渗。该材料按耐热度和低温柔性分702和801两个型号。

建筑防水沥青嵌缝油膏物理力学性能见表10-18。

建筑防水沥青嵌缝油膏物理力学性能　　　　　　　　　　　　表 10-18

序号	项　　　目		技　术　指　标	
			702	801
1	密度（g/cm³）		规定值±0.1	
2	施工度（mm），≥		22.0	20.0
3	耐热度	温度（℃）	70	80
		下垂值（mm），≤	4.0	
4	低温柔性	温度（℃）	−20	−10
		粘结状况	无裂纹和剥离现象	
5	拉伸粘结性（%），≥		125	
6	浸水后粘结性（%），≥		125	
7	渗出性	渗出幅度（mm），≤	5	
		渗出张数，（张），≤	4	
8	挥发性（%），≤		2.8	

2. 聚氯乙烯建筑防水接缝材料

聚氯乙烯建筑防水接缝材料，是以聚氯乙烯树脂为基料，加以适量的改性材料及其他添加剂配置而成的密封材料。按施工工艺的不同分为热塑型（指聚氯乙烯胶泥）与热熔型两种；按耐热性和低温柔性分为 802 和 703 两个标号。

该材料具有良好的粘结性和防水性；弹性较好，能适应振动、沉降、拉伸等引起的变形要求，保持接缝的连续性，在－20℃及－30℃温度下不脆、不裂，仍有一定弹性；有较好的耐腐蚀性和耐老化性，对钢筋无腐蚀作用；耐热度大于 80℃，夏季不流淌，不下垂，适合各地区气候条件和各种坡度。可用于各类工业与民用建筑屋面接缝节点的嵌填密封，屋面裂缝的防渗漏、修补。

聚氯乙烯建筑防水接缝材料的技术性能见表 10-19。

聚氯乙烯建筑防水接缝材料的技术性能   表 10-19

项　　目		标　　号	
		802	703
耐热性	温度（℃）	80	70
	下垂值（mm）	<4	
低温柔性	温度（℃）	－20	－30
	柔性	合格	
粘结延伸率（%）		≥250	
浸水粘结延伸率（%）		≥200	
回弹率（%）		≥80	
挥发率（%）		≥3	

注：挥发率仅限于热熔型聚氯乙烯接缝材料。

二、合成高分子密封材料

合成高分子密封材料以弹性聚合物或其溶液、乳液为基础，添加改性剂、固化剂、补偿剂、颜料、填料等经均化混合而成。在接缝中依靠化学反应固化或与空气中的水分交联固化或依靠溶剂、水分蒸发固化，成为稳定粘接密封接缝的弹性体。产品按聚合物分类有硅酮、聚氨酯、聚硫、丙烯酸等类型。

1. 水乳型丙烯酸建筑密封膏

水乳型丙烯酸建筑密封膏，是以丙烯酸酯乳液为基料，加入少量表面活性剂、增塑剂、改性剂以及填充料、颜料等配置而成。

该类产品以水为稀释剂，无溶剂污染、无毒、不燃；有良好的粘结性、延伸性、施工性、耐热性及抗大气老化性，优异的低温柔性；可在潮湿基层上施工，操作方便，可与基层配色，调制成各种不同色彩，无损装饰。

其技术性能见表 10-20。

2. 聚氨酯建筑密封膏

聚氨酯密封膏是以聚氨酯预聚体为基料和含有活性氢化合物的固化剂组成的一种常温固化型弹性密封膏。产品分单组分、双组分两种，品种分非下垂和自流平两种。

标准 等级 项目		丙烯酸建筑密封膏		
		优等品	一等品	合格品
密度（g/cm³）		规定值±0.1		
挤出性（mL/min）		≥100	≥100	≥100
表干时间（h）		≤24	≤24	≤24
渗出性（指数）		≤3	≤3	≤3
干垂度（mm）		≤3	≤3	≤3
初期耐水性		未见混浊液		
低温贮存稳定性		未见凝固、离析现象		
收缩率（%）		≤30	≤30	≤30
低温柔性（℃）		−40	−30	−20
拉伸粘结性	最大拉伸强度（MPa）	0.02～0.15	0.02～0.15	0.02～0.15
	最大延伸率（%）	≥400	≥250	≥150
	恢复率（%）	≥75	≥70	≥65
拉伸—压缩循环性能	级别	7020	7010	7005
	平均破坏面积（%）	≤25		

聚氨酯密封膏模量低、延伸率大、弹性高，具有良好的粘结性、耐油、耐低温性能、耐伸缩疲劳，可承受较大的接缝位移。

双组分无焦油聚氨酯建筑密封膏的技术性能见表 10-21。

聚氨酯建筑密封膏技术性能 表 10-21

序号	项 目		指 标		
			优等品	一等品	合格品
1	密度（g/cm³）		规定值±0.1		
2	适用期（h）		≥3		
3	表干时间（h）		≥24	≤48	
4	渗出性指数		≤2		
5	流变性	下垂度（N 型）mm	≤2		
		流平性（L 型）	5℃自流平		
6	低温柔性（℃）		−40	−30	
7	拉伸粘结性	最大拉伸强度（MPa）	≥0.2		
		最大伸长率（%）	≥400	≥200	
8	定伸粘结性（%）		200	160	
9	恢复率（%）		≥95	≥90	≥85
10	剥离粘结性	剥离强度（N/mm）	≥0.9	≥0.7	≥0.5
		粘结破坏面积（%）	≤25	≤25	≤40
11	拉伸—压缩循环性能	级别	9030	8020	7020
		粘结和内聚破坏面积（%）	≤25		

3. 聚硫建筑密封膏

聚硫建筑密封膏是以液态聚硫橡胶为基料和金属过氧化物等硫化剂反应，常温下固化的一种双组分密封材料。品种按伸长率和模量分为 A 类和 B 类；按流变分为非下垂和自流平两种。

聚硫建筑密封膏具有优异的耐候性，良好的气密性和水密性，使用温度范围广，低温柔性好，对金属、混凝土、玻璃、木材等材质都有良好的粘结力。

聚硫密封膏的技术性能见表 10-22。

聚硫密封膏技术性能   表 10-22

项目 指标 等级		A 类		B 类		
		一等品	合格品	优等品	一等品	合格品
密度（g/cm³）		规定值±0.1				
适用期（h）		2～6				
表干时间（h）		≤24				
渗出性指数		≤4				
流变性	下垂度（N 型）mm	≤3				
	流平性（L 型）	光滑平整				
低温柔性（℃）		−30		−40	−30	
拉伸粘结性	最大拉伸强度（MPa）	≥1.2	≥0.8	≥0.2		
	最大伸长率（%）	≥100		≥400	≥300	≥200
	恢复率（%）	≥90		≥80		
拉伸—压缩循环性能	级别	8020	7010	9030	8020	7010
	粘结和内聚破坏面积（%）	≤25				
加热失重（%）		≤10		≤6	≤10	

4. 硅酮建筑密封膏

硅酮建筑密封膏有单组分和双组分两种。单组分型系以有机硅氧烷聚合物为主要成分，加入硫化剂、填料、颜料等成分制成。双组分型系把聚硅氧烷、填料、助剂、催化剂混合为一组分，交联剂为另一组分，使用时两组分按比例混合。

硅酮密封膏具有优异的耐热、耐寒性和较好的耐候性，与各种材料具有良好的粘结性能，而且伸缩疲劳性能、疏水性能亦良好，硫化后的密封膏在−50～+250℃范围内能长期保持弹性，使用后的耐久性和储存稳定性都较好。

高模量硅酮密封膏主要用于建筑物的结构型密封部位，如高层建筑的玻璃幕墙、隔热玻璃粘结密封等。中模量硅酮密封膏除了具有极大伸缩性的接缝不能使用外，其他部位都可以使用。低模量硅酮密封膏主要用于建筑物的非结构型密封部位，如预制混凝土墙板、水泥板、大理石板、花岗石板的外墙接缝、混凝土与金属框架的粘结、卫生间及高速公路接缝的防水、密封。

三、定型密封材料

定型密封材料指处理建筑物或地下构筑物接缝的材料。定型密封材料可分为刚性和柔性两大类。刚性类大多是金属材料，如钢或铜制的止水带和泛水。柔性类一般用天然或合成橡胶、聚氯乙烯及类似材料制成。用作密封条、止水带及其他嵌缝材料。遇水膨胀橡胶止水带则是在橡胶内掺加了高吸水性树脂，遇水时则体积迅速吸水膨胀，使缝隙堵塞严密。

第十一章 绝热材料和吸声材料

第一节 绝 热 材 料

一、绝热材料的基本特性和使用功能

绝热材料是用于减少结构物与环境热交换的一种功能材料。建筑工程中使用的绝热材料，一般要求其热导率不宜大于 0.17W/（m·K），表观密度不大于 600kg/m³，抗压强度不小于 0.3MPa。在具体选用时，除考虑上述基本要求外，还应了解材料在耐久性、耐火性、耐侵蚀性等方面是否符合要求。

热导率（λ）是材料导热特性的一个物理指标。当材料厚度、受热面积和温差相同时，热导率（λ）主要决定于材料本身的结构与性质。因此，热导率是衡量绝热材料性能优劣的主要指标。λ 值越小，则通过材料传送的热量就越少，其绝热性能也越好。材料的热导率决定于材料的组分、内部结构、表观密度；也决定于传热时的环境温度和材料的含水量。通常，表观密度小的材料其孔隙率大，因此热导率小。孔隙率相同时，孔隙尺寸大，导热系数就大；孔隙相互连通比相互不连通（封闭）者的导热系数大。绝热材料受潮后，其 λ 值增加，因为水的 λ 值 [0.58 W/（m·K）] 远大于密闭空气的热导率 [0.23 W/（m·K）]。当受潮的绝热材料受到冰冻时，其热导率会进一步增加，因为冰的 λ 值为 2.33W/（m·K），比水大。因此，绝热材料应特别注意防潮。

当材料处在 0～50℃ 范围内时，其 λ 值基本不变。在高温时，材料的 λ 值随温度的升高而增大。对各向异性材料（如木材等），当热流平行于纤维延伸方向时，热流受到的阻力小，其 λ 值较大；而热流垂直于纤维延伸方向时，受到的阻力大，其 λ 值就较小。

二、常用的绝热材料

常用的绝热材料按其成分可分为有机和无机两大类。无机绝热材料是用矿物质原料做成的呈松散状、纤维状或多孔状的材料，可加工成板、卷材或套管等形式的制品。有机绝热材料是用有机原料（如各种树脂、软木、木丝、刨花等）制成。有机绝热材料的密度一般小于无机绝热材料。无机绝热材料不腐烂、不燃，有些材料还能抵抗高温，但密度较大。有机绝热材料吸湿性大，易受潮、腐烂，高温下易分解变质或燃烧，一般温度高于 120℃ 时就不宜使用，但堆积密度小，原料来源广，成本较低。

1. 无机纤维状绝热材料

这是一类由连续的气相与无机纤维状固相组成的材料。常用的无机纤维有矿棉、玻璃棉等。可制成板或筒状制品。由于不燃、吸声、耐久、价格便宜、施工简便，而广泛用于住宅建筑和热工设备的表面。

（1）玻璃棉及制品

玻璃棉是用玻璃原料或碎玻璃熔融后制成的一种纤维材料。其纤维直径为 $20\mu m$，表观密度为 $10\sim120kg/m^3$，热导率为 $0.041\sim0.035$ W/（m·K）。最高使用温度：采用普通有碱玻璃时，为 $350℃$，采用无碱玻璃时，为 $600℃$。可制成沥青玻璃棉毡、板及酚醛玻璃棉毡和板，使用方便，因此它是广泛用在温度较低的热力设备和房屋建筑中的保温隔热材料，还是优质的吸声材料。

（2）矿棉和矿棉制品

矿棉一般包括矿渣棉和岩石棉。矿渣棉所用原料有高炉硬矿渣、铜矿渣和其他矿渣等，另加一些调整原料（含氧化钙、氧化硅的原料）。岩石棉的主要原料是天然岩石，经熔融后吹制而成的纤维状（棉状）产品。

矿棉具有轻质、导热率小、不燃、防蛀、耐腐蚀、吸声性好等特点，且原料来源丰富，成本较低，可制成矿棉板、矿棉防水毡及套管等。可用作建筑物的墙壁、屋顶、顶棚等处的保温隔热和吸声。

（3）石棉及制品

石棉是蕴藏在岩石中的纤维状天然矿物。石棉的主要特点是便于松解、纤维柔软，具有绝热、耐火、耐热、耐酸碱、隔声等特性。松散的石棉较少单独使用。常加工成石棉粉，制成石棉纸板、石棉毡等石棉制品应用。

2. 无机散粒状绝热材料

这是一类由连续的气相与无机颗粒状固相组成的材料。常用的固相材料有膨胀蛭石和珍珠岩等。

（1）膨胀蛭石及其制品

蛭石是一种复杂的镁、铁含水铝硅酸盐矿物，由云母矿物经风化而成，具有层状结构。将天然蛭石经破碎、预热后快速通过煅烧带可使蛭石膨胀 $20\sim30$ 倍，煅烧后的膨胀蛭石表观密度可降至 $80\sim900kg/m^3$，热导率 $\lambda=0.046\sim0.070$ W/（m·K），最高使用温度 $1000\sim1100℃$。膨胀蛭石可以呈松散状铺设于墙壁、楼板、屋面等夹层中，作为绝热、隔声之用，还可与水泥、水玻璃等胶凝材料配合，浇制成板，用于墙、楼板和屋面板等构件的绝热。

（2）膨胀珍珠岩及制品

膨胀珍珠岩是由天然珍珠岩煅烧而成的，呈蜂窝泡沫状的白色或灰白色颗粒，是一种高效能的绝热材料。其堆积密度为 $40\sim500kg/m^3$，热导率为 $0.047\sim0.070$ W/（m·K），最高使用温度可达 $800℃$，最低使用温度为 $-200℃$。具有吸湿小、无毒、不燃、抗菌、耐腐、施工方便等特点。建筑上广泛用于围护结构、低温及超低温保冷设备、热工设备等处的隔热保温，也可用于制作吸声制品。

膨胀珍珠岩制品是以膨胀珍珠岩为主，配合适量胶凝材料（水泥、水玻璃、沥青等），经拌合、成型、养护（或干燥，或固化）后而制成的具有一定形状的板、块、管壳等制品。

3. 无机多孔类绝热材料

多孔类材料是由固相和孔隙良好分散的材料。主要有泡沫类和发气类产品。

（1）泡沫混凝土

泡沫混凝土是由水泥、水、松香泡沫剂混合后经搅拌、成型、养护而成的一种多孔、轻质、保温、隔热、吸声材料。也可用粉煤灰、石灰、石膏和泡沫剂制成粉煤灰泡沫混凝土。泡沫混凝土的表观密度约为 $300\sim500kg/m^3$，热导率约为 $0.082\sim0.186W/(m\cdot K)$。

（2）加气混凝土

加气混凝土是由水泥、石灰、粉煤灰和发气剂（铝粉）配制而成的一种保温隔热性能良好的轻质材料。加气混凝土的表观密度约为 $400\sim700\ kg/m^3$，热导率约为 $0.093\sim0.164W/(m\cdot K)$，具有可钉、可锯、可刨、不燃、耐久等特性，是一种性能良好、用途广泛的绝热材料。

（3）硅藻土

硅藻土是水生硅藻类生物的残骸堆积而成。其孔隙率为 $50\%\sim80\%$，热导率约为 $0.060W/(m\cdot K)$，因此具有很好的绝热性能，最高使用温度可达 $900℃$，可用作填充料或制成制品。

（4）微孔硅酸钙

微孔硅酸钙由硅藻土或硅石与石灰等经配料、拌合、成型及水热处理制成。以托贝莫来石为主要水化产物的微孔硅酸钙，表观密度约为 $200\ kg/m^3$，热导率约为$0.047W/(m\cdot K)$，最高使用温度约 $650℃$。以硬硅酸钙为主要水化产物的微孔硅酸钙，其表观密度约为 $230\ kg/m^3$，热导率约为 $0.056\ W/(m\cdot K)$，最高使用温度可达 $1000℃$。

（5）泡沫玻璃

泡沫玻璃由玻璃粉和发泡剂等经配料、烧制而成。气孔率达 $80\%\sim95\%$，气孔直径为 $0.1\sim5mm$，且大量为封闭而独立的小气泡。其表观密度为 $150\sim600\ kg/m^3$，热导率为 $0.058\sim0.128\ W/(m\cdot K)$，抗压强度为 $0.8\sim15MPa$。采用普通玻璃粉制成的泡沫玻璃最高使用温度为 $300\sim400℃$，若用碱玻璃粉生产时，则最高使用温度可达 $800\sim1000℃$。耐久性好，易加工，可满足多种绝热需要。

4. 有机绝热材料

（1）泡沫塑料

泡沫塑料是以各种树脂为基料，加入一定剂量的发泡剂、催化剂、稳定剂等辅助材料，经加热发泡而制成的一种具有轻质、绝热、吸声、防震性能的材料。目前我国生产的有聚苯乙烯泡沫塑料，其表观密度为 $20\sim50kg/m^3$，热导率为 $0.038\sim0.047W/(m\cdot K)$，最高使用温度约 $70℃$；聚氯乙烯泡沫塑料，其表观密度为 $12\sim75kg/m^3$，热导率为 $0.031\sim0.045W/(m\cdot K)$，最高使用温度约 $70℃$，遇火能自行熄灭；聚氨酯泡沫塑料，其表观密度为 $30\sim65kg/m^3$，热导率为 $0.035\sim0.042W/(m\cdot K)$，最高使用温度可达 $120℃$，最低使用温度为 $-60℃$。该类绝热材料可用作复合墙板及屋面板的夹芯层及冷藏和包装等绝热需要。

（2）植物纤维类绝热板

该类绝热材料可用稻草、木质纤维、麦秸、甘蔗渣等为原料经加工而成。其表观密度约为 $200\sim1200kg/m^3$，热导率为 $0.058\sim0.307W/(m\cdot K)$，可用于墙体、地板、顶棚等，也可用于冷藏库、包装箱等。

（3）窗用绝热薄膜（又名新型防热片）

其厚度约 $12\sim50\mu m$，用于建筑物窗户的绝热，可以遮蔽阳光，防止室内陈设物退色，减低冬季热量损失，节约能源，增加美感。使用时，将特制的防热片（薄膜）贴在玻璃上，其功能是将透过玻璃的大部分阳光反射出去，反射率高达 80%。防热片能减少紫外线的透过率，减轻紫外线对室内家具和织物的有害作用，减弱室内的温度变化程度，也可避免玻璃碎片伤人。

三、常用绝热材料的技术性能

常用绝热材料技术性能及用途见表 11-1。

常用绝热材料技术性能及用途 表 11-1

材料名称	表观密度 （kg/m³）	强度 （MPa）	热导率 [W/（m·K）]	最高使用温度 （℃）	用途
超细玻璃棉毡 沥青玻璃制品	30~80 100~150		0.035 0.041	300~400 250~300	墙体、屋面、冷藏库等
矿渣棉纤维	110~130		0.044	≤600	填充材料
岩棉纤维	80~150	$f_t > 0.012$	0.044	250~600	填充墙体、屋面、热力管道等
岩棉制品	80~160		0.04~0.052	≤600	
膨胀珍珠岩	40~300		常温 0.02~0.044 高温 0.06~0.17 低温 0.02~0.038	≤800	高效能保温保冷填充材料
水泥膨胀珍珠岩制品	300~400	$f_c = 0.5~1.0$	常温 0.05~0.081 低温 0.081~0.12	≤600	保温隔热用
水玻璃膨胀珍珠岩制品	200~300	$f_c = 0.6~1.7$	常温 0.056~0.093	≤650	保温隔热用
沥青膨胀珍珠岩制品	200~500	$f_c = 0.2~1.2$	0.093~0.12		用于常温及负温部位的绝热
膨胀蛭石	80~900		0.046~0.070	1000~1100	填充材料
水泥膨胀蛭石制品	300~550	$f_c = 0.2~1.15$	0.076~0.105	≤600	保温隔热用
微孔硅酸盐制品	250	$f_c > 0.5$ $f_t > 0.3$	0.041~0.056	≤650	围护结构及管道保温
轻质钙塑板	100~150	$f_c = 0.1~0.3$ $f_t = 0.11~0.7$	0.047	650	保温隔热兼防水性能，并具有装饰性能
泡沫玻璃	150~600	$f_c = 0.55~15$	0.058~0.128	300~400	砌筑墙体及冷藏库绝热
泡沫混凝土	300~500	$f_c \geqslant 0.4$	0.081~0.19		围护结构
加气混凝土	400~700	$f_c \geqslant 0.4$	0.093~0.16		围护结构
木丝板	300~600	$f_v = 0.4~0.5$	0.11~0.26		顶棚、隔墙板、护墙板

材料名称	表观密度 （kg/m³）	强 度 （MPa）	热导率 ［W/（m·K）］	最高使用温度 （℃）	用 途
轻质纤维板	150～400		0.047～0.093		同上，表面较光洁
芦苇板	250～400		0.093～0.13		顶棚、隔墙板
软木板	105～437	$f_v=0.15\sim2.5$	0.044～0.079	≤130	吸水率小，不霉腐、不燃烧，用于绝热结构
聚苯乙烯泡沫塑料	20～50	$f_v=0.15$	0.031～0.047	70	屋面、墙体保温隔热等
硬质聚氨酯泡沫塑料	30～40	$f_c=0.25\sim0.5$	0.022～0.055	−60～120	屋面、墙体保温、冷藏库隔热
聚氯乙烯泡沫塑料	12～72	$f_c=0.31\sim1.2$	0.022～0.035	−196～70	屋面、墙体保温、冷藏库隔热

第二节 吸声、隔声材料

在规定频率下平均吸声系数大于 0.2 的材料，称为吸声材料。因吸声材料可较大程度吸收空气传递的声波能量，在播音室、音乐厅、影剧院等的墙面、地面、天棚等部位采用适当的吸声材料，能改善声波在室内的传播质量，保持良好的音响效果和舒适感。

一、材料的吸声性能

物体振动时，迫使邻近空气随着振动而形成声波，当声波接触到材料表面时，一部分被反射，一部分穿透材料，而其余部分则在材料内部的孔隙中引起空气分子与孔壁的摩擦和黏滞阻力，使相当一部分声能转化为热能而被吸收。被材料吸收的声能（包括穿透材料的声能在内）与原先传递给材料的全部声能之比，是评定材料吸声性能好坏的主要指标，称为吸声系数，用下式表示：

$$\alpha = \frac{E}{E_0} \times 100\% \tag{11-1}$$

式中　α——材料的吸声系数；

　　E_0——传递给材料的全部入射声能；

　　E——被材料吸收（包括透过）的声能。

假如入射声能的 60% 被吸收，40% 被反射，则该材料的吸声系数 α 就等于 0.6。当入射声能 100% 被吸收而无反射时，吸声系数等于 1。当门窗开启时，吸声系数相当于 1。一般材料的吸声系数在 0～1 之间。

材料的吸声特性，除与材料本身性质、厚度及材料表面的条件（有无空气层及空气层的厚度）有关外，还与声波的入射角及频率有关。一般而言，材料内部的开放连通的气孔越多，吸声性能越好。同一材料，对高、中、低不同频率的吸声系数不同。为了全面反映材料的吸声性能，规定取 125Hz、250Hz、500Hz、1000Hz、2000Hz、4000Hz 六个频率的吸声系数来表示材料吸声的频率特性。吸声材料在上述六个规定频率的平均吸声系数应大于 0.2。

二、常用材料的吸声系数

常用的吸声材料及其吸声系数见表 11-2 所示，供选用时参考。

建筑上常用的吸声材料

表 11-2

分类及名称		厚度(cm)	表观密度(kg/m³)	各种频率下的吸声系数						装置情况
				125Hz	250Hz	500Hz	1000Hz	2000Hz	4000Hz	
无机材料	吸声泥砖	6.5	—	0.05	0.07	0.10	0.12	0.16	—	贴实
	石膏板（花纹）	—	—	0.03	0.05	0.06	0.09	0.04	0.06	
	水泥蛭石板	4.0	—	—	0.14	0.46	0.78	0.50	0.60	
	石膏砂浆（掺水泥、玻璃纤维）	2.2	—	0.24	0.12	0.09	0.30	0.32	0.83	粉刷在墙上
	水泥膨胀珍珠岩板	5	350	0.16	0.46	0.64	0.48	0.56	0.56	贴实
	水泥砂浆	1.7	—	0.21	0.16	0.25	0.40	0.42	0.48	粉刷在墙上
	砖（清水墙面）			0.02	0.03	0.04	0.04	0.05	0.05	贴实
木质材料	软木板	2.5	260	0.05	0.11	0.25	0.63	0.70	0.70	贴实
	木丝板	3.0		0.10	0.36	0.62	0.53	0.71	0.90	钉在木龙骨上，后面留 10cm 空气层和留 5cm 空气层两种
	三夹板	0.3		0.21	0.73	0.21	0.19	0.08	0.12	
	穿孔五合板	0.5		0.01	0.25	0.55	0.30	0.16	0.19	
	木花板	0.8		0.03	0.02	0.03	0.03	0.04	—	
	木质纤维板	1.1		0.06	0.15	0.28	0.30	0.33	0.31	
多孔材料	泡沫玻璃	4.4	1260	0.11	0.32	0.52	0.44	0.52	0.33	贴实
	脲醛泡沫塑料	5.0	20	0.22	0.29	0.40	0.68	0.95	0.94	
	泡沫水泥（外粉刷）	2.0		0.18	0.05	0.22	0.48	0.22	0.32	紧靠粉刷
	吸声蜂窝板	—		0.27	0.12	0.42	0.86	0.48	0.30	贴实
	泡沫塑料	1.0		0.03	0.06	0.12	0.41	0.85	0.67	
纤维材料	矿渣棉	3.13	210	0.10	0.21	0.60	0.95	0.85	0.72	贴实
	玻璃棉	5.0	80	0.06	0.08	0.18	0.44	0.72	0.82	
	酚醛玻璃纤维板	8.0	100	0.25	0.55	0.80	0.92	0.98	0.95	
	工业毛毡	3.0	—	0.10	0.28	0.55	0.60	0.60	0.56	紧靠墙面

三、隔声材料

能减弱或隔断声波传递的材料称为隔声材料。人们要隔绝的声音，按其传播途径有空气声（通过空气传播的声音）和固体声（通过固体的撞击或振动传播的声音）两种，两者隔声的原理不同。

对空气声的隔绝，主要是依据声学中的"质量定律"，即材料的密度越大，越不易受声波作用而产生振动，因此，其声波通过材料的传递的速度迅速减弱，其隔声效果越好。所以，应选用密度大的材料（如钢筋混凝土、实心砖、钢板等）作为隔绝空气声的材料。

对固体声隔绝的最有效措施是断绝其声波继续传递的途径。即在产生和传递固体声波的结构（如梁、框架与楼板、隔墙，以及它们的交接处等）层中加入具有一定弹性的衬垫材料，如软木、橡胶、毛毡、地毯或设置空气隔离层等，以阻止或减弱固体声波的继续传播。

由上述可知，材料的隔声原理与材料的吸声（吸收或消耗转化声能）原理不同，因此，吸声效果好的疏松多孔材料（有开口连通而不穿透或穿透的孔型）隔声效果不一定好。

第十二章 建筑装饰材料

第一节 建筑装饰材料的基本功能与选择

一、装饰材料的功能

装饰材料是铺设或涂刷在建筑物表面起装饰效果的材料，它一般不承重，但对建筑物的美观效果和功能发挥起着很大的作用。一幢建筑物的设计效果除了与它的立面造型、比例尺度和功能分区等建筑设计手法和风格有关外，还与其饰面材料的选用有关。建筑饰面的装饰效果一般通过材料的色调、质感和线条三方面来体现。除此之外，由于装饰材料大都是饰面材料，因而还具有保护建筑物、延长使用寿命的作用。现代装饰材料还兼有其他功能，如防火、防霉、保温、隔热、隔声等。

建筑物外墙饰面材料的主要功能是保护墙体和装饰立面。由于外墙是建筑物的重要组成部分，除承重外，还要能遮风挡雨、防水、保温、隔热、隔声等；同时还要满足一定的耐久性和美观的要求。因此，当外墙本体材料性能不能全部满足需要时，可以通过饰面处理加以弥补。如加气混凝土的墙体，常需做饰面层以提高其耐久性和美感；又如冷库等工程绝热要求高，若外墙用白色反光性强的材料抹面或涂刷，就可以进一步减少太阳辐射热对库内温度的影响，既可增加美观又可减少制冷能耗。

内墙饰面除保护墙体和增加美观外，还应为室内的使用创造更好的条件。例如，为了人们在室内的正常工作、生活、墙面应易于保持清洁；应有较好的反光性，使室内的亮度比较均匀；应有适当的保温、隔声、防水等功能。由于室内装饰是内墙饰面、地面、顶棚饰面和家具、灯具及其他陈设相结合的综合效果，因此选定内墙饰面的做法、质感和色彩时也要综合考虑。室内装饰效果不仅取决于材料本身的装饰质量，而且更大程度上取决于色调安排、适当的质感对比、主次分明重点突出等。

做地面的目的是为了保护楼板或地坪，保证使用条件及装饰要求，因此选用地面的材料时，应注意房间的使用功能，选择与其要求相适应的材料性能，如强度、耐磨性、防水、防火、保温、隔声等。在颜色方面，一般应服从整个室内的色彩处理方案，同时又要考虑有利于保持清洁等。

二、材料的装饰性

装饰性是装饰材料的主要性能要求之一。它是指材料的外观特性给人的心理感觉效果。影响材料装饰性的因素较多，除了与材料自身的外观特性有关外，还与每个人的感受程度等因素有关。在此主要论述材料自身的外观特性。材料的外观特性包括材料的颜色、光泽、透明性、表面组织、形状和尺寸等。

1. 颜色

材料的颜色反映了材料的色彩特征。色彩是构成一个建筑物外观乃至影响环境的重要因素。选用装饰材料时，应充分考虑色彩给人的心理作用，创造出符合实际要求的空间环境。确定立面颜色时不仅要考虑满足建筑艺术的要求，与周围环境相协调，符合规划意图等，还要受到所用墙体材料、饰面做法以及造价等因素的制约。一般来说，色调不宜过于使人感到刺激，对比不宜过于强烈，并且一栋建筑的立面所用颜色不宜过多，通常宜以一种颜色为主，其他处于从属地位。

2. 光泽

材料的光泽是有方向性的光线反射，它对形成于材料表面上的物体形象的清晰程度起着决定性的作用。材料的光泽度与材料表面的平整程度，材料的材质、光线的投射及反射方向等因素有关。通常，釉面砖、磨光石材、镜面不锈钢等材料具有较高的光泽度，而毛面石材、无釉陶器等材料的光泽度较低。材料的光泽度可用光电光泽计测定。

3. 透明性

材料的透明性是指光线透过物体时所表现的光学特征。能透光透视的物体是透明体，如普通平板玻璃；能透光但不透视的物体为半透明体，如磨砂玻璃；不能透光透视的物体为不透明体，如混凝土。装饰工程中应根据具体要求选好材料的透明性。发光顶棚的罩面材料一般用半透明体，这样能将灯具外形遮住但能透过光线，既美观又符合室内照明需要；商业橱窗就需用透明性非常好的浮法玻璃，从而使顾客能看清所陈列的商品。

4. 表面构造

材料的表面构造是指材料表面呈现的质感，它与材料的原料组成、生产工艺及加工方法等有关。材料的表面常呈现细致或粗糙、平整或凹凸、密实或疏松等质感效果，它与色彩相似，也能给人们不同的心理感受，如粗糙不平的表面能给人以粗犷豪放的感觉，而光滑的平面则能给人带来细腻精美的装饰效果。

选择质感，除观感外，同时还要考虑耐污染等问题。通常，比较粗的质感饰面对表面平整度要求低，对瑕疵不平等缺陷的遮丑力强，但易于挂灰积尘，使立面有可能比较快地遭到污染，失去其原有的装饰效果。而平、细质感的饰面虽遮丑能力较弱，但挂灰积尘的程度小。凡大气污染程度及风沙大的地区应考虑这个因素，不宜只着眼于当前的质感效果。

5. 形状、尺寸、线型

材料的形状和尺寸能给人带来空间尺寸的大小和使用上是否舒适的感觉。在进行装饰设计时，一般要考虑到人体尺寸的需要，对装饰材料的形状和尺寸作出合理的规定。同时，有些表面具有一定色彩或花纹图案的材料在进行拼花施工时，也需考虑其形状和尺寸，如拼花的大理石墙面和花岗石地面等。在装饰设计和施工时，只有精心考虑材料的形状和尺寸，才能取得较好的装饰效果。

一定的格缝、凸凹线条也是体现饰面装饰效果的因素。抹灰、水刷石、天然石材、加气混凝土条板等设置分块、分格缝，既是防止开裂、施工接茬的需要，也是装饰立面的比例、尺度感上的需要。门窗口、预制壁板四周，镜边等也是这样，既便于磕碰后的修补和施工，又装饰了立面。饰面的这种线型在某种程度上也可看作是整体质感的一个组成部分，其装饰作用是不容忽视的，应在工艺合理的条件下充分加以利用。

三、装饰材料的选择原则

建筑物的种类繁多，不同功能的建筑对装饰的要求是不同，即使是同一类建筑物，也因设计的标准不同，对装饰的要求也不相同。通常，建筑物的装饰有高级装饰、中级装饰和普通装饰之分。在装饰工程中，应当按照不同档次的装饰要求，正确而合理地选用装饰材料。

在选用装饰材料时，首先从建筑物的实用出发，不仅要求表面的美观，而且要求装饰材料具有多种功能，能长期保持它的特征，并能有效地保护主体结构材料。

装饰材料用于不同环境、不同部位时，对它的要求也不同，因此在选用装饰材料时，应结合建筑物的特点，使之与室内环境相协调，应使材料颜色的深浅合适，色调柔和美观，应运用装饰材料的花纹，图案及材料表面结构特征，拼装成所需的质感和色彩效果的饰面。

一般来讲，装饰材料的选择可以从以下几个方面来考虑：

1. 材料的外观

装饰材料的外观主要是形体、质感、色彩和纹理等。块状材料有稳定感，而板状材料则有轻盈的视觉效果，不同的材料质感给人的尺度和冷暖感是不同的，毛面材料有粗犷豪迈的感觉，而镜面材料则有细腻的效果；色彩对人的心理作用就更为明显了。各种色彩都使人产生不同的感觉，因此，建筑内部色彩的选择不仅要从美学的角度考虑，还要考虑到色彩功能的重要性，力求合理运用色彩，以对人们的心理和生理均能产生良好的效果。红、黄、橙等暖色调使人感到热烈、兴奋、温暖；绿、蓝、紫色等冷色调使人感到宁静、幽雅、清凉。寝室宜用淡蓝色或淡绿色，以增加室内的舒适感和宁静感；幼儿园、游乐场等公共场所宜用暖色调，使环境更加活泼生动，医院宜用浅色调，给人以安静和安全感。合理而艺术地使用装饰材料的外观效果，能将建筑物的室内外环境装饰得层次分明，情趣盎然。

2. 材料的功能性

装饰材料所具有的功能要与使用该材料的场所特点结合起来考虑。如人流密集的公共场所地面，应采用耐磨性好、易清洁的地面装饰材料；住宅中厨房间的墙地面和顶棚装饰材料，则宜用耐污性和耐擦洗性较好的材料；而影剧院的地面如果采用地毯装饰，显然就不能满足地面应易清洁和耐磨损的要求，而且时间长了以后，肮脏的毯面有利于细菌的繁殖，影响人体的健康。

3. 材料的经济性

建筑装饰的费用在建设项目总投资中的比例往往可高达1/2，甚至2/3。主要原因是由于装饰材料的价格较高，在装饰投资时，应从长远性、经济性的角度出发，充分利用有限的资金取得最佳的装饰和使用效果，做到既能满足了目前的要求，又能有利于以后的装饰变化。

装饰材料及其配套装饰设备的选择与使用应满足与总体环境空间的协调，在功能内容与建筑物艺术形式的统一中寻求变化，充分考虑环境气氛、空间的功能划分、材料的外观特性、材料的功能性及装饰费用等问题，从而使所设计的内容能够取得独特的装饰效果。

第二节 建筑装饰用面砖

一、陶瓷类装饰面砖

凡用黏土及其他天然矿物原料，经配料、制坯、干燥、焙烧制得的成品，统称为陶瓷制品。建筑陶瓷是用于建筑物墙面、地面及卫生设备的陶瓷材料及制品。建筑陶瓷具有强度高、性能稳定、耐腐蚀性好，耐磨、防水、防火、易清洗以及装饰性好等优点。在建筑工程及装饰工程中应用十分普遍。

1. 外墙面砖

外墙面砖是镶嵌于建筑物外墙面上的片状陶瓷制品。是采用品质均匀而耐火度较高的黏土经压制成型后焙烧而成。根据面砖表面的装饰情况可分为：表面不施釉的单色砖（又称"墙面砖"）；表面施釉的彩釉砖；表面既有彩釉又有凸起的花纹图案的立体彩釉砖（又称"线砖"）；表面施釉，并做成花岗石花纹的面积，称为仿花岗石釉面砖等。为了与基层墙面能很好粘结，面砖的背面均有肋纹。

外墙面砖的主要规格尺寸较多，质感、颜色多样化，具有强度高、防潮、抗冻、耐用、不易污染和装饰效果好的特点。外墙贴面砖的种类、规格和用途见表12-1。

外墙面砖的种类、规格和用途   表12-1

种类		一般规格 （mm）	性能	用途
名称	说明			
表面无釉外墙贴面砖（又名"单色砖"）	有白、浅黄、深黄、红、绿等色	200×100×12 150×75×12 75×75×8	质地坚固，吸水率不大于8%，色调柔和，耐水抗冻，经久耐用，防火，易清洗等	用于建筑物外墙，作装饰及保护墙面之用
表面有釉外墙贴面砖（又名"彩釉砖"）	有粉红、蓝、绿、金砂黄、黄、白等色	108×108×8 150×30×8		
立体彩釉砖（线砖）	表面有凸起线纹，有釉，并有黄、绿等色	200×60×8 200×80×8		
仿花岗岩釉面砖	表面有花岗岩花纹，表面施釉	195×45 95×95 108×60 227×60		

2. 内墙面砖

内墙面砖也称釉面砖、瓷砖、瓷片，是适用于室内装饰的薄型精陶瓷品。它由多孔坯体和表面釉层两部分组成。表面釉层有结晶釉、花釉、有光釉等不同类别。按釉面颜色可分为单色（含白色）、花色和图案砖等。常用的规格有：长×宽为 108mm×108mm，152mm×152mm，200mm×200mm，200mm×300mm，300mm×300mm；厚度为 5～10mm 等。

釉面砖色泽柔和典雅，朴实大方，热稳定性好，防潮、防火、耐酸碱，表面光滑，易清洗。主要用于厨房、卫生间、浴室、实验室、医院等室内墙面、台面等。但不宜用于室外，因其多孔坯体层和表面釉层的吸水率、膨胀率相差较大，在室外受到日晒雨淋及温度变化时，易开裂或剥落。

釉面砖的主要种类及特点见表12-2。

釉面砖的主要种类及特点   表 12-2

种 类		代 号	特 点
白色釉面砖		F.J	色纯白，釉面光亮，镶于墙面，清洁大方
彩色釉面砖	有光彩色釉面砖	YG	釉面光亮晶莹，色彩丰富雅致
	石光彩色釉面砖	SHG	釉面半无光，不晃眼，色泽一致，色调柔和
装饰釉面砖	花釉砖	HY	系在用一砖上施以多种彩釉，经高温烧成，色釉互相渗透，花纹千姿百态，有良好装饰效果
	结晶釉砖	JJ	晶花辉映，纹理多姿
	斑纹釉砖	BW	斑纹釉面，丰富多彩
	大理石釉砖	LSH	具有天然大理石花纹，颜色丰富，美观大方
图案砖	白地图案砖	BT	系在白色釉面砖上装饰各种彩色图案，经高温烧成，纹样清晰，色彩明朗，清洁优美
	色地图案砖	YGT D-YGT SHGT	系在有光（YG）或石光（SHG）彩色釉面砖上，装饰各种图案，经高温烧成，产生浮雕、缎光、绒毛、彩漆等效果，用作内墙饰面，别具风格
瓷砖画及色釉陶瓷字	瓷砖画	—	以各种釉面砖拼成各种瓷砖画，或根据已有画稿烧成釉面砖拼成各种瓷砖画，清洁优美，永不褪色
	色釉陶瓷字	—	以各种色釉、瓷土烧制而成，色彩丰富，光亮美观，永不褪色

釉面内墙砖根据其外观质量分为优等品、一等品、合格品三个等级。各等级外观质量应符合国标 GB/T 4100 规定，见表 12-3。

釉面内墙砖表面缺陷允许范围   表 12-3

缺陷名称	优等品	一等品	合格品
开裂、夹层、釉裂	不 允 许		
背面磕碰	深度为砖厚的 1/2	不影响使用	
剥边、落脏、釉泡、斑点、坯粉釉缕、波纹、橘釉、缺釉、棕眼裂纹、图案缺陷、正面磕碰	距离砖面 1m 处目测无可见缺陷	距离砖面 2m 处目测缺陷不明显	距离砖面 3m 处目测缺陷不明显

3. 墙地砖

墙地砖包括外墙用贴面砖和室内外地面铺贴用砖。因为此类陶瓷砖通常可以墙地两用，所以称为墙地砖。

墙地砖是以优质陶土为主要原料，经成型后于 1100℃ 左右焙烧而成，分无釉（无光面砖）和有釉（彩釉砖）两种。该类砖颜色繁多，表面质感多样，通过配料和制作工艺的变化，可制成平面、麻面、毛面、抛光面、仿石表面、压光浮雕面等多色多种制品。其主要品种有：

（1）劈裂墙地砖

劈裂砖又称劈离砖或双合砖，是新开发的一种彩釉墙地砖。它是由黏土、页岩、耐火土等按一定配合比混合后，经湿化、真空练泥、高压挤出成型、干燥、施釉、烧结、劈裂（将一块双联砖分为两块砖）等工序制成的。其特点是兼有普通机制黏土砖和彩釉砖的特性。由于产品的内部结构特征类似于黏土砖，因而其密度大，强度高，弯曲强度大于20MPa，吸水率小于 6%，耐磨抗冻。又由于其表面施加了彩釉，因而具有良好的装饰性和可清洗性。其品种有：平面砖，踏步砖，阳、阴角砖，彩色釉面砖及表面压花砖等。在平面砖中又有长方形、条形、双联条形和正方形等。有各种颜色，外形美观，可按需要拼砌成多种图案以适应建筑物和环境的需要。因其表面不反光、无亮点、外观质感好，所以，用于外墙面时，质朴大方，具有石材的装饰效果。用于室内外地面、台面、踏步、广场及游泳池、浴池等处，因其表面具有黏土质的粗糙感，不易打滑，故其装饰和使用效果均佳。

（2）麻面砖

麻面砖是采用仿天然岩石的色彩配料，压制成表面凹凸不平的麻面坯体经焙烧而成。砖表面酷似人工修凿过的天然岩石，纹理自然，有白、黄、灰等多种色彩。该类砖的抗折强度大于 20MPa，吸水率小于 1%，防滑耐磨。薄型砖适用于外墙饰面，厚型砖适用于广场、码头、停车场、人行道等地面铺设。

（3）彩胎砖

彩胎砖是一种本色无釉瓷质饰面砖，它采用仿天然岩石的彩色颗粒土原料混合配料，压制成多彩坯体后，经高温一次烧成的陶瓷制品。富有天然花岗石的纹点，质地同花岗石一样坚硬、耐久。主要规格有 200mm×200mm、300mm×300mm、400mm×400mm、500mm×500mm、600mm×600mm 等，最大规格为 600mm×900mm，最小为 95mm×95mm。

彩胎砖表面有平面和浮雕型两种，平面的又分磨光和抛光两种。表面经抛光或高温瓷化处理的彩胎砖又称抛光砖或玻化砖。彩胎砖吸水率小于 1%，抗折强度大于 27MPa，耐磨性和耐久性好。可用于住宅厅堂的墙、地面装饰，特别适用于人流量大的商场、剧院、宾馆等公共场所的地面铺贴。

墙地砖具有强度高、耐磨、化学稳定性好、易清洗、吸水率低、不燃、耐久等特点。按国标《彩色釉面陶瓷墙地砖》（GB 11947）的规定，墙地砖的物理化学性能应满足表12-4 的要求。

4. 陶瓷锦砖

陶瓷锦砖俗称马赛克，是由各种颜色的多种几何形状的小瓷片（长边一般不大于

50mm），按照设计的图案反贴在一定规格的正方形牛皮纸上的陶瓷制品（又称纸皮砖）。每张（联）牛皮纸制品面积约为 0.093m²，质量约为 0.65kg，每 40 联装一箱，每箱可铺贴面积约 3.7m²。

墙地砖的物理化学性能 表 12-4

项　　目	技　术　要　求
吸水率（％）	≤10
耐急冷急热性	经三次急冷急热循环不出现炸裂或裂纹
抗冻性	经 20 次冻融循环不出现破裂、剥落或裂纹
弯曲强度平均值（MPa）	≥24.5

陶瓷锦砖分为无釉和有釉两种，目前国内产品多为无釉锦砖。按砖联分为单色、拼花两种。陶瓷锦砖质地坚实，经久耐用，色泽图案多样，耐酸、耐碱、耐火、耐磨，吸水率小，不渗水，易清洗，热稳定性好。

陶瓷锦砖主要用于室内地面装饰，如浴室、厨房、餐厅、化验室等地面。也可用作内、外墙饰面，并可镶拼成风景名胜和花鸟动物图案的壁画，形成别具风格的锦砖壁画艺术，其装饰性和艺术性均较好，且可增强建筑物的耐久性。

二、玻璃类装饰砖

1. 玻璃锦砖

玻璃锦砖又称玻璃马赛克或玻璃纸皮砖（石）。是边长不超过 45mm 的各种颜色和形状的玻璃质小块预先粘贴在纸上而构成的装饰材料。

玻璃马赛克的规格一般每片尺寸为 20mm×20mm×4mm，每块（张）纸皮石尺寸为 32.7mm×32.7mm，每箱装 40 块，可铺贴 4.2 m²，毛重约 27kg。另外，还有 25mm×25mm×4mm 和 30mm×30mm×4mm 等规格。

根据国家标准《玻璃马赛克》（GB 7697—87）规定，其物理化学性能见表 12-5。

玻璃马赛克的物理化学性能 表 12-5

试 验 项 目	条　　　件	指　　　标
玻璃马赛克与铺贴纸粘合牢固度	直立平放法 卷曲摊平法	均无脱落
脱纸时间	水浸	5min 时，无单块脱落；40min 时，有 70% 以上的单块脱落
热稳定性	90℃水（30min），18～25℃水（10min）循环 5 次	全部试样均无裂纹、破损
化学稳定性	1mol/L 盐酸溶液，100℃，4h；1mol/L 硫酸溶液，100℃，4h；1mol/L 氢氧化钠溶液，100℃，4h；蒸馏水，100℃，4h	质量变化率：$K \geq 99.90$，且外观无变化；$K \geq 99.93$，且外观无变化；$K \geq 99.88$，且外观无变化；$K \geq 99.96$，且外观无变化

玻璃马赛克颜色多种、色彩绚丽、色泽柔和、不退色，表面光滑、不吸水、不吸尘、天下雨自涤，化学稳定性及冷热稳定性好，与水泥砂浆粘结性好，施工方便。它适用于各类建筑的外墙饰面及壁画装饰等。

2. 玻璃砖

玻璃砖又称特厚玻璃，有空心砖和实心砖两种。实心玻璃砖是用机械压制方法制成的。空心玻璃砖是将两种模压成凹形的玻璃原体，熔接或胶接成整体，其空腔内充以干燥空气的玻璃制品。

空心砖有单孔和双孔两种。按性能分：有在内侧面做成各种花纹，赋予它特殊的采光性，使外来的光散射的玻璃砖和使外来光向一定方向折射的指向性玻璃砖。按形状分：有正方形、矩形以及各种异形产品。按尺寸分：一般有 115mm、145mm、240mm、300mm 等规格。按颜色分：有使玻璃本身着色的，有在其侧面涂色的，以及在内侧面用透明着色材料涂饰的等产品。

玻璃砖被誉为"透光墙壁"。它具有强度高、绝热、隔声、透明度高、耐水、耐火等优越特性。玻璃砖用来砌筑透光的墙壁、建筑物的非承重内外隔墙、淋浴隔断、门厅、通道等。特别适用于高级建筑、体育馆、图书馆，用作控制透光、眩光和太阳光等场合。

第三节　建筑装饰用板材

一、金属材料类装饰板材

金属材料中，作为装饰应用最多的是铝材，如铝合金门、窗、百叶窗帘及装饰板等。

金属装饰材料的主要形式为各种板材，如花纹板、波纹板、压型板、冲孔板等。其中波纹板可增加强度，降低板材厚度，并具有其特殊形状风格。冲孔板主要为增加其吸声性能，大多用作顶棚装饰。

金属饰面板是建筑装饰中的中高档装饰材料，主要用于墙面的点缀，柱面的装饰。由于金属装饰板易于成型，能满足造型方面的要求，同时具有防火、耐磨、耐腐蚀等一系列优点，因而，在现代建筑装饰中，金属装饰板以独特的金属质感，丰富多变的色彩与图案，美满的造型而获得广泛应用。

1. 铝合金装饰板材

铝合金装饰板是一种中档次的装饰材料，装饰效果别具一格，价格便宜，易于成型，表面经阳极氧化和喷漆处理，可以获得不同色彩的氧化膜或漆膜。铝合金装饰板具有质量轻、经久耐用、刚度好、耐大气腐蚀等特点，可连续使用 20～60 年。适用于饭店、商场、体育馆、办公楼、高级宾馆等建筑的墙面和屋面装饰。建筑中常用的铝合金装饰板材主要有如下几种：

（1）铝合金花纹板

铝合金花纹板是采用防锈铝合金坯料，用特殊的花纹轧辊轧制而成。花纹美观大方，筋高适中，不易磨损，防滑性好，防腐蚀性能强，便于冲洗，通过表面处理可以得到各种美丽的色彩。花纹板板材平整，裁剪尺寸精确，便于安装，广泛用于现代建筑的墙面装饰以及楼梯踏板等处。

铝合金浅花纹板是优良的建筑装饰材料之一，它的花纹精巧别致，色泽美观大方，除具有普通铝合金共有的优点外，刚度提高 20%，抗污垢、抗划伤、抗擦伤能力均有所提高，它是我国所特有的建筑装饰产品。

铝合金浅花纹板对白光反射率达 75%～90%，热反射率达 85%～95%。在氨、硫、硫酸、磷酸、亚磷酸、浓硝酸、浓醋酸中耐腐蚀性良好。通过电解、电泳涂漆等表面处理，可以得到不同色彩的浅花纹板。

（2）铝合金压型板

铝合金压型板质量轻，外形美，耐腐蚀，经久耐用，安装容易，施工快速，经表面处理可得各种优美的色彩，是目前广泛应用的一种新型建筑装修材料，主要用作墙面和屋面。该板也可作复合外墙板，用于工业与民用建筑的非承重外挂板。

（3）铝合金冲孔平板

铝合金冲孔板是用各种铝合金平板经机械冲孔而成。孔型根据需要有圆孔、方孔、长圆孔、长方孔、三角孔、大小组合孔等，这是近年来开发的一种降低噪声并兼有装饰作用的新产品。

铝合金冲孔板材质轻，耐高温，耐高压，耐腐蚀，防火，防潮，防震，化学稳定性好，造型美观，色泽幽雅，立体感强，装饰效果好，组装简单。可用于宾馆、饭店、剧场、影院、播音室等公共建筑和中、高级民用建筑以改善音质条件，也可作为降噪声措施用于各类车间厂房、机房、人防地下室等。

2. 装饰用钢板

装饰用不锈钢板主要是厚度小于 4mm 的薄板，用量最多的是厚度小于 2mm 的板材。有平面钢板和凹凸钢板两类。前者通常是经研磨、抛光等工序制成，后者是在正常的研磨、抛光之后再经辊压、雕刻、特殊研磨等工序制成。平面钢板又分为镜面板（板面反射率＞90%）、有光板（反射率＞70%）、亚光板（反射率＜50%）三类。凹凸板也有浮雕花纹板、浅浮雕花纹板和网纹板三类。

（1）镜面不锈钢板

镜面不锈钢板光亮如镜，其反射率、变形率均与高级镜面相似，与玻璃镜有不同的装饰效果，该板耐火、耐潮、耐腐蚀，不会变形和破碎，安装施工方便。主要用于高级宾馆、饭店、舞厅、会议厅、展览馆、影剧院的墙面、柱面、造型面，以及门面、门厅的装饰。

镜面不锈钢板有普通镜面不锈钢板和彩色镜面不锈钢板两种。彩色不锈钢装饰板是在普通不锈钢板上进行技术和艺术加工，成为各种色彩绚丽的不锈钢板。常用颜色有蓝、灰、紫、红、青、绿、金黄、茶色等。

常用镜面不锈钢板规格有：1220mm × 2440mm × 0.8mm，1220mm × 2440mm × 1.0mm，1220mm×2440mm×1.2mm，1220mm×2440mm×1.5mm 等。

（2）亚光不锈钢板

不锈钢板表面反光率在 50% 以下者称为亚光板，其光线柔和，不刺眼，在室内装饰中有一种很柔和的艺术效果。亚光不锈钢板根据反射率不同，又分为多种级别。通常使用的钢板，反射率为 24%～28%，最低的反射率为 8%，比墙面壁纸反射率略高一点。

（3）浮雕不锈钢板

浮雕不锈钢板表面不仅具有光泽，而且还有立体感的浮雕装饰。它是经辊压、特研特磨、腐蚀或雕刻而成。一般腐蚀雕刻深度为 0.015～0.5mm，钢板在腐蚀雕刻前，必须先经过正常研磨和抛光，比较费工，所以价格也比较高。

由于不锈钢的高反射性及金属质地的强烈时代感，与周围环境的各种色彩、景物交相辉映，对空间效应起到了强化、点缀和烘托的作用。

（4）彩色不锈钢板

彩色不锈钢板是在不锈钢板上再进行技术和艺术加工，使其成为各种色彩绚丽的装饰板。其颜色有蓝、灰、紫、红、青、绿、金黄、茶色等，彩色不锈钢板不仅具有良好的抗腐蚀性和耐磨、耐高温（200℃）等特点，而且其彩色面层经久不退色，色泽随光照角度不同会产生色调变幻，增强了装饰效果。常用作厅堂墙板、顶棚、电梯厢板、外墙饰面等。

（5）彩色涂层钢板

为提高普通钢板的耐腐蚀性和装饰效果，近年来我国发展了各种彩色涂层钢板。钢板的涂层可分为有机、无机和复合涂层三大类，以有机涂层钢板发展最快。有机涂层可以配制成不同的颜色和花纹，因此称为彩色涂层钢板。这种钢板的原板通常为热轧钢板和镀锌钢板，常用的有机涂层为聚氯乙烯，此外还有聚丙烯酸酯、环氧树脂、醇酸树脂等。涂层与钢板的结合有涂布法和贴膜法两种。涂布法是在经前处理的钢板两面涂底漆，经固化后涂以面层涂料，再经塑化、压花、冷却而成。贴膜法是在经前处理的钢板上用粘合剂在正反两面粘贴上聚氯乙烯薄膜后经冷却、干燥而成。

彩色涂层钢板具有耐污染性强，洗涤后表面光泽、色差不变，热稳定性好，装饰效果好，耐久、易加工及施工方便等优点。可用作外墙板、壁板、屋面板等。

3. 铝塑板

铝塑板是由面板、核心、底板三部分组成。面板是在 0.2mm 铝片上，以聚酯作双重涂层结构（底漆＋面漆）经烤焗程序而成；核心是 2.6mm 无毒低密度聚乙烯材料；底板同样是涂透明保护光漆的 0.2mm 铝片。通过对芯材进行特殊工艺处理的铝塑板可达到 B1 级难燃材料等级。

常用的铝塑板分为外墙板和内墙板两种。内墙板是现代新型轻质防火装饰材料，具有色彩多样，质量轻，易加工，施工简便，耐污染，易清洗，耐腐蚀，耐粉化，耐衰变，色泽保持长久，保养容易等优异的性能；而外墙板则比内墙板在弯曲强度、耐高温性、导热系数、隔声等物理特性上有更高要求。

铝塑板适用范围为高档室内及店面装修、大楼外墙帷幕墙板、天花板及隔间、电梯、阳台、包柱、柜台、广告招牌等。

4. 镁铝曲面装饰板

镁铝曲面装饰板简称镁铝曲板，是由铝合金箔（或木纹皮面、塑胶皮面、镜面）、硬质纤维板、底层纸与胶粘剂贴合后经深刻等工艺加工的建筑装饰装修材料。镁铝曲面装饰板有瓷白、银白、浅黄、橘黄、墨绿、金红、古铜、黑咖啡等颜色。目前，生产的镁铝曲板有着色铝箔面、木纹皮面、塑胶皮面、镜面等品种，具有耐磨、防水、不积污垢、外形美观等特点。

镁铝曲板能够沿纵向卷曲，还可用墙纸刀分条切割，安装施工方便，可粘贴在弧面上。板面平直光亮，有金属光泽，有立体感，并可锯、钉、钻，但表面易被硬物划伤，施工时应注意保护。可广泛用于室内装饰的墙面、柱面、造型面，以及各种商场、饭店的门面装饰。因该板可分条切开使用，故可当装饰条、压边条来使用。

二、有机材料类装饰板材

1. 塑料装饰板材

（1）聚氯乙烯（PVC）塑料装饰板

聚氯乙烯塑料装饰板是以聚氯乙烯树脂为基料，加入稳定剂、增塑剂、填料、着色剂及润滑剂等，经捏合、混炼、拉片、切粒、挤压或压注而成，根据配料中加与不加增塑剂，产品有软、硬两种。

硬聚氯乙烯塑料机械强度较高，化学稳定性、介电性良好，耐用性和抗老化性好，并易熔接及粘合。但使用温度低（60℃以下），线膨胀系数大，成型加工性差。

软聚氯乙烯质地柔软，耐摩擦和挠曲，弹性好，吸水性低，易加工成型，耐寒性以及化学稳定性强。破裂时延伸率较高，其抗弯强度以及冲击韧性均较硬聚氯乙烯低，使用温度在−15～55℃之间。

聚氯乙烯塑料装饰板适用于各种建筑物的室内墙面、柱面、吊顶、家具台面的装饰和铺设，主要作为装饰和防腐蚀之用。

（2）塑料贴面装饰板

塑料贴面装饰板简称塑料贴面板。它是以酚醛树脂的纸质压层为基胎，表面用三聚氰胺树脂浸渍过的花纹纸为面层，经热压制成的一种装饰贴面材料，有镜面型和柔光型两种，它们均可覆盖于各种基材上。其厚度为 0.8～1.0mm，幅面为（920～1230）mm×（1880～2450）mm。

塑料贴面板的图案、色调丰富多彩，耐磨、耐湿、耐烫、不易燃，平滑光亮、易清洗，装饰效果好，并可代替装饰木材。适用于室内、车船、飞机及家具等的表面装饰。

（3）覆塑装饰板

覆塑装饰板是以塑料贴面板或塑料薄膜为面层，以胶合板、纤维板、刨花板等板材为基层，采用胶合剂热压而成的一种装饰板材。用胶合板作基层叫做覆塑胶合板，用中密度纤维板作基层的叫做覆塑中密度纤维板，用刨花板为基层的叫做覆塑刨花板。

覆塑装饰板既有基层板的厚度、刚度，又具有塑料贴面板和薄膜的光洁，质感强，美观，装饰效果好，并具有耐磨、耐烫、不变形、不开裂、易于清洗等优点，可用于汽车、火车、船舶、高级建筑的装修及家具、仪表、电器设备的外壳装修。

（4）卡普隆板

卡普隆板材又称为阳光板，PC 板，它的主要原料是高分子工程塑料－聚碳酸酯。主要产品有中空板、实心板、波纹板三大系列。它具有质量轻、透光性强、耐冲击、隔热、保温性好、安装简便等特性。

卡普隆板是理想的建筑和装饰材料，它适用于车站、机场等候厅及通道的透明顶棚；商业建筑中的顶棚；园林、游艺场所奇异装饰及休息场所的廊亭、泳池、体育场馆顶棚、工业采光顶，温室、车库等各种高格调透光场合。

（5）防火板

防火板是用三层三聚氰胺树脂浸渍纸和十层酚醛树脂浸渍纸，经高温热压而成的热固性层积塑料。

它是一种用于贴面的硬质薄板，具有耐磨、耐热、耐寒、耐溶剂、耐污染和耐腐蚀等优点。其质地牢固，使用寿命比油漆、蜡光等涂料长久得多，尤其是板面平整、光滑、洁净，有各种花纹图案，色调丰富多彩，表面硬度大，并易于清洗，是一种较好的防尘材料。

防火板可以加工成各种色彩和图案，花色品种多，既有各种柔和、鲜艳的彩色饰面板，又有各种名贵树种纹理、大理石、花岗石纹理的饰面板，还有一些防火板表面有皮革和织物布纹的表面效果。防火板的表面分光洁面和亚光面两类，适用于各种环境下的装饰。国产防火板较脆，搬运和加工过程中，边缘易脆裂损伤，损伤处难以修补，因此在搬运和施工过程中必须采取一些保护措施。

该板可粘贴于：木材面、木墙裙、木格栅、木造型体等木质基层的表面；餐桌、茶几、酒吧柜和各种家具的表面；柱面、吊顶局部等部位的表面。防火板一般用作装饰面板，粘贴在胶合板、刨花板、纤维板、细木工板等基层上，该板饰面效果较为高雅，色彩均匀，效果较好，属中高档装饰材料。

2. 有机玻璃板

有机玻璃板是一种具有极好透光度的热塑性塑料，是以甲基丙烯酸甲酯为主要原料，加入引发剂、增塑剂等聚合而成。

有机玻璃的透光性极好，可透过光线的99%，并能透过紫外线的73.5%；机械强度较高；耐热性、抗寒性及耐候性都较好；耐腐蚀性及绝缘性良好；在一定条件下，尺寸稳定、容易加工。有机玻璃的缺点是质地较脆，易溶于有机溶剂，表面硬度不大，易擦毛等。

有机玻璃在建筑上主要用作室内高级装饰材料及特殊的吸顶灯具或室内隔断及透明防护材料等。有机玻璃有无色、有色透明有机玻璃和各色珠光有机玻璃等多种。

无色透明有机玻璃除具有有机玻璃的一般特性外，还具有一些主要特点：透光度极高，可透过光线的99%，并透过紫外线的73.3%，主要用于建筑工程的门窗、玻璃指示灯罩及装饰灯罩、透明壁板、隔断。

有色有机玻璃板分为透明有色、半透明有色和不透明有色三大类。它主要用作装饰材料及宣传牌等。

珠光有机玻璃板，是在甲基丙烯酸甲酯单体中加入合成鱼鳞粉，并配以各种颜料，经浇注聚合而成。主要用作装饰板材及宣传牌。

3. 玻璃钢装饰板

玻璃钢装饰板是以玻璃布为增强材料，不饱和聚酯树脂为胶粘剂，在固化剂、催化剂的作用下加工而成。规格有 1850mm×850mm×0.5mm、2000mm×850mm×0.5mm 等多种。色彩多样，主要图案有木纹、石纹、花纹等，美观大方。漆膜亮、硬度高、耐磨、耐酸碱、耐高温，适用于粘贴在各种基层、板材表面，作为建筑装饰和家具饰面。

4. 模压饰面板

模压饰面板是用木材与合成树脂，经高温高压成型制成。此板平滑光洁、经久耐用，具有防火、防虫、防霉、耐热、耐晒、耐寒、耐酸碱等优点。它有木材类的可加工性，安装方便，装饰效果好。适用于用作护墙板、顶棚、窗台板、家具饰面板以及酒吧台、展台等的饰面。

三、无机材料类装饰板材

1. 天然石材饰面板

天然石材饰面板主要有大理石饰面板及花岗石饰面板等。

（1）大理石饰面板

它是用大理石荒料经锯切、研磨、抛光等加工后的石板。所谓荒料，是指由毛料经加工而成的具有一定规格的大块石料，是加工饰面板材的基料。大理石板材主要用于建筑物室内饰面，如墙面、地面、柱面、台面、栏杆、踏步等。当用于室外时，因大理石抗风化能力差，易受空气中二氧化硫的腐蚀，而使表面层失去光泽，变色并逐渐破损。通常，只有汉白玉、艾叶青等少数几种致密、质纯的品种可用于室外。

（2）花岗石饰面板

它是由火成岩中的花岗石、闪长岩、辉长岩、辉绿岩等荒料加工而成的石板。花岗石板材质感丰富，具有华丽高贵的装饰效果，且质地坚硬、耐久性好，是室内外高级饰面材料。可用于各类高级建筑物的墙、柱、地、楼梯、台阶等的表面装饰及服务台、展示台及家具等。

2. 人造石材饰面板

人造石材是以大理石、花岗石碎料，石英砂、石渣等为骨料，树脂或水泥等为胶结料，经拌合、成型、聚合或养护后，研磨抛光、切割而成。常用的人造石材有人造花岗石、大理石和水磨石三种。它们具有天然石材的花纹、质感和装饰效果，而且花色、品种、形状等多样化，并具有质量轻、强度高、耐腐蚀、耐污染、施工方便等优点。

3. 石膏板

（1）装饰石膏板

装饰石膏板是以建筑石膏为主要原料，掺入适量纤维增强材料和外加剂，与水一起搅拌成均匀的料浆，注入带有花纹的硬质模具内成型，再经硬化干燥而成的无护面纸的装饰板材。

装饰石膏板的品种很多，根据功能可分为：高效防水吸声装饰石膏板、普通吸声装饰石膏板、吸声石膏板。

装饰石膏板的主要形状为正方形，其棱边形状有直角形和45°倒角形，两种板的常用规格有四种：300mm×300mm×8mm、400mm×400mm×8mm、500mm×500mm×10mm 和 600mm×600mm×10mm。

装饰石膏板颜色洁白，质地细腻，图案花纹多样，浮雕造型立体感强，用作室内装饰，给人以赏心悦目之感。

装饰石膏板具有轻质、强度较高、绝热、吸声、防火、阻燃、抗震、耐老化、变形小、能调节室内湿度等特点，同时加工性能好，可进行锯、刨、钉、粘贴等加工，施工方便，工效高。

普通吸声装饰石膏板适用于宾馆、礼堂、会议室、招待所、医院、候机室、候车室等用作吊顶或平顶装饰用板材，以及安装在这些室内四周墙壁的上部，也可用作民用住宅、车厢、轮船房间等室内顶棚和墙面装饰。

高效防水吸声装饰石膏板主要用于对装饰和吸声有一定要求的建筑物室内顶棚和墙面装饰，特别适用于环境湿度大于70%的工矿车间、地下建筑、人防工程及对防水有特殊要求的建筑工程。

吸声石膏板适用于各种音响效果要求较高的场所，如影剧院、电教馆、播音室等的顶棚和墙面，以同时起消声和装饰作用。

（2）嵌装式装饰石膏板

嵌装式装饰石膏板是板材背面四周加厚并带有嵌装企口的无护面纸的石膏板。有装饰板和吸声板两种。

嵌装式装饰石膏板的装饰功能主要是由其表面具有各种不同的凹凸图案和一定深度的浮雕花纹所形成，加之各种绚丽的色彩，不论从其立面造型或平面布置欣赏，都会获得良好的装饰效果。如果图案、色泽选择得当，搭配相宜，则装饰效果显得大方、美观、新颖、别致，特别适用于影剧院、会议中心、大礼堂及展览厅等人流比较集中的公共场所。

嵌装式装饰石膏板的吸声性能是由其板面穿孔或采取具有一定深度的浮雕花纹来实现的，设计时应根据不同的吸声要求，选用盲孔板或穿孔板，或者采用具有一定深度的浮雕板与带孔板叠合安装，以期达到更好的吸声效果。穿孔板上的不同孔形、孔径与孔距，巧妙地布置排列成组合图案，不仅能达到吸声的目的，也增添了板材饰面的艺术效果。

嵌装式装饰石膏板还可与轻钢暗式系列龙骨配套使用，组成新型隐蔽式装配吊顶体系，即这种吊顶工程施工时，采用板材企口暗缝咬接法安装。

4. 矿棉板、玻璃棉装饰板

详见本书第十一章第二节吸声、隔声材料的内容。

第四节　卷材类装饰材料及装饰涂料

一、卷材类地面装饰材料

1. 塑料类卷材地板

详见本书第九章常用塑料及制品。

2. 地毯

地毯是一种高级地面装饰材料，也是通用的生活用品之一。传统的地毯是手工编织的羊毛地毯。但当今的地毯，其原料、款式多种多样，颜色从艳丽到淡雅，绒毛从柔软到强韧，使用从室内到室外，已形成了地毯的高、中、低档系列产品。

现代地毯通常按其图案、材质、编制工艺及规格尺寸分为多种类型。如按其图案类型和风格的不同，可分为"京式"地毯、美术式地毯、仿古式地毯、彩花式地毯、素凸式地毯等；按所用材质不同可分为羊毛地毯、混纺地毯、化纤地毯、塑料地毯等；按生产的编织工艺可分为三类：手工编织地毯、簇绒地毯和无纺地毯。

（1）手工编织地毯

专指羊毛地毯，它是采用双经双纬，通过人工打结栽绒，将绒毛层与基底一起织作而成，做工精细，图案千变万化，是地毯中的高档品，但因工效低，产量少，因而价高。

（2）簇绒地毯

又称栽绒地毯。簇绒法是目前各国生产化纤地毯的主要方式。它是把毛纺纱穿入第一层基底（初级背衬织布），并在其面上将毛纺纱穿插成毛圈而背面拉紧，然后在初级背衬的背面刷一面胶粘剂使之固定，这样就生产出了厚实的圈绒地毯。若再横向切割毛圈顶部，并经修剪，则成为平绒地毯，也称为割绒地毯或切绒地毯。簇绒地毯生产时绒毛高度可以调整。同时，毯面纤维密度大，因而弹性好，脚感舒适，且可在毯面印染各种图案花纹。

（3）无纺地毯

无纺地毯是指无经纬编织的短毛地毯，是生产化纤地毯的方法之一。它是将绒毛线用特殊的钩针扎刺在用合成纤维构成的网布底衬上，然后在其背面涂上胶层，使之粘牢，故其又有针刺地毯、针扎地毯或粘合地毯之称。这种地毯因其生产工艺简单，故成本低。但其弹性和耐久性较差。为提高其强度和弹性，可在毯底加缝或加贴一层麻布底衬，或可再加贴一层海绵底衬等。

现将不同材质的地毯主要品种介绍如下：

（1）纯毛地毯

纯毛地毯分手工编织和机织两种，前者为我国传统产品，后者是近代发展起来的。

手工编织纯毛地毯具有图案优美、色泽鲜艳、富丽堂皇、质地厚实、富有弹性、柔软舒适、经久耐用等特点，其铺地装饰效果极佳。由于做工精细，产品名贵，售价高，所以常用于国际性、国家级的大会堂、迎宾馆、高级饭店和高级住宅、会客厅，以及其他重要的装饰性要求高的场所。

机织纯毛地毯具有毯面平整、光泽好、富有弹性、脚感柔软、抗磨耐用等特点，其性能与纯毛手工地毯相似，但价格远低于手工地毯。适用于宾馆、饭店的客房、楼梯、楼道、宴会厅、会客室，以及体育馆、家庭等满铺使用。

（2）化纤地毯

化纤地毯又称合成纤维地毯。它是以化学合成纤维为原料，经机织或簇绒等方法加工成面层织物后，再与防松层、背衬进行复合处理而成。

化纤地毯的面层主要是以聚丙烯纤维（丙纶）、聚酯纤维（涤纶）、尼龙纤维（锦纶）、聚丙烯腈纤维（腈纶）等化学纤维为原料加工而成。防松涂层是以氯乙烯-偏氯乙烯共聚乳液为基料的水溶性涂料层，可增加面层与背衬的粘结强度。背衬材料一般为经处理后的麻布层，可增加地毯的厚实感和增强其背面的耐磨性。

化纤地毯具有质轻、耐磨性好、富有弹性、脚感舒适、步履轻便、价格较廉、铺设简便、不易被虫蛀和霉变等特点，适用于宾馆、饭店、接待室、餐厅、住宅居室、活动室及船舶、车辆、飞机等的地面装饰。化纤地毯可用于摊铺，也可粘铺在木地板、马赛克、水磨石及水泥混凝土地面上。

（3）塑料地毯

塑料地毯是用PVC树脂或PP（聚丙烯）树脂、增塑剂等多种辅助材料，经混炼、塑制而成。是一种新型的软质材料，常用的有丙纶长丝切绒地毯以及尼龙长丝圈绒地毯，幅宽为3m、3.6m、4m。可代替羊毛地毯或化纤地毯使用。

塑料地毯具有质地柔软、色彩鲜艳、自熄、不燃、污染后可用水刷洗等特点。适用于宾馆、商店、舞台、浴室等公共建筑和住宅地面的装饰。

二、卷材类墙面装饰材料

1. 墙布、壁纸

墙布、壁纸实际属同一类型材料,壁纸也称墙纸,它是通过胶粘剂粘贴在平整基层(如水泥砂浆基层、胶合板基层、石膏板基层)等上的薄型饰面材料。其种类繁多,按外观装饰效果分类,有印花墙布、浮雕墙纸等;按其功能分,有装饰墙纸、防火墙纸、防水墙纸等;按施工方法分,有现场刷胶裱贴的,有背面预涂压敏胶直接铺贴的;按墙纸所用材料分,有纸面纸基、天然纤维、合成纤维、玻璃纤维墙纸和墙布等。

(1)棉纺墙布

棉纺墙布是建筑用的装饰墙布之一。它是将纯棉平布经过处理、印花、涂层制作而成。该墙布强度大、蠕变性小、静电小、无光、无气味、无毒、吸声、花型繁多、色泽美观大方,可用于宾馆、饭店、公共建筑和较高级民用建筑中的装饰。适用于基层为砂浆、混凝土、白灰浆墙面以及石膏板、胶合板、纤维板和水泥板等墙面粘贴或浮挂。

(2)无纺贴墙布

无纺贴墙布是采用棉、麻等天然纤维或涤纶、腈纶等合成纤维,经过无纺成型、涂树脂、印制彩色花纹而成的一种新型贴墙材料。

这种贴墙布的特点是挺括,富有弹性,不易折断,纤维不易老化、不散失,对皮肤无刺激作用,色彩鲜艳,图案雅致,粘贴方便,具有一定的透气性和防潮性,能擦洗而不褪色。

无纺贴墙布适用于各种建筑物的室内墙面装饰,尤其是涤纶棉无纺贴墙布,除具有麻质无纺贴墙布的所有性能外,还具有质地细腻、光滑的特点,特别适用于高级宾馆、高级住宅等建筑物墙面装饰。

(3)化纤装饰贴墙布

化纤装饰贴墙布是以人造化学纤维织成的单纶(或多纶)布为基材,经一定处理后印花而成。化学纤维种类繁多,各具不同性能,常用的纤维有粘胶纤维、醋酸纤维、聚丙烯纤维、聚丙烯腈纤维、锦纶纤维、聚酯纤维等。所谓"多纶"是指多种化纤与棉纱混纺制成的贴墙布。

化纤装饰贴墙布具有无毒、无气味、透气、防潮、耐磨、无分层等优点。适用于各级宾馆、旅店、办公室、会议室和居民住宅等室内墙面装饰。

(4)玻璃纤维印花贴墙布

玻璃纤维印花贴墙布是以中碱玻璃纤维布为基材,表面涂以耐磨树脂,印上彩色图案而成。

这种印花布的特点是色彩鲜艳、花色多样,室内使用不褪色、不老化、防火、耐湿性强,可用皂水洗刷,施工简单,粘贴方便。适用于招待所、旅馆、饭店、宾馆、展览馆、餐厅、工厂净化车间、居室等的内墙面装饰。

(5)麻草壁纸

麻草壁纸是以纸为底层,编织的麻草为面层,经复合加工而成的一种新型室内装饰材料。

麻草壁纸具有阻燃、吸声、不变形等特点，并且具有自然、古朴、粗犷的大自然之美，给人以置身于自然原野之中的感觉。适用于会议室、接待室、影剧院、舞厅以及饭店、宾馆的客房和商店的橱窗设计等。

（6）金属壁纸

金属壁纸是以纸为基材，再粘贴一层电化铝箔，经压合、印花而成。金属壁纸有光亮的金属质感和反光性。无毒、无气味、无静电、耐湿、耐晒、可擦洗、不退色。多用于高级宾馆、饭店、舞厅的墙面、柱面、顶棚面等处，是一种高档装饰材料，目前主要以进口为主。金属壁纸表面无保护膜者有一定的导电性，所以安全性较差。壁纸表面加有防导电的保护膜，安全性好，用途更广泛。

2. 高级墙面装饰织物

高级墙面装饰织物是指锦缎、丝绒、呢料等织物。这些织物由于所用纤维材料、织造方法以及处理工艺不同，产生的质感和装饰效果也不一样，它们均能给人以美的感受。

锦缎是一种丝织品，它具有纹理细腻、柔软绚丽、古朴精致、高雅华贵的特点，其价格昂贵，用作高级建筑室内墙面浮挂装饰，在我国已有悠久的历史。也可用于室内高级墙面裱糊，但因锦缎很柔软，容易变形，施工要求高，且不能擦洗，稍受潮湿或水渍，就会留下斑迹或易生霉变，使用中应予注意。

丝绒色彩华丽，质感厚实温暖，格调高雅，用于高级建筑室内窗帘、软隔断或浮挂，显示富贵、豪华特色。

粗毛呢料或仿毛化纤织物和麻类织物，质感粗实厚重，具有温暖感，吸声性能好，还能从纹理上显示出厚实、古朴等特色，适用于高级宾馆等公共厅堂柱面的裱糊装饰。

3. 艺术壁毯

艺术壁毯又称壁毯或挂毯，是室内墙挂艺术品。图案、花色精美，常用纯羊毛或蚕丝等高级材料精心制作而成。画面多为名家所绘的动物花鸟、山水风光等，显现华贵、典雅、古朴或富有民族艺术特色，给人以美的享受。

三、装饰涂料

装饰涂料详见本书第九章第二节的内容。

第十三章 材料管理知识

第一节 材料消耗定额管理

一、材料消耗定额的概念

材料消耗定额是指在一定条件下生产单位产品，完成单位工作量所必须消耗的材料数量标准。

材料消耗定额是指在一定条件下的定额，这些条件也是影响材料消耗水平的因素，主要包括以下几个方面：工人的操作技术水平和负责程度；施工工艺水平；材料质量和规格品种的适用程度；施工现场和施工准备的完备程度；企业管理水平，特别是材料管理水平；自然条件。

"生产单位产品或完成单位工作量"指的是按实物单位表示的一个产品，如砌 $1m^3$ 砖墙，加工 $1m^3$ 混凝土，抹 $1m^2$ 砂浆等。有的工作量很难用实物单位计量，但可按工作所完成的价值即工作量来反映，如加工维修按价值量衡量为 1 元、100 元工作量、工作一个台班等。

材料消耗定额不是固定不变的，它反映了一定时期内的材料消耗水平，所以材料消耗定额在一定时期内要保持相对稳定。随着技术进步、工艺的改革、组织管理水平的提高，需要重新修订材料消耗定额。

二、材料消耗定额的作用

建筑企业的生产活动，随时都在消耗大量的材料，材料成本占工程成本的 70％左右，因此如何合理地、节约地、高效地使用材料，降低材料消耗，是材料管理的主要内容。材料消耗定额则成为上述管理内容的基本标准和基本依据，它的主要作用表现在以下几个方面：

（1）材料消耗定额是编制各项材料计划的基础。施工企业的生产经营活动都是有计划进行的，正确地按照定额编制的各项材料计划，是搞好材料分配和供应的前提。施工生产合理的材料需用量，是以建筑安装实物工程量乘以该项工程量的某种材料消耗定额而得到的。

（2）材料消耗定额是确定工程造价的主要依据。对同一个工程项目投资多少，是依据概算定额对不同设计方案进行技术经济比较后确定的。而工程造价中的材料费，是根据设计规定的工程量和工程标准，并根据材料消耗定额计算各种材料数量，再按地区材料预算价格计算出材料费用。

（3）材料消耗定额是推行经济责任制的重要手段。材料消耗定额是科学组织材料供应并对材料消耗进行有效控制的依据。有了先进合理的材料消耗定额，可以制定出科学的责任标准和消耗指标，便于生产部门制定明确的经济责任制。

（4）材料消耗定额是搞好材料供应及企业实行经济核算和降低成本的基础。有了先进合理的材料消耗定额，便于材料部门掌握施工生产的实际材料需用量，并根据施工生产的进度，及时、均衡地按材料消耗定额确定的需用量组织材料供应，并据此对材料消耗情况进行有效控制。

（5）材料消耗定额是监督和促进施工企业合理使用材料、实现增产节约的工具。材料消耗定额从制度上规定了耗用材料的数量标准。有了材料消耗定额，就有了材料消耗的标准和尺度，就能依据它来衡量材料在使用过程中是节约还是浪费；就能有效地组织限额领料；就能促进施工班组加强经济核算，杜绝浪费，降低工程成本。

（6）材料消耗定额是推动企业提高生产技术和科学管理水平的重要手段。先进合理的材料消耗定额，必须以先进的实用技术和科学管理为前提，随着生产技术的进步和管理水平的提高，必须定期修订材料消耗定额，使它保持在先进合理的水平上。企业只有通过不断改进工艺技术、改善劳动组织，全面提高施工生产技术和管理水平，才能够达到新的材料消耗定额标准。

三、材料消耗定额的分类

1. 按照材料消耗定额的用途分类

可分为材料消耗的概（预）算定额、材料消耗施工定额、材料消耗估算指标。

（1）材料消耗概（预）算定额。材料消耗概（预）算定额是由各省（市）基建主管部门，在一定时期执行的标准设计或典型设计，按照建筑安装工程施工及验收规范、质量评定标准及安全操作规程，并根据当地社会劳动消耗的平均水平、合理的施工组织设计和施工条件编制的。

材料消耗概（预）算定额，是编制建筑安装施工图预算的法定依据，是进行工程材料结算、计算工程造价的依据，是计取各项费用的基本标准。

（2）材料消耗施工定额。材料消耗施工定额是由建筑企业自行编制的材料消耗定额。它是结合本企业在目前条件下可能达到的水平而确定的材料消耗标准。材料消耗施工定额反映了企业管理水平、工艺水平和技术水平。材料消耗施工定额是材料消耗定额中最细的定额，具体反映了每个部位、每个分项工程中每一操作项目所需材料的品种、规格、数量。材料消耗施工定额的水平高于材料消耗概（预）算定额，即在同一操作项目中，同一种材料消耗量，在施工定额中的消耗数量低于概（预）算定额中的数量标准。

材料消耗施工定额是建设项目施工中编制材料需用计划、组织定额供料的依据，是企业内部实行经济核算和进行经济活动分析的基础，是材料部门进行两算对比的内容之一，是企业内部考核和开展劳动竞赛的依据。

（3）材料消耗估算指标。材料消耗估算指标是在材料消耗概（预）算定额的基础上，以扩大的结构项目形式表示的一种定额。通常它是在施工技术资料不全且有较多不确定因素的条件下，用于估算某项工程或某类工程、某个部门的建筑工程所需主要材料的数量。材料消耗估算指标是非技术性定额，因此，不能用于指导施工生产，而主要用于审核材料计划，考核材料消耗水平，同时又是编制初步概算、控制经济指标的依据，是编制年度材料计划和备料的依据，是匡算主要材料需用量的依据。

材料消耗估算指标，常用两种表示方法：

第一种是以企业完成的建筑安装工作量和材料消耗量的历史统计资料测算的材料消耗估算指标。其计算方法是：

$$\frac{每万元工作量}{某材料消耗量} = \frac{统计期内某种材料消耗量}{该统计期内完成的建筑安装工作量（万元）} \quad (13-1)$$

这种估算指标属经济指标，使用这一定额时，要结合计划工程项目的有关情况进行分析，并适当予以调整。

第二种是按完成建筑施工面积和完成该面积所消耗的某种材料测算的材料消耗估算指标。其计算方法是：

$$\frac{每平方米建筑面积}{某种材料消耗量} = \frac{统计期内某种材料消耗量}{该统计期内完成的施工面积（平方米）} \quad (13-2)$$

这种指标受不同项目结构类型的影响，它也是一种经验定额，虽然不受价格的影响，但对设计选用的材料品种不同和其他变更因素有一定影响，使用时也要根据实际情况进行适当调整。

2. 按照材料类别划分

可划分为主要材料消耗定额、周转材料消耗定额、辅助材料消耗定额。

（1）主要材料消耗定额。主要材料是指直接用于建筑上构成工程实体的各项材料。例如钢材、木材、水泥、砂石等材料。这些材料通常是一次性消耗，其费用占材料费用的比重较大。主要材料消耗定额按品种确定，它由构成工程实体的净用量和合理损耗量组成，即

主要材料消耗定额＝净用量＋合理损耗量

（2）周转材料消耗定额。周转材料指在施工过程中能反复多次周转使用，而又基本上保持原有形态的工具性材料。周转材料经多次使用，每次使用都会产生一定的损耗，直至失去使用价值。周转材料消耗定额与周转材料需用数量及该周转材料周转次数有关，即

$$周转材料消耗定额 = \frac{周转材料需用数量}{该周转材料周转次数} \quad (13-3)$$

（3）辅助材料消耗定额。辅助材料与主要材料相比，其用量少，不直接构成工程实体，多数也可反复多次使用。辅助材料中的不同材料有不同特点，所以辅助材料消耗定额可按分部分项工程的单位工程量计算出辅助材料消耗定额；也可按完成建筑安装工作量或建筑面积计算辅助材料货币量消耗定额；也可按操作工人每日消耗辅助材料数量计算辅助材料货币量消耗定额。

3. 按定额适用范围不同划分

可分为生产用材料消耗定额、建筑施工用材料消耗定额和经营维修用材料消耗定额。

四、材料消耗定额的构成与制定

1. 材料消耗定额的构成

材料消耗定额是对材料在消耗过程中进行科学分析和提炼的结果，它的构成包括以下几个方面：

（1）净用量

净用量是指直接用于工程实体或产品实体中的有效消耗，是构成材料消耗的主体。这部分构成工程实体的材料消耗量在一定生产技术条件下、一定时期内是相对稳定的，但随着新技术、新工艺、新结构、新机具的采用而逐渐降低。

（2）工艺操作损耗定额

工艺操作损耗定额也称为合理的工艺操作损耗，它是指在工程施工操作或产品生产操作过程中不可避免的、不可回收的合理损耗量，这部分损耗量会随着操作技术和施工工艺的提高而降低。

（3）非工艺操作损耗定额

非工艺操作损耗定额也称为合理的非工艺操作损耗，它是指材料在采购、供应、运输、储备等非工艺操作过程中出现的不可避免的、不可回收的合理损耗，这部分损耗会随着流通技术手段的改善和管理水平的提高而逐渐降低。

2. 材料消耗定额的制定方法

（1）技术分析法

技术分析法是根据施工图纸、有关技术资料和施工工艺，确定选用材料的品种、性能、规格并计算出材料净用量和合理施工损耗的方法。这是一种先进、科学的制定方法，因占有足够的技术资料作依据而得到普遍采用。

（2）标准试验法

标准试验法通常是在试验室内利用专门仪器设备进行的，通过试验求得完成单位工程量或生产单位产品的材料消耗数量，再按试验条件修正后，制定出材料消耗定额。如混凝土、砂浆的配合比，都可通过试验求得材料消耗定额。

（3）统计分析法

统计分析法是在统计期内由某分项工程实际材料消耗量和相应完成的实物工程量求出平均消耗量，再根据计划期与原统计期的不同因素作适当调整，确定材料消耗定额。

（4）现场测定法

现场测定法是根据现场的实际生产条件和材料消耗情况，对单位工程量或单位产品所消耗的材料，进行写实记录，从而确定定额的方法。这种方法，反映了一定的实际情况，比较可靠，而且参与制定定额的有关人员可亲眼看到实际操作情况，容易发现问题，及时找出对策，便于消除材料消耗中的不合理因素，而取得较为可靠的数据和资料。但组织现场测定的工作量大，需要较多的人力和较长的时间，同时还会受到施工生产技术条件、施工环境因素、操作人员的技术水平高低及参测人员的思想、技术素质等的限制。

（5）经验估计法

经验估计法是由参加材料消耗定额的有关人员根据自己的经验和已有的资料，通过估算来制定材料消耗定额的方法。这种方法的优点是实践性强、简单易行、工作量小、制定速度快。主要缺点是只有估算，而没有精确的计算，由于受到制定者的主观影响，估计结果因人而异，准确程度差。

上述五种制定材料消耗定额的方法，各有优点和不足之处。在制定材料消耗定额时，应根据不同条件、不同时间、不同材料选用一种方法为主，其他方法为辅，使其互相结合、补充，制定出具有先进性和可行性的材料消耗定额。

3. 编制材料消耗定额的一般步骤

（1）确定净用量

材料消耗的净用量，一般可用技术分析法计算。即按设计图纸要求，计算出工程的实物工程量，再乘以单位工程量的材料用量，即

$$\begin{matrix}某分项工程\\材料净用量\end{matrix}=\begin{matrix}某项工程\\实物工程量\end{matrix}\times\begin{matrix}单位工程量的\\材料用量\end{matrix} \qquad (13-4)$$

如果是混合材料，如各类混凝土和砂浆，可先求得各种材料的合理配合比，再根据实物工程量分别求得各种材料的用量。

（2）确定损耗率

材料消耗定额中的净用量是不变的，材料消耗定额是否合理主要取决于损耗率的大小。因此正确确定材料损耗率是制定材料消耗定额的关键。

施工生产中，材料在操作、运输、中转、堆放保管、场内搬运等环节都会产生一定的损耗。按性质不同，这种损耗可分为两类：一类是目前的生产技术条件下所不可避免的，因此需要作为合理的损耗计算到定额中去；另一类是在现有条件下可以避免的，这类由于操作不慎和管理不当造成的损耗，属于不合理损耗，不应计算到定额中去。材料损耗的计算可采用下列几个公式：

$$损耗率（\%）=\frac{损耗量}{总消耗量}\times100\% \qquad (13-5)$$

$$损耗量=总消耗量-净用量 \qquad (13-6)$$

$$总消耗量=\frac{净用量}{1-损耗率} \qquad (13-7)$$

（3）计算材料消耗定额

当确定材料净用量和损耗率后，可按上列公式计算出该材料的消耗定额。

第二节　材料计划管理

一、材料计划管理的概念

材料计划管理是运用计划组织、指挥、监督、调节材料的采购、供应、储备、使用等经济活动的一种管理制度。

二、材料计划的分类

1. 按材料的使用方向划分

可分为生产用料计划和基建用料计划。

（1）生产用料计划。企业为完成计划期的生产任务而提出的产品需用的各类材料计划，称为生产用料计划。施工企业所属各类工业企业，如机械制造、制品加工、周转材料生产和维修、建材产品等，其所需材料数量一般是按计划生产产品的数量和该产品消耗定额进行计算而确定的。

（2）基建用料计划。建筑施工企业为完成计划期基本建设任务所需的各类材料计划，称为基建用料计划。包括自身基建项目和对外承包基建项目的材料计划。其计划的编制，

通常是根据承包协议和分工范围及供应方式编制。

2. 按照材料计划的用途划分

可分为需用计划、申请计划、供应计划、加工订货计划和采购计划。

（1）材料需用计划。材料需用计划是材料计划中最基本的计划，是编制其他计划的依据。材料需用计划应根据施工生产、维修、制造及技术措施等不同的使用方向，按设计图或施工图和技术资料，结合材料消耗定额逐项计算，列出需用材料的品种、规格、质量、数量，最后汇总成材料需用计划。

（2）材料申请计划。材料申请计划是根据材料需用计划，经过项目或部门内部平衡后，分别向有关供应部门提出材料申请的计划。

（3）材料供应计划。材料供应计划是企业的材料供应部门为完成供应任务，组织供需衔接的实施计划。材料供应计划应包括材料品种、规格、数量、质量、使用项目及供应时间。

（4）材料加工订货计划。材料加工订货计划是项目或材料供应部门为获得某种材料或产品面向生产厂订货或委托厂家代为加工产品而编制的一种计划。计划中应包括供应材料的品种、规格、质量、数量、型号、技术要求及交货时间等，其中若属非定型产品，应附有加工图纸、技术资料或提供样品。

（5）材料采购计划。它是企业为了向材料市场采购材料而编制的计划。计划中应包括材料品种、规格、数量、质量、预计采购厂商名称及需用资金。

3. 按照计划的期限划分

可分为年度计划、季度计划、月计划、一次性用料计划及临时追加计划。

（1）年度材料计划。年度材料计划是建筑施工企业为完成全年施工任务而确定的年度需用的主要材料计划。它是核算计划年度各项材料的全面计划，是指导全年材料供应与计划管理活动的重要依据，也是企业向有关部门、经营单位提出申请、组织订货、安排采购和储备的依据。因此，年度计划必须与年度施工生产任务密切结合，年度计划质量的好与坏，对全年施工、生产的各项指标能否实现，有着密切的关系。

（2）季度材料计划。季度计划是年度计划的具体化，也是适应情况变化而对年度材料计划进行的一种平衡调整。根据施工企业任务落实和安排的实际情况编制季度计划。随着施工任务和财务计划的进一步明确，对年度材料计划中预测不确切的部分作必要调整；或者由于施工任务中工程结构、施工进度和材料供应的变化，作为材料需用量、供应进度和材料储备量的调整。

（3）月度用料计划。月度用料计划是基层单位根据当月施工、生产进度安排编制的需用材料计划。它比年度计划和季度计划更细致、更全面、更及时、更准确。它是以单位工程为对象，按形象进度实物工程量逐项分析计算汇总的，内容包括使用项目和材料名称、规格、型号、质量、数量等，是供应部门组织配套供料、安排运输，基层安排收料的具体行动计划。凡列入月份计划的需用材料，都要逐项落实，当个别品种、规格有缺口时，需采取紧急措施，如借、调、改、代、加工及利用库存等办法，进行平衡，确保按计划供应。

（4）一次性用料计划。一次性用料计划，也叫做单位工程用料计划。它是根据经济承包合同或协议书，按规定时间要求完成的施工、生产计划或单位工程施工任务而编制的需用材料计划。它的用料时间，与季度、月份计划不一定吻合，但在月份计划内要列为重点，专项平衡安排。因此，这部分材料需用计划要提前编制，交给供应部门，并对需用材料的品种、规格、型号、颜色、时间等详细说明，供应部门应保证供应。内包工程也可采取签订供需合同的办法。

（5）临时追加材料计划。由于设计修改或任务调整；原材料计划中出现品种、规格、数量的错漏；施工中采取临时技术措施；机械设备发生故障需及时修复等原因，需要采取临时措施而制订的材料计划，叫做临时追加用料计划。列入临时计划的一般都是急用材料，要作为重点供应。如费用超支和材料超用，应查明原因，分清责任，办理签证，由责任方承担经济损失。

三、材料计划的编制

1. 材料计划编制的准备工作

（1）收集并核实施工生产任务、施工设备制造、施工机械制造、技术革新等情况。虽然施工生产用料是建筑安装企业用料的主要部分，但为配合施工顺利进行而确定的施工设备、施工机械制造及维修等方面的用料也不能忽视。

（2）弄清材料家底，核实库存。编制材料计划需要一段时间，尤其是编制年度材料计划，需要的时间较长。编制计划时，不但要核实当时的材料库存，分析库存升降原因，而且要预测本期末库存。

（3）收集和整理分析有关材料消耗的原始统计资料。除材料消耗外，还包括工具及周转材料消耗情况资料、门窗五金材料消耗资料等，并调整各种消耗定额的执行情况，确定计划期内各类材料的消耗定额水平。有些新材料、新项目还要修改补充定额。

（4）检查上期施工生产计划和材料计划的执行情况，分析研究计划期内的有利因素和不利因素，总结经验教训，采取有效措施，改进材料供应与管理工作。

（5）了解市场信息资料。市场资源是目前建筑企业解决需用材料的主要渠道，编制材料计划时，必须了解市场资源情况、市场供需平衡状况。

2. 材料计划编制程序和方法

（1）项目材料需用计划

项目材料需用计划的编制程序是：材料部门与生产、技术部门配合，掌握施工工艺，了解施工技术组织方案，仔细阅读施工图纸；根据生产作业计划下达的工作量，结合图纸及施工方案，计算施工实物工程量；查材料消耗定额，计算生产所需的材料数量，完成工料分析；将分项工程工料分析中不同品种、规格、数量的材料需用量进行汇总，编制材料需用计划。材料需用量的计算方法有两种。

1）直接计算法。当施工图纸已到达时，作工料分析应根据施工图纸计算分部分项工程实物工程量，并结合施工方案及措施，套用相应定额，编制材料分析表。在进行各分项工程材料分析后进行汇总，就可以得到单位工程材料需用量。当编制月、季度材料需用计划时，再按施工部位要求及形象进度分别切割编制。这种直接套用相应项目材料消耗定额计算材料需用量的方法，叫做直接计算法。其公式如下：

某种材料计划需用量＝建筑安装实物工程量×某种材料消耗定额

上式中建筑安装实物工程量是通过图纸计算得到的，但根据所编制的工料分析用途不同，所用消耗定额分为材料消耗施工定额和材料消耗概（预）算定额。

当使用施工定额作工料分析时，所编的预算称为施工预算，是企业内部编制施工作业计划，对工程项目实行限额领料的依据，是企业项目核算的基础。

当使用概（预）算定额作工料分析时，所编制的预算叫做施工图预算或设计预算，是企业或工程项目向建设项目投资者结算，向上级主管部门申报材料指标、考核工程成本、确定工程造价的依据。将上述两种预算编制的工程费用和材料实物量进行对比，叫做两算对比。两算对比，是材料管理的基础手段。进行两算对比可以做到先算后干，对材料消耗心中有数；可以核对预算中可能出现的疏漏和差错。对施工预算中超过设计预算的项目，应及时查找原因，采取措施。由于施工预算编制得较细，又有比较切实合理的施工方案和技术节约措施，一般应低于施工图预算。表 13-1 和表 13-2 为某工程两算对比汇总。

现场直接费"两算"对比汇总表   表 13-1

序号	费用名称	调整后的施工图预算（元）	施工预算（元）	"两算"对比		备　注
				降低额（元）	降低率（%）	
1	人工费	70656	77832	−7066	−10	
2	材料费	576570	553510	23060	4	
3	其中：模板费	15898	15421	447	3	
4	其中：架料费	11750	11160	590	5	
5	机械费	44160	43277	883	2	
6	合计	691386	674619	16767	2.43	

注：本表中的数据仅为举例用。

现场主要材料"两算"对比汇总表   表 13-2

序号	材料名称	单位	数　量		"两算"对比		备　注
			施工图预算	施工预算	节约（+）超支（−）	（+）（−）%	
1	钢材	t	87.12	84.53	2.59	3	
2	水泥	t	880	862	18	2	
3	锯材	m³	81.31	77.24	4.07	5	
4	标砖	万块	112.5	109.12	3.38	3	
5	中砂	m³	1105	1071.9	33.10	3	
6	细砂	m³	190	184.3	5.70	3	
7	圆石	m³	980	931	49	5	
8	豆石	m³	508	493	15	3	
9	绿豆石	m³	120	116.4	3.6	3	
10	石灰	t	175.8	174	1.8	1	
11	模板费	元	15898	15421	477	3	
12	架料费	元	11750	11160	590	5	

2）间接计算法。在工程任务已基本落实，但设计图纸尚未出来、技术资料还不全的情况下，需要编制材料需用计划时，可根据工程投资、工程造价和建筑面积匡算主要材料需用量，做好备料工作，这种间接使用经验估算指标预计材料需用量的方法，叫做间接计算法。

以此编制的材料需用计划可作为备料依据。但待图纸齐备、施工方案及技术措施落实后，再应用直接计算法核对，对用间接计算法得到的材料需用量进行调整。

间接计算法根据不同的已知条件有两种计算方法：

a. 已知工程结构类型及建设面积匡算主要材料需用量时，计算公式为：

$$\text{某种材料计划需用量} = \text{某类工程建筑面积} \times \text{该类工程每平方米建筑面积某种材料消耗定额} \times \text{调整系数} \tag{13-8}$$

这种计算方法因考虑了不同结构类型工程材料消耗的特点，因此，计算比较准确。但是当设计所选用材料的品种出现差别时，应根据不同材料消耗特点进行调整。

b. 当工程任务不具体，没有施工计划和图纸，只有计划总投资或工程造价时，可以使用每万元建筑安装工作量的某种材料的消耗定额来测算，其计算公式如下：

$$\text{某种材料计划需用量} = \text{工程项目总投资（造价）} \times \text{每万元工作量某种材料消耗量} \times \text{调整系数} \tag{13-9}$$

这种计算方法综合了不同结构类型工程材料的消耗水平，能综合体现企业生产的材料消耗水平。但由于只考虑了投资和报价，而未考虑不同结构类型工程之间材料消耗的区别，而且当价格浮动较大时，易出现偏差，应将这些因素综合考虑后确定调整系数。

（2）项目材料的申请计划

项目材料的申请计划，要根据材料库存情况，按下列公式计算材料申请量：

$$\text{材料申请量} = \text{材料需用量} - \text{期初库存量} + \text{期末库存量}$$

（3）材料供应计划

在编制计划前，必须做好下列准备工作：明确施工任务和生产进度安排，核实项目材料需用量；了解材料预算和分部分项材料工程材料需用数量及技术要求，掌握现场交通条件，材料堆放位置及现场布置。分析上期材料供应计划的执行情况，通过供应计划执行情况与消耗统计资料，分析供应与消耗动态，检查分析订货合同的执行情况、运输情况、到货规律等，以确定本期供应间隔天数与供应速度。分析库存是多余还是不足，以确定本期末库存储备量。

在编制材料供应计划的准备工作就绪以后，应确定材料供应量。其方法是：首先应认真核实汇总各项目材料申请量，了解编制计划所需的技术资料是否齐全，定额采用是否合理，材料申请是否合乎实际，有无粗估冒算、计算差错，材料需用时间、到货时间与生产进度安排是否吻合，品种规格是否配套。

同时，要预计供应部门现有库存量，即计划期初库存量。由于材料计划编制都提前进行，从编制材料计划到计划期初的这段时间内，材料仍有进出，因此，预计计划期初库存十分重要。计算方法如下：

$$\text{计划期初预计库存量} = \text{编制计划时的实际库存} + \text{预计期计划收入量} - \text{预计期计划发出量} \tag{13-10}$$

在预计计划期初库存量的同时，还要根据生产安排和材料供应周期计算计划期末库存量，即周转储备量。

在确定了项目材料申请量、计划期初库存量和合理的周转储备量后，根据下列公式计算材料供应量：

材料供应量＝材料申请量—计划期初库存量＋计划期末库存量

要根据材料供应量和可能获得资源的渠道，制定供应措施：如申请、订货、采购、加工、建设单位供料、利用库存、改代等，并与资金进行平衡，以利于计划的实现。

材料供应计划表格形式见表 13-3。

材料供应计划　　　　　　　　　　　　　　　　　　　表 13-3

材料名称	规格	计量单位	期初库存	计划申请量				期末库存	供应量合计	其中：供应措施					备注
				合计	其中					采购	甲方供料	加工制作	利用库存	申请	
					×项目	×项目									

（4）材料采购及加工订货计划

材料采购及加工订货计划是材料供应计划的具体落实。编制时，应按照供应项目需求特点及质量要求，确定采购及加工订货材料的品种、规格、质量和数量，依据材料使用时间，确定加工周期和供应时间。确定加工图纸或加工样品，并提出具体加工要求。按照施工进度和经济批量的确定原则，确定采购批量，同时确定采购及加工订货所需资金及到位时间。

四、材料计划的执行与检查

编制材料计划仅仅是计划工作的开始，而更重要的、更大量的工作是组织计划的实现，即执行计划。材料部门为了组织计划的实现，要做好以下几项工作：

1. 层层做好落实工作

材料计划制订后，要同材料管理人员见面，交代任务，明确各自的责任目标，制定实施措施，使材料计划的执行成为各级材料管理人员的自觉行动。

2. 建立健全经济岗位责任制

把材料计划各项任务分解落实到有关岗位和人员，并建立相应的责任制，使各级、各类岗位的人员都能明确自己的责任和任务，并与经济利益挂钩，把责权利紧密结合起来。

3. 积极做好材料计划执行的有关具体组织工作

材料计划执行的有关具体组织工作包括参加各种订货会议，与供货单位签订供货合同；组织市场采购和进货，做好材料的运输、入库、储存等工作；做好企业内部材料供应、服务、材料节约和使用监督、材料核销等工作。

4. 协调材料计划执行中出现的问题

材料计划在实施中常会受到内部或外部的各种因素干扰，影响材料计划的实现。如施工任务的改变，在计划实施中施工任务临时增加或减少；在工程筹措阶段或施工过程中遇到设计变更；到货合同和生产厂的生产情况发生变化，不能按时供应；施工进度计划提前或推迟等。上述这些情况都会影响材料计划的正确执行，因此必须从以下几个方面加强材料计划执行过程中的协调工作。

（1）挖掘内部潜力，利用库存储备，解决临时供应不及时的问题。

（2）利用市场调节的有利因素，及时到市场采购。

（3）同供料单位协商临时增加或减少供应数量。

（4）与有关单位相互进行余缺调剂。

（5）在企业内部，与有关部门协商，对现行施工生产计划和材料计划进行必要的修改。

5. 建立材料计划的分析和检查制度

（1）现场检查制度。经常深入施工现场，随时掌握生产进行过程中的实际情况，了解工程形象进度是否正常，资源供应是否协调，各专业队组是否达到劳动定额及完成任务的好坏，做到及早发现问题，及时加以处理解决，并如实向上一级反映情况。

（2）定期检查制度。建筑企业各级组织机构应有定期的生产会议制度，检查与分析计划的完成情况。通过这些会议检查分析工程形象进度、资源供应、各专业队组完成定额的情况等，做到统一思想、统一认识、统一目标，及时解决各种问题。

（3）统计检查制度。统计是检查企业计划完成情况的有力工具，是企业经营活动的各个方面在时间和数量方面的计算和反映。通过统计报表和文字分析，及时准确地反映计划完成的程度和计划执行中的问题，作为反映基层施工中的薄弱环节，揭露矛盾，研究措施，监督计划和分析施工动态的依据。

第三节　材料采购管理

建筑施工企业材料管理的四大业务环节，即采购、运输、储备和供应，采购是首要环节。随着市场经济的发展和完善，生产资料市场的发展渐趋成熟，使材料采购渠道日益增多。能否选择经济合理的采购对象、采购批量，并按质、按量、按时进入企业，对于促进施工生产，充分发挥材料的使用效能，提高产品质量，降低工程成本，提高企业经济效益都具有重要的意义。

一、采购方式

采购方式是采购主体获取资源或物品、工程、服务的途径、形式与方法。采购方式的选择主要取决于企业制度、资源状况、环境优劣、专业水准、资金情况及储运水平等。当然，采购方式不仅仅是单一的、绝对的、静止的概念，它在实施过程中相互交融，实现一个完整的采购活动。在一个寻求发展，追求创新，对资产负责的环境中，采购已不仅仅是一种库存补充，订单安排，它对企业还有创造利润的能量。目前人们对采购的认识正处于从满足库存到实现订单，再到资源管理；从执行任务到实现利润，再到争取市场的思想转变过程之中，采购方式越来越引起各国企业的重视。

采购方式很多，划分方法也不尽相同。这里我们将依据采购方式的发展历程，从集中采购与分散采购、现货采购与远期合同采购、直接采购与间接采购、招标采购和网上采购等不同的角度，较全面客观地对采购方式加以分析研究。

1. 集中采购与分散采购

（1）集中采购

集中采购是指企业在核心管理层建立专门的采购机构，统一组织企业所需物品的采购进货业务。

集中采购的特点是：量大，过程长，手续多；集中度高，决策层次高；支付条件宽松，优惠条件增多；专业性强，责任加大。

集中采购有利于获得采购规模效益，降低进货成本和物流成本，争取经营主动权。有利于发挥业务职能特长，提高采购工作效率和采购主动权。易于稳定本企业与供应商之间的关系，得到供应商在技术开发、货款结算、售后服务等诸多方面的支持与合作。

集中采购适用于大宗或批量物品，价值高或总价多的物品，关键零部件、原材料或其他战略资源，保密程度高，产权约束多的物品的采购。

（2）分散采购

与集中采购相对应，分散采购是由企业下属各单位，如子公司、分厂、车间或分店实施的满足自身生产经营需要的采购。这是集团将权力下放的采购活动。

分散采购是集中采购的完善和补充，有利于采购环节与存货、供料等环节的协调配合，有利于增强基层工作责任心，使基层工作富有弹性和成效。

分散采购的特点是：批量小或单件，且价值低、开支小；过程短、手续简单、决策层次低；问题反馈快、针对性强、方便灵活；占用资金小、库存空间小、保管简单、方便。

分散采购适用于采购小批量、单件、价值低；分散采购优于集中采购的物品；市场资源有保证，易于送达，物流费用较少的物品。

2. 现货采购与远期合同采购

（1）现货采购

现货采购是指经济组织与物品或资源持有者协商后，即时交割的采购方式。这是最为传统的采购方式。现货采购方式是银货两清，当时或近期成交，方便、灵活，易于组织管理，能较好地适应需要的变化和物品资源市场行情的变动。

现货采购的特点是：即时交割，责任明确，灵活，方便，手续简单，易于组织管理，无信誉风险，对市场的依赖性大。

现货采购的适用范围：

1）企业生产和经营临时需要。

2）企业新产品开发或研制需要。

3）设备维护、保养或修理需要。

4）设备更新改造需要。

5）企业生产用辅料、工具、卡具、低值易耗品。

6）通用件、标准件、易损件、普通原材料及其他常备资源。

（2）远期合同采购

远期合同采购是供需双方为稳定供需关系，实现物品均衡供应，而签订的远期合同采购方式。它通过合同约定，实现物品的供应和资金的结算，并通过法律和供需双方的信誉与能力来保证约定交割的实现。这一方式只有在商品经济社会，具有良好的经济关系、法律保障和企业具有一定的信誉和能力的情况下得以实施。

远期采购合同的特点是：时效长；价格稳定；交易成本及物流成本相对较低；交易过程透明有序，易于把握，便于民主科学决策和管理；可采取现代采购方法和其他采购方式来支持。

远期采购合同的适用范围：

1）企业生产和经营长期的需要，以主料和关键件为主。

2）科研开发与产品开发进入稳定成长期以后。

3）国家战略收购、大宗农副产品收购、国防需要等及其储备。

3. 直接采购与间接采购

从采购主体完成采购任务的途径来区分，采购方式可分为直接采购和间接采购，这种划分便于企业深入了解与把握采购行为，为企业提供最有利、最便捷的采购方式，使企业始终掌握竞争的主动权。

（1）直接采购

直接采购是指采购主体自己直接向物品制造厂采购的方式。一般指企业从物品源头实施采购，满足生产所需。目前，绝大多数企业均使用此类采购方式，满足自身生产的需要。

直接采购方式的优点是环节少，时间短，手续简便，意图表达准确，信息反馈快，易于供需双方交流、合作及售后服务与改进。

直接采购一般用于生产性原材料、元器件等主要物品采购及其他辅料、低值易耗品。

（2）间接采购

间接采购是指通过中间商实施采购行为的方式，也称为委托采购或中介采购，主要包括委托流通企业采购和调拨采购。靠有资源渠道的贸易公司、物资公司等流通企业实施，或依靠专门的采购中介组织执行。

调拨采购是计划经济时代常用的间接采购方式，是由上级机关组织完成的采购活动。目前除非物质紧急调拨或执行救灾任务、军事任务外，一般均不采用。

间接采购的优点是：充分发挥工商企业各自的核心能力；减少流动资金占用，增加资金周转率；分散采购风险，减少物品非正常损失；减少交易费用和时间，从而降低采购成本。

间接采购适合于业务规模大、盈利水平高的企业；需方规模过小，缺乏能力、资格和渠道进行直接采购；没有适合采购需要的机构、人员、仓储设施的企业。

4. 招标采购

招标采购是现代国际社会通用的采购方式，它能够做到过程的公开透明、开放有效、公平竞争，有利于促进企业、政府降低采购成本；同时，也能促进人类社会文明、进步、健康的发展。国际上四大采购规则，即《联合国采购示范法》、《WTO 政府协议》、《欧盟采购指令》和《世界银行采购指南》均主张或倾向于采用招标采购方式。

（1）招标采购的概念与分类

招标是一种特殊的交易方式，按照订立合同的特殊程序，有广义、狭义之分。广义的招标是指招标人发出招标公告或通知，邀请潜在的投标商进行投标，最后让招标人通过对各投标人提出的规格、质量、交货期限及该投标企业的技术水平、财务状况等因素进行综合比较，确定其中最佳的投标人为中标人，并与之签订合同的过程。狭义的招标是指招标人根据自己的需要提出一定的标准或条件，向指定投标商发出投标邀请的行为，即邀请招标。

根据招标范围可将采购方式统一规范为公开招标采购、选择性招标采购和限制性招标采购。

1）公开招标采购。

公开招标采购是指通过公开程序，邀请所有有兴趣的供应商参加投标的采购方法。

2）选择性招标采购。

选择性招标采购是指通过公开程序，邀请供应商提供资格文件，只有通过资格审查的供应商才能参加后续招标；或者通过公开程序，确定待定采购项目在一定期限内的候选供应商，作为后续采购活动的邀请对象。

3）限制性招标。

限制性招标是指不通过预先刊登公告程序，直接邀请一家或两家以上的供应商参加投标。实行限制性招标采购方式，必须具备相应的条件。这些条件包括：公开招标或选择性招标后没有供应商参加投标；无合格标，供应商只有一家，无其他替代选择；出现了无法预见的紧急情况，向原供应商采购替换零配件；因扩充原有采购项目需要考虑到配套要求；属于研究用的试验品、试验性服务或追加工程；必须由原供应商办理，且金额未超过原合同金额的 50％，与原工程类似的后续工程，并在第一次招标文件已作规定的采购等。

（2）招标采购的特点

1）公开性。

公开性是指整个采购程序都在公开情况下进行。公开发布投标邀请，公开开标，公示招、投标结果，投标商资格审查标准、最佳投标商评选标准要事先公布，采购法律也要公开。

2）竞争性。

招标的竞争性充分体现了现代竞争的平等、信誉、正当和合法等基本原则。采购单位通过招标程序，可以最大限度地吸引和扩大投标人的竞争，从而使招标方有可能以更低的价格采购到所需的物品或服务，充分地获得市场利益，有利于其经济效益目标的实现。

3）公平性。

所有感兴趣的供应商、承包商和服务提供者都可以进行投标，并且其地位一律平等，不允许对任何投标商进行歧视。评选中标商应按事先公布的标准进行。投标是一次性的，并且不准同投标商进行谈判。所有这些措施既保证了招标程序的完成，又可以吸引优秀的供应商来竞争投标。

（3）招标采购的范围

1）采购量足以吸引投标人参标。

2）应用于企业及政府、军队、事业单位和联合国总部等公共部门。

5. 网上采购

网上采购是指以计算机技术、网络技术为基础，电子商务软件为依据，Internet 为纽带，EDI 电子商务支付工具及电子商务安全系统为保障的即时信息交换与在线交易的采购活动。

网上采购的优点是：①提高了通信速度；②加强了信息交流，任何企业都可以将其信息上网供客户查询，克服了电话查询信息不够全面、不直观、不灵活的特点；③降低了成本，网上采购可以降低通信费用、管理费用和人员开销；④加强了联系，提高了服务质量；⑤服务时间延长，可提供每天24小时的全天候服务；⑥增强了企业的竞争力，任何企业，无论大小，在网站上都是一个页面，面对相同的市场，都处于平等的竞争条件下。

二、采购管理

采购职能是各个企业所共有的职能，也是企业经营的开始环节，同样为企业创造价值。采购既要考虑外部环境因素的影响，诸如市场供应状况、价格波动、物流运营、供应商的发展、新材料、新设备的上市等，又要受到企业内部条件的制约，诸如管理体制、技术装备、生产批量、操作水平、供应时间、库存条件等，这样就使得采购业务变得错综复杂，因此，必须加强对采购的管理。

1. 采购管理的目标

采购是为企业的生产经营活动服务的，采购管理的目标，当然应该与企业总目标相一致。对生产企业来说，就是要为生产的正常进行提供物质保证，合理利用资源，并努力降低成本，增加企业利润。其具体的目标要求如下：

（1）适用

适用即必须依据生产经营任务的要求，结合生产技术水平来采购物品。品种规格要对路，质量和技术性能要适宜，数量要准确。采购部门必须同设计、生产、技术等有关部门一起，正确地选择和核算，并随时掌握使用情况。

（2）及时

及时是指进货时间安排必须与生产使用时间相互衔接。既要防止采购不及时造成停工待料，又要避免进货过早而增加不必要的库存，占压资金。因此，采购部门必须掌握生产进度，摸准用料规律，安排好进货周期，同时要充分了解供应商按时组织供货的可靠性和运输条件的可能性。

（3）齐备

齐备指各种物品的采购要满足生产使用上的配套性要求。产品的生产不仅要求基本生产过程和辅助生产过程之间设备能力上的配套，而且包括各种材料加工、外购零部件的配套，它们之间都存在着一定的数量比例关系。采购部门要掌握各种物品、各种设备间的比例关系，安排各种物品的进货数量和进度，尤其是外部零部件，注意它们之间的平衡衔接。

（4）经济

经济是指采购物品时要努力降低采购费用，为企业盈利创造条件。它包括合理地选购物品，做到物美价廉，降低商务和物流费用。为此，要求采购部门确切掌握产品性能对材料的要求，加强经济核算，进行价值分析，正确运用物流方式，严格控制库存，按照采购总费用最小的原则组织采购业务。

（5）协作

协作指供需双方、采购部门与供应部门内部，以及与其他生产、研发、财务、销售等部门的各业务环节都要建立良好的协作关系，相互协调，密切合作，才能保证供应质量，保证企业生产的顺利进行。为此，采购部门在与供应商的关系处理中要重合同、守信用，注意双方的经济利益，在双赢中建立长期的合作关系；在企业内部则应想生产之所想，急生产之所急，用全心全意为生产服务的观念来处理各部门之间的关系。

2. 采购管理的内容

采购管理的内容包括计划、组织实施和监控，如图 13-1 所示。

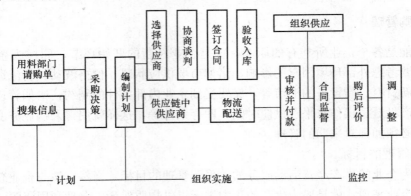

图 13-1　采购管理的内容

（1）计划

1）用料部门请购单。

用料部门请购单是采购业务的凭据。虽没有统一的标准格式，由各企业自行制定，但应包括：请购单号（识别编号）、请购单位、申请日期、订购数量、功能要求、需要日期、采购单号、供应商名称、供货日期等，另一种是与产品（工程）设计图纸相配套的材料清单，它表明一件成品所需的各种材料、零部件的数量，以及采购后的验收标准。

2）汇集信息。

各类采购信息为采购决策和审核请购单提供依据。包括：

①外部信息。主要有：市场供求状况及预期，价格变动及趋势，供应商的多少，其产品的质量、价格、运距与运费、供应可靠性，市场上新材料、新设备、替代品的涌现和供应状况，以及政府对物品使用的政策和法规等。

②内部信息。主要有：生产计划任务，物品消耗定额、消耗统计资料，所需物品的性能、用向，进货和供应能力，物流组织状况和资金条件。

③产品信息。主要有：产品说明书，它包括商务标准、市场等级、设计蓝图、材料说明书、功能说明书等。上述信息既可以从企业的数据库汇集，也可以从外部采集。

3）采购决策。

这是采购管理中最主要的内容。在请购单审核后，要进行采购物品品种、采购量、供应商、采购方式、订购批量、采购时间、采购价格、进货方式等方面的决策和确定参与采购的人员。

4）编制采购计划。

决策后要编制采购计划。包括年度采购计划，它表明大类物品的年度采购总量，其目的在于与市场供应资源的平衡，与企业内的进、存、供能力的平衡，与企业的资金、成本、费用等指标的平衡。季度和月度采购计划是在年度计划的指导下，按具体品种规格编制的，是具体落实年度计划，组织日常采购的任务书。

（2）组织实施

1）选择供应商。

对于供应链中的供应商，可以通过局域网将采购计划信息传输给对方要求执行。而对于非供应链中的供应商，采购部门可以利用商务网络平台，将生产所需物品的供应商编成一览表，从质量好、价格低、费用省、支付及时、服务周到的供应商中进行比较，还可以从人员访问、财务报告、历来经营状况的补充信息中进一步分析，择优选取。

2）商务谈判。

与选中的供应商进行谈判，要做到知己知彼，明确下列问题：①希望得到什么；②对方要求什么；③能作出什么样的让步使谈判成功。决不能认为协商是一种对抗，是要战胜对方，是一次孤立的交易，而不从长计议。谈判要做到"双赢"，才能使谈判成功。

3）签订采购合同。

4）验收入库。

采购部门要配合仓库部门按有关合同规定的数量、质量、验收办法、到货时间，做好验收入库工作。财务部门按入库单及时付清货款，对违反合同的要及时拒付或提出索赔要求。

（3）监控

1）合同监管。

对签订的合同要及时进行分类管理，建立合同台账平台，按期检查合同执行情况，并将执行过程及时输入数据库，以对供应商作出评价。采购部门要加强与供应商的联系，督促按期交货。对出现的质量、数量、到货时间等问题要及时交涉。同时要与企业内部的其他部门密切配合，为顺利执行合同做好准备。

2）购后评价。

所购物品投入使用后，采购部门要与使用部门保持联系，掌握使用情况、使用效果以及服务水平，并考查各供应商的履约情况，以决定今后对供应商的选择和调整。

三、材料采购与加工

1. 材料采购和加工业务准备阶段

材料采购和加工业务，通常需要较长时间的准备，在准备阶段必须按照材料分类，确定各种材料采购和加工的总数量；按需要采购的材料选定供货单位；最后确定采购和加工企业并编制市场采购和加工材料计划，报请领导审批。

2. 一次性购买材料的采购手续

（1）明确采购任务

搞清所购材料的名称、品种、规格、型号、数量、价格和用途等；确定采购材料的质量标准和验收方法及交货地点、方式、方法、交货日期；还需确定采购材料的运输方法（如需方自理、供方代送或供方送货）及包装方法。

（2）货款和费用结算

货款和费用结算，应按中国人民银行结算办法的规定办理，结算可以分为异地结算和本地结算。异地结算的方式有：异地托收承付结算、信汇结算以及部分地区试行的限额支票结算；本地结算方式有：本地托收承付结算、委托银行付款结算、支票结算和现金结算等。必须事先明确结算方式、收付款凭证和结算单位。

（3）提货运输及交库验收

提货时应注意物品名称、规格、型号、质量、数量是否相符，部分材料按规定应取得质量证明书，应完好无损地运回本单位仓库和使用现场，面交保管员验收，办理验收入库手续。

（4）报账

采购人员凭发票和验收单向财务部门办理报销手续，冲销自己的借款，及时办理结账手续，结束本次采购任务。

3. 加工订货合同

对于必须经过加工制造和约期交货的材料，为明确购销双方的经济责任，还要与供货单位签订供货（包括带料加工）合同或加工订货合同。有的供货合同应按照当地主管部门的规定，由上级单位批准才能生效。

材料加工订货合同的主要内容，除供需双方单位名称、业务经办人员签字外，还应包括下列内容：

（1）材料名称、品种、规格、型号、等级。

（2）材料质量标准和技术标准。

（3）材料数量和计量单位。

（4）材料包装标准和包装物品的供应和使用方法。

（5）材料的交货单位、交货方法、运输方法、到货地点。

（6）接货单位和提货人。

（7）交货期限。

（8）验收方法。

（9）材料单价、总价及其他费用。

（10）结算方式、开户银行、账户名称、账号、结算单位。

（11）违约责任。

（12）供需双方协商同意的其他事项。

4. 经济采购批量

材料采购批量是指一次性采购材料的数量。采购批量与采购次数、采购费用、保管费用和资金占用、仓库占用等密切相关。

经济采购批量，即采购材料的最优经济批量。是某种材料总需要量中，每次采购的数量，使采购费和保管费之和为最低，简称经济批量。

在材料成本中，包括货款、运杂费、采购费、保管费等。采购费与采购次数成正比。如果采购总量不变，采购次数随采购批量的加大而减少，故采购费用同采购批量成反比关系。即减少采购次数，增大采购批量可以节省采购费用。保管费由保管数量所决定，保管数量则随采购批量的加大而增加，故保管费同保管数量成正比关系。因此，保管上要求减少保管数量而增加采购次数。从上述可知，采购费与保管费对采购批量的要求是相反的。如何寻求一个恰当的采购批量，使这两种费用之和最低，就是经济采购批量需要解决的问题。

经济采购批量的计算公式如下：

$$Q = \sqrt{\frac{2RK}{CH}}$$

(13-11)

式中　　Q——经济采购批量；

R——采购总量或总需用量；

C——材料单价；

H——全年保管费率（%）；

K——每次采购费。

【例】　某企业全年需要某种材料 16000t，该材料每次采购费为 60 元，平均单价 15 元/t，该材料全年保管费率为 20%。求该材料的经济采购批量及采购次数。

【解】

$$Q = \sqrt{\frac{2RK}{CH}} = \sqrt{\frac{2 \times 16000 \times 60}{15 \times 0.2}} = 800(t/\text{次})$$

$$\text{采购次数} = \frac{R}{Q} = \frac{16000}{800} = 20(\text{次})$$

该材料经济采购批量为 800t，全年分 20 次采购。

第四节　材料供应管理

材料供应，就是及时、齐备、按质按量地为建筑施工企业生产提供材料的经济活动。材料供应是保证施工生产顺利进行的重要环节，是实现生产计划和项目投资效益的重要保证。随着现代化工业进程的加快，建筑企业需要数量更大、品种更多、规格更为复杂、技术性能要求更高的建筑材料。而材料供应工作受到资源渠道不断扩大、市场价格波动频繁、资金限制等诸多因素影响，因此对材料供应工作提出更高的要求。

一、建筑企业材料供应的特点

建筑施工企业与一般工业企业相比，具有独特的生产和经营方式。建筑产品形体大，且由若干分部分项工程组成，并直接建造在土地上，每一个产品都有特定的使用方向。这就决定了建筑产品生产的许多特点，如露天作业、施工流动性及多工种混合作业等。这也给建筑施工企业的材料供应带来了一定的特殊性和复杂性。

（1）建筑产品的固定性，造成了施工生产的流动性，这就使得建筑施工企业的材料供应工作必须随生产而转移。每一项转移必然形成一套新的供应、运输和储存工作，使材料供应工作具有特殊性。

（2）建筑产品形体庞大，材料需用数量大，品种规格多，运输量也大。一般工程常用的材料多达上千种，规格上万种。材料供应要根据施工进度要求，按各部位、各分项工程、各操作内容进行。材料供应工作涉及材料的保管、运输等行业或部门，要求材料人员具有较丰富的知识。因此建筑企业的材料供应涉及面广、内容多、工作量大，形成了材料供应的复杂性。

（3）建设工程项目是由多个分项工程组成的，每个分项工程中都有各自的施工特点和材料需求特点。要求材料供应工作按施工部位预计材料需用品种、规格而进行备料，按施工程序分期分批组织材料进场，使材料供应工作必须满足多样性的要求。

（4）建筑施工是露天作业，最容易受时间和季节的影响，形成了材料的季节性消耗和阶段性消耗，造成材料供应不均衡。

（5）建筑施工中各种因素多变，如设计变更、施工任务调整等，必然带来材料需求的变化，使材料供应的数量、规格变更频繁，极易造成材料积压和资金超占，也易造成断供。这就增加了材料供应工作的难度。

（6）为了保证建筑工程的质量和工程的进度，对建筑材料的供应提出了严格的要求，要求供应的材料必须保证其数量、质量及各项技术指标的要求，还应保证材料供应的及时性和配套性。

二、材料供应应遵循的原则

1. 有利生产、方便施工的原则

材料供应工作要为施工生产服务，想生产所想，急生产所急，送生产所需。深入生产第一线，千方百计为生产服务，当生产建设的好后勤。

2. 统筹兼顾、综合平衡、保证重点、兼顾一般的原则

建筑施工企业在材料供应中经常会出现供需脱节和品种、规格不配套等各种矛盾，往往使供应工作处于被动应付局面，这就要求必须从全局出发，对各工程项目的需用情况，统筹兼顾、综合平衡，搞好合理调度。同时要深入基层，切实掌握施工生产进度、资源情况和供货时间，只有准确掌握资源和需求情况，才能分清主次和轻重缓急，保证重点，兼顾一般，把有限的材料用到最需要的地方去。

3. 加强横向经济联系的原则

随着市场经济的发展，由施工企业自行组织配套的物资范围相应扩大。这就要求加强对各种资源渠道的联系，切实掌握市场信息，合理组织货源，提高配套供应能力，满足施工需要。

4. 勤俭节约的原则

充分发挥材料的效用，使有限的材料发挥最大的经济效果。

三、材料供应的基本任务

建筑企业材料供应工作的基本任务是围绕施工生产这个中心环节，按质、按量、按品种、按时间、成套齐备、经济合理地满足企业所需的各种材料。并且，通过有效的组织形式和科学的管理方法，充分发挥材料的最大效用，以较少的材料占用和劳动消耗，完成更多的供应任务，获得较大的经济效果。材料供应的基本任务有如下凡点。

1. 组织货源

组织货源是为保证供应，满足需求创造充分的物质条件，是材料供应工作的中心环节。搞好资源的组织，必须掌握各种材料的供应渠道和市场信息，根据国家政策、法规和企业的供应计划，办理订货、采购、加工、开发等各项业务，为施工生产提供物质保证。

2. 组织材料运输

运输是实现材料供应的必要环节和手段，只有通过运输才能把组织到的材料资源运到工地，从而满足施工生产的需要。根据材料供应目标要求，材料运输必须体现快速、安全、节约的原则，正确选择运输方式，实现合理运输。

3. 组织材料储备

由于材料供求之间在时间上是不同步的，为实现材料供应任务，必须适当储备。否则，将造成生产中断或出现材料积压。所以材料储备必须是适当、合理的，以保证材料供应的连续性。

4. 平衡调度

由于在施工生产过程中，经常出现供求矛盾，要求及时地组织材料的供求平衡，才能保证施工生产的顺利进行。因此，平衡调度是实现材料供应的重要手段，企业要建立材料供应指挥调度体系，掌握动态，排除障碍，完成供应任务。

5. 选择供料方式

合理地选择供料方式是材料供应工作的重要环节，通过一定的供料方式可以快速、高效、经济合理地将材料供到需用者手中。因此，选择供料方式必须体现减少环节、方便用户、节省费用和提高效率的原则。

6. 提高成品、半成品供应程度

提高材料在供应过程中的初加工程度，有利于提高材料的利用率，减少现场作业，适合建筑生产的流动性，充分利用机械设备，有利于新工艺的应用，是企业材料供应工作的一个发展方向。

四、材料供应工作的内容

1. 编制材料供应计划

材料供应计划与其他计划有着密切的联系。材料供应计划要依据施工生产计划的任务和要求来计算和编制，反过来它又为施工生产计划的实现提供有力的材料保证；在成本计划中，确定成本降低指标时，材料消耗定额和材料需用量是必须考虑的因素，在编制供应计划时，则应正确了解材料节约量、代用品、综合利用等情况来保证成本计划的完成；在财务计划中，材料储备定额是核定企业流动资金的依据，在编制供应计划时，就必须考虑到加速资金周转的要求。因此，正确地编制材料供应计划，不仅是建筑企业有计划地组织生产的客观要求，而且是整个建筑企业运营的要求。

2. 材料供应工作的实施

材料供应计划确定以后，对外就要从各种渠道积极地落实货源，对内组织计划供应（即定额供料）来保证计划的实现。在计划执行过程中，影响计划执行的多种因素是千变万化的，仍然会出现许多不平衡的现象。

因此供应计划编制以后，还要注意在落实计划中组织平衡调度，其方式主要有以下几种：

（1）会议平衡。在月度或季度供应计划编制以后，材料供应部门召开材料平衡会议，由供应部门向用料单位说明计划期材料资源到货和各单位需用的总情况，同时也需要说明根据施工进度及工程性质，结合内外货源，分轻重缓急，在保竣工扫尾、保重点工程的原则下，先重点、后一般，最后具体宣布对各单位的材料供应量。平衡会议一般由上而下召开，逐级平衡。

（2）重点工程专项平衡。被列为重点工程的项目，由主管局或公司主持和召开会议，专项研究组织落实计划，制定措施，切实保证重点工程的顺利进行。

（3）巡回平衡。为协助各单位工程解决供需矛盾，一般在季度或月度供应计划的基础上，组织服务队定期到各施工点巡回服务，切实掌握第一手资料，搞好计划落实工作，确保施工任务的完成。

（4）与建设单位协作配合搞好平衡。属于建设单位供应的材料，建筑企业应主动积极地与建设单位交流供需信息，互通有无，避免脱节而影响施工。

（5）竣工前的平衡。在单位工程竣工前细致地分析供应工作情况，逐项落实材料供应的品种、规格、数量和时间，确保工程按期竣工。

3. 材料供应情况的分析与考核

对材料供应计划的执行情况进行经常地检查分析，才能发现执行过程中的问题，从而采取对策，保证计划的实现。检查方法可采用经常性检查，即在计划执行期间，随时对计划进行检查，发现问题，及时纠正。另一种是定期检查，即按月、季、年度进行。分析、考核的内容有：

（1）材料供应计划完成情况的分析。把某种材料或某类材料实际供应数量与其计划供应数量进行比较，用于考核某种或某类材料完成程度和完成效果。

（2）对材料供应的及时性进行分析。在实际工作中，还会遇到总收入量的计划完成情况较好，但实际上施工现场却发生停工待料的现象。这是因在供应工作中还存在收入时间是否及时的问题。也就是说，即使收入量充分，如果供应不及时，也同样会影响施工生产的正常进行。在分析考核材料供应及时性问题时，需要把时间、数量及平均每天需用量和期初库存量等资料联系起来考查。

（3）对供应材料的消耗情况进行分析。按照施工验收的工程量，考核材料供应量是否全部消耗，并分析所供材料是否适用，用于指导下一步材料供应并处理好遗留问题。

$$材料剩余量＝实际供应量－实际消耗量$$

其中实际消耗量是根据班组领料、退料、剩料统计的材料数量。按上式比较可以考核所供料使用程度，以确定今后的供应活动。

五、材料供应方式

1. 甲方供应方式

甲方供应方式就是建设项目开发部门或项目业主对建设项目实施材料供应的方式。这种供料方式的做法是甲方负责项目所需资金的筹集和资源组织，按照建筑企业编制的施工图预算负责材料的采购供应。施工企业只负责施工中材料的消耗及耗用核算。

这种供应方式虽然减少了施工企业材料管理的工作量，但由于这种方式是由甲方从生产厂或材料经营部门采购的材料，再转供给施工企业使用，增加了流通环节，加大了流通费用。并且材料分属于甲方所有，施工企业不能按施工项目或部位进行调剂、串换，往往影响建设速度。同时也降低了材料的使用效率。施工企业在这种供应方式中处于被动地位，受甲方供应程度的制约，供一点干一点，难以使生产三要素得以统一，使生产效率受到影响。

2. 乙方供应方式

乙方供应方式是由建筑施工企业根据生产特点和进度要求，由本企业负责材料的采购与供应工作。

乙方供应方式可以按照生产特点和进度要求组织进料，可以在所建项目之间进行材料的集中加工，综合配套供应，可以合理调配劳动力和材料资源，从而保证项目建设速度。乙方供应还可以根据各项目要求从生产广大批量集中采购而形成批量优势，采取直达供应方式，减少流通环节，降低流通费用。这种供应方式下的材料采购、供应、使用的成本核算由乙方负责，有助于乙方加强材料管理，采取措施，节约用料，有利于推进建筑企业材料管理的专业化、科学化、技术化。

3. 甲、乙双方联合供应方式

这种供应方式是由建设项目开发部门或建设项目业主和建筑施工企业，根据分工确定的各自材料采购供应范围，实施材料供应的方式。由于是甲乙双方联合完成一个项目的材料供应，因此在项目开工前，必须就材料供应中的具体问题作明确分工，并签订材料供应合同。在合同中应明确以下内容：

（1）供应范围。包括项目施工中所用主要材料、辅助材料、装饰材料、水电材料、专用设备、各种制品、周转材料、工具用具等。应明确到具体的材料品种，直至规格。

（2）供应材料的交接方式。包括材料的验收、领用、发放、保管及运输方式和责任划分；材料供应中出现问题时的处理方法和程序。

（3）材料采购、供应、保管、运输、取费及有关费用的计取方式。包括采购与保管费的计取、结算方式，成本核算方法，运输费的承担方式，现场二次搬运费、装卸费、试验费及其他费用的结算方式；材料采购中价差核算方法及补偿方式等。

甲、乙双方联合供应方式，是一种目前较为普遍的供应方式。这种方式一方面可以充分利用甲方的资金优势、采购渠道优势，又能使施工企业发挥其主动性和灵活性，提高投资效益。但这种方式易出现采购供应中必然发生的交叉因素所带来的责任不清，因此必须有完善的材料供应合同作保证。

六、材料定额供应

定额供应也称为限额供应，它是根据计划期内施工生产任务和材料消耗定额及技术节约措施等因素，确定材料供应的数量标准。材料部门据此作为供应的限制数量，施工操作部门在限额内使用材料。实行限额领料可以起到以下作用：

第一，有利于促进材料的合理使用，降低材料消耗和工程成本。

第二，限额的数量是检查材料节约还是超耗的标准。

第三，可以改进材料供应工作，提高材料供应管理水平。

1. 限额领料的形式

（1）按分项工程限额领料。按分项工程限额领料，就是按不同工种所担负的分项工程规定限额。例如砌墙、抹灰、支模、混凝土等工种，以班组为对象实行限额领料。这种形式便于管理，容易控制，见效快。但容易使各工种从自身利益出发，较少考虑工种之间的衔接和配合，有可能出现某分项工程节约较多，而其他分项工程节约较少甚至超耗。

（2）按工程部位实行限额领料。按工程部位实行限额领料，是按照基础、结构、装修等施工阶段，以混合队为对象进行限额。这种形式的主要优点是，以混合队为对象，增强了整体观念，有利于工种配合和工序的衔接，有利于调动各方面的积极性。但这种做法往往重视容易节约的结构部位，而对容易发生超耗的装饰部位往往难以实施限额而影响限额效果。同时，由于以混合队为对象，增加了限额领料的品种、规格，混合队内部如何进行控制和衔接，都要求有很好的管理措施和手段。

（3）按单位工程实行限额领料。按单位工程限额领料，是指一个工程从开工到竣工，包括基础、结构、装修等全部工程项目的用料实行限额，是在部位限额领料上的进一步扩大。适用于工期不太长的工程。这种形式的主要优点是，可以提高项目的独立核算能力，有利于产品最终效果的实现。同时，各项费用捆在一起，从整体利益出发，有利于工程统筹安排，对缩短工期有明显效果。但这种形式的缺点是对工程面大、工期长、变化多、技术较复杂的工程，容易放松现场管理，造成混乱，因此，必须加强混合队的组织领导，提高混合队的管理水平。

2. 限额领料量的确定

（1）正确的工程量是计算材料限额的基础，工程量是按工程施工图纸计算的，在正常情况下是一个确定的数量，但在实际施工中常有变更情况，例如，设计变更，由于某种需要，修改工程原设计，工程量也就发生变更。又如，施工中没有严格按图纸施工或违反操作规程引起工程量变化，如基础超挖，混凝土消耗量增加，墙体垂直度、平整度不符合标准，造成抹灰加厚，消耗量增大等。因此，正确的工程量必须考虑工程量的变更和完成工程量时的验收，以求得正确完成的工程量，作为最后考核消耗依据。

（2）定额的正确选用是计算材料限额的标准，选用定额时，先根据施工项目找出定额中相应的分章工种，根据分章工种找分章。

（3）凡实行技术措施的项目，一律采用节约措施新规定的单方用料量。

3. 实行限额领料应具备的技术条件

（1）设计概算。

（2）设计预算（施工图预算）。

（3）施工组织设计。

（4）施工预算。

（5）队组作业计划。

（6）技术节约措施。

（7）混凝土及砂浆的试配资料。

（8）有关的技术翻样资料。主要指门窗、五金、油漆、钢筋、铁件等。

4. 限额领料的程序

（1）限额领料单的签发

限额领料单的签发，由计划统计部门按已编制施工预算的分部分项工程项目和工程量，负责编制班组作业计划，劳动定额员计算用工数量，材料定额员按照企业现行内部定额，扣除技术措施的节约量，计算限额用料数量，并注明用量要求及注意事项。

（2）限额领料单的下达

限额领料单的下达是限额领料的具体实施过程，一般一式五份，一份交计划员作为存根；一份交材料保管员作为发料凭证；一份交劳资部门；一份交材料定额员；一份交班组作为领料依据。

（3）限额领料单的应用

班组料具员持限额领料单到指定仓库领料，材料保管员按领料单所限定的品种、规格、数量发料，并做好分次领用记录。在领发过程中，双方办理领发料手续，填制领料单，注明用料的单位工程和班组，材料的品种、规格、数量及领用日期，双方签字。

（4）限额领料单落实情况的检查

检查内容主要有：

1）查项。对班组在定额领料中，要从五个方面经常进行检查和落实：查设计变更的项目有无发生变化；查用料单所包括的施工是否做过，是否甩项，是否做齐全；查项目包括的工作内容是否都做完了；查班组是否做限额领料单以外的施工项目；查班组是否有串料项目。

2）查量。检查班组已验收的工程项目的工程量是否和用料单上所下达的工程量一致。

3）查操作。检查班组在施工中是否严格按照规定的技术操作规程施工。不论是执行定额还是执行技术节约措施，都必须按照定额及技术措施规定的方法进行操作，否则就达不到预期效果。

4）查措施的执行。检查班组在施工中节约措施的执行情况。

5）查工完、料尽、场地清。检查班组在施工项目完成后是否做到场地清，用料有无浪费现象。

（5）限额领料单执行情况的验收

班组完成任务后，应由工长组织有关人员进行验收；工程量由工长验收签字，统计、预算部门把关，审核工程量；工程质量由技术质量部门验收，并在任务书上签署检查意见；用料情况由材料部门签署意见，验收合格后办理退料手续。

（6）限额领料单的结算

班组料具员或班组长将验收合格的任务书递交定额员结算。材料定额员根据验收的工程量和质量部门签署的意见，计算班组实际应用量和实际消耗量，结算盈亏，最后根据已结算的定额用料单分别登入班组用料台账，按月公布班组用料节超情况，并作为评比和奖励的依据。

5. 限额领料核算

核算的目的是考核工程的材料消耗，是否控制在施工定额以内，同时也为成本核算提供必要的情况和数据。主要工作内容有：

（1）根据预算部门提供的材料分析，作出主要材料分部位的"两算"对比。

（2）建立班组用料台账，定期向有关部门提供评比奖励依据。

（3）建立单位工程耗料台账，按月登记各工程材料耗用情况，竣工后汇总，并以单位工程报告的形式作出结算，作为现场用料节约奖励、超耗罚款的依据。

第五节　材料运输管理

材料运输是材料供应工作的一个组成部分，是指材料借助运力来实现从生产地或储存地向消费地转移，从而满足各工地的需要，保证生产顺利进行的活动。它是生产和消费之间经济联系的桥梁，是材料管理工作中的重要环节。

一、材料运输管理的作用

材料运输管理是对材料运输过程，运用计划、组织、指挥和调节职能进行管理，使材料运输合理化。其重要作用表现在以下几个方面：

1. 加强材料运输管理，是保证材料供应，促使施工生产顺利进行的先决条件。

2. 加强材料运输管理，合理组织材料运输，可以缩短材料在途时间，减少材料储存，加速材料周转，提高材料的使用效能。

3. 加强材料运输管理，合理选用运输方式，有效地使用各种运输工具，节省运力和劳力，可以节省运输费用和减少材料在运输途中的损耗，提高运输经济效果。

二、材料运输管理的任务

材料运输管理的基本任务是：根据客观经济规律和材料合理运输的基本原则，对材料运输过程进行计划、组织、指挥、监督和调节，争取以最少的里程、最低的费用、最短的时间、最安全的措施，完成材料在空间上的转移，保证工程需要。

（1）贯彻及时、准确、安全、经济的原则组织运输。

（2）加强材料运输的计划管理，做好货源、流向、运输路线、现场道路、堆放场地等的调查和布置工作，会同有关部门编好材料运输计划，认真组织好材料发运、接收和必要的中转业务，搞好装卸配合，使材料运输工作在计划指导下协调进行。

（3）建立和健全以岗位责任制为中心的运输管理制度，明确运输工作人员的职责范围，加强经济核算，不断提高材料运输管理水平。

三、材料运输的基本方式

我国目前有六种基本运输方式，它们有不同的特点，采用不同的运输工具，能适应不同情况的材料运输。在组织材料运输时，应根据各种运输方式的特点，结合材料的性质、运输距离的远近、供应任务的缓急及交通地理位置来选择使用。

1. 铁路运输

铁路运输是我国主要的运输方式之一。它与水路干线和各种短途运输相衔接，形成一个完整的运输网。

铁路运输的特点：

运输能力大，运行速度快。

一般不受气候季节的影响，连续性强。

管理高度集中，运行安全准确，运输费用比公路运输低。它是远程物资的主要运输方式。

但铁路运输的始发和到达作业费用比公路运输高，物资短途运输不经济。另外，铁路运输计划要求严格，托运材料必须按照铁道部的规章制度办理。

2. 公路运输

公路运输基本上是地区性运输。地区公路运输网与铁路、水路干线及其他运输方式相配合，构成全国性的运输体系。

公路运输的特点：运输面广，机动、灵活、快速，装卸方便。公路运输是铁路运输不可缺少的补充。

3. 水路运输

我国河流多，海岸线长，通航潜力大，水运是最经济的一种运输方式。

水路运输的特点：运载量较大，运费低廉。但受地理条件的制约，直达率较低，往往要中转换装。因而装卸作业费用高；运输损耗也较大，运输速度较慢，材料在途时间较长，还受到枯水期、洪水期和结冰期的影响，准时性、均衡性较差。

4. 航空运输

空运速度快，能保证急需。但飞机的装载量小，运价高，不能广泛使用。只适宜远距离运送急需的、贵重的、量小的材料。

5. 管道运输

管道运输是一种新型的运输方式，有很大的优越性。适用于输送各种液、气、粉粒状的物资。其主要特点是：运送速度快，损耗小，费用低，效率高。我国目前主要用于运输石油和天然气。

6. 民间运输

民间运输主要是指用人力、蓄力和木帆船等非机动车船的运输。这种运输工具数量多，调动灵活，对路况要求不高，可以直运直达，适用于建筑材料的短途运输和现场转运。

除上述基本运输方式外，还有其他运输方式，如联运、散装运输、集装箱运输等。

四、材料的合理运输

合理运输就是按照客观的经济规律，在材料运输中用最少的劳动消耗，最短的时间、里程，把材料从产地运到生产消费地点，满足工程需要，达到最大的经济效果。

1. 常见的不合理运输方式

（1）对流运输。指同品种货物在同一条运输线路上，或者在两条平行的线路上，相向而行，如图 13-2 所示。

（2）迂回运输。指从发运地到目的地，不是走最短的路线，而是迂回绕道造成过多的运输里程的运输。如图 13-3 所示，由 A 地到 B 地可以走甲路线，但却从 A 地经 C 地、D 地再到 B 地，即走乙路线，则形成迂回运输。

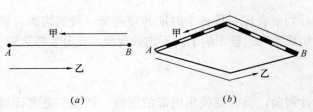

图 13-2 对流运输 　　　　　　　　　　　　　　　　图 13-3 迂回运输

（a）同一条运输线路上的对流运输；（b）两条平行运输线路上的对流运输

（3）重复运输。指同一批货物，由发运地到接货地后，不经过加工等作业又重新运回发运地点。

（4）运输方式不当。

2. 实现经济合理运输的途径

货源地点、运输路线、运输方式、运输工具等都是影响运输效果的重要因素。实现经济合理运输的途径有以下几条：

（1）选择合理的运输路线。根据交通运输条件与合理流向的要求，选择里程最短的运输路线，最大限度地缩短运输的平均里程，消除各种不合理运输，如对流运输、迂回运输、重复运输等运输方式。

（2）尽量采用直达运输。采用直达运输，减少中转运输环节，可缩短运输时间，减少运输与装卸损耗。

（3）选择合理的运输方式。根据材料的特点、数量、性质、需用的缓急、里程的远近和运价的高低，选择合理的运输方式，以充分发挥其效用。比如大宗材料运距在 100km 以上的远程运输，应选用铁路运输。沿江沿海大宗材料的中长距离运输宜采用水运。一般中距离材料运输以汽车为宜，条件许可时，也可采用火车。短途运输、现场转运选用民间运输工具比较合理。紧急需用的小批量材料可用航空运输。

（4）提高运输装载技术。不论采用哪种运输工具，都要考虑其装载能力，尽量装够吨位，保证车船满载，防止空吨运输。装货时必须采取装载加固措施，防止材料在运输中发生移动、倒塌、坠落等情况。对于怕湿的材料，应用篷布覆盖严密。

（5）改进包装，提高运输效率。

五、材料运输计划的编制与实施

材料运输计划是以材料供应计划为基础，根据材料、构件分布情况和施工进度计划的需要，结合运输条件并选定合理的运输方式进行编制。

1. 材料运输计划编制的原则

（1）经济合理的原则。材料运输计划要符合"及时、准确、安全、经济"的原则，贯彻经济合理运输的要求，力争做到能水运的不陆运，能火车运的不用汽车运，能联运的不分运，能直达的不中转，能整车的不分发零担。

（2）统筹兼顾，先急后缓的原则。材料运输要根据工程进度需要，结合季节、气候、材料特性等情况，全面考虑，统筹安排，区分急缓，按先急后缓的次序进行编制，防止运输工作与施工生产脱节。

（3）均衡运输的原则。材料运输计划要合理安排各个时期的货运量，做到均衡运输。避免运输量过分集中或分散，造成供运脱节和运输车辆忙闲不均的现象，充分发挥运输工具的作用。

2. 材料运输计划的编制程序

（1）资料准备。在编制材料运输计划前，首先要搜集内部的资料，如施工进度计划、材料采购供应计划、材料构件供应计划、订货合同、协议等；还要掌握外部有关材料，如产地情况，交通线路，有关装卸的规定、费用标准及社会运力等资料。

（2）计算比较。根据以上准备的各种资料，结合选择的运输路线、运输方式等，对计划运输材料的品种、数量、运输距离、时间及运费的计算等各种因素，进行分析比较，分别以货运量（吨）和货运吨公里编制出各种运输计划的初步方案。

（3）研究定案。初步方案编好后，按照运输计划编制的原则结合客观实际的可能，进行认真比较研究，择优定案。

3. 材料运输计划的落实

材料运输计划编好后，即按照选定的运输方式，分别报送托运计划，签订托运协议，逐一落实。

（1）铁路运输计划，系以月份货物运输为基础，整车需有批准手续，每月按铁道部门规定的日期向发运车站提出下月用车计划，报送铁路主管部门审批。铁路运输用车计划表要按规定填写齐全，托运货物要按规定品类划分的范围办理。车数要计算准确。计划批准后需与车站联系确定进货日期和货位。如属于零担运输，可直接向车站报送货运单，在指定日期和货位按时送货。用车计划确定后，原则上不得变更，但对于特殊情况，原提计划单位可向起运站提出变更计划表。变更只限于改变品名、到站及收货单位。

（2）公路运输计划，应按规定向交通运输部门报送运输计划，并及时联系落实。企业内部和建设单位的汽车运输也应分别编制计划。

（3）水路运输计划，需要委托水运部门运输的材料，应按水运部门的有关规定，按季或按月报送托运计划，批准后按其有关规定办理托运手续。

（4）对于短途运输的材料，在选定采用民间群运的方式后，应及时与群运部门联系，按照当地群运部门的要求，办理托运手续。

4. 材料的托运、装卸和接货

（1）材料的托运。铁路整车和水路整批托运材料，应由托运单位在每月规定日期内向有关运输部门提出月份货物托运计划，铁路运输的货物应填报"月份要车计划表"，水路运输的货物也应填报"月份水路货物托运计划表"，托运计划经有关运输主管部门平衡批准后，按批准的月度托运计划向承运单位托运材料。

（2）材料到达后的接货。材料运到后，由到站（港）根据材料运货单上发货人所填写的收货人名称、地址和电话，发出到货通知，通知收货人到指定地点领取材料。

第六节 材料仓储管理

材料仓储管理是指对仓库全部材料的收、储、管、发业务和核算活动实施的管理。

仓储管理是材料从流通领域进入企业的"监督关"；是材料投入施工生产消费领域的"控制关"；材料储存过程又是保质、保量、完整无缺的"监护关"。所以，仓储管理工作负有重大的经济责任。

一、仓储管理在施工企业生产中的地位和作用

（1）仓储管理是保证施工生产顺利进行的必不可少的条件，是保证材料流通不致中断的重要环节。

（2）仓储管理是材料管理的重要组成部分。仓储管理是联系材料供应、管理、使用三方面的桥梁，仓储管理的好坏，直接影响材料供应管理工作目标的实现。

（3）仓储管理是保持材料使用价值的重要手段。仓储中的合理保管，科学保养，是防

止或减少材料损坏、保持其使用价值的重要手段。

（4）加强仓储管理，可以加速材料的周转，减少库存，防止新的积压，减少资金占用，从而可以促进物资的合理使用和流通费用的节约。

二、仓储管理的基本任务

仓储管理是以优质的储运劳务，管好仓库物资，为按质、按量、及时、准确地供应施工生产所需的各种材料打好基础，确保施工生产的顺利进行。其基本任务是：

（1）组织好材料的收、发、保管、保养工作。要求达到快进、快出、多储存、保管好、费用省的目的，为施工生产提供优质服务。

（2）建立和健全合理的、科学的仓库管理制度，不断提高管理水平。

（3）不断改进仓储技术，提高仓库作业的机械化、自动化水平。

（4）加强经济核算，不断提高仓库经营活动的经济效益。

（5）不断提高仓储管理人员的思想、业务水平，培养一支仓储管理的专职队伍。

三、仓库的分类和规划

1. 仓库的分类

（1）按储存材料的种类划分

1）综合性仓库。仓库建有若干库房，储存各种各样的材料。如在同一仓库中储存钢材、电料、木料、五金、配件等。

2）专业性仓库。仓库只储存某一类材料。如钢材库、木料库、电料库等。

（2）按保管条件划分

1）普通仓库。储存没有特殊要求的一般性材料。

2）特种仓库。某些材料对库房的温度、湿度、安全有特殊要求，需按不同要求设保温库、燃料库、危险品库等。水泥由于粉尘大，防潮要求高，因而水泥库也是特种仓库。

（3）按建筑结构划分

1）封闭式仓库。指有屋顶、墙壁和门窗的仓库。

2）半封闭式仓库。指有顶无墙的料库、料棚。

3）露天料场。主要储存不易受自然条件影响的大宗材料。

（4）按管理权限划分

1）中心仓库。指大中型企业（公司）设立的仓库。这类仓库材料吞吐量大，主要材料由公司集中储备，也叫做一级储备。除远离公司独立承担任务的工程处核定储备资金控制储备外，公司下属单位一般不设仓库，避免层层储备，分散资金。

2）总库。指公司所属项目经理部或工程处（队）所设的施工备料仓库。

3）分库。指施工队及施工现场所设的施工用料准备库，业务上受项目经理部或工程处（队）直接管辖，统一调度。

2. 仓库规划

（1）材料仓库位置的选择

材料仓库的位置是否合理，直接关系到仓库的使用效果。仓库位置选择的基本要求是"方便、经济、安全"。仓库位置选择的条件是：

1）交通方便。材料的运送和装卸都要方便。材料中转仓库最好靠近公路（有条件的设专用线）；以水运为主的仓库要靠近河道码头；现场仓库的位置要适中，以缩短到各施工点的距离。

2）地势较高，地形平坦，便于排水、防洪、通风，防潮。

3）环境适宜，周围无腐蚀性气体、粉尘和辐射性物质。危险品库和一般仓库要保持一定的安全距离，与民房或临时工棚也要有一定的安全距离。

4）有合理布局的水电供应设施，利于消防、作业、安全和生活之用。

（2）材料仓库的合理布局

材料仓库的合理布局，能为仓库的使用、运输、供应和管理提供方便，为仓库各项业务费用的降低提供条件。合理布局的要求是：

1）适应企业施工生产发展的需要。如按施工生产规模、材料资源供应渠道、供应范围、运输和进料间隔等因素，考虑仓库规模。

2）纳入企业环境的整体规划。按企业的类型来考虑，如按城市型企业、区域型企业、现场型企业不同的环境情况和施工点的分布及规模大小来合理布局。

3）企业所属各级各类仓库应合理分工。根据供应范围、管理权限的划分情况来进行仓库的合理布局。

4）根据企业耗用材料的性质、结构、特点和供应条件，并结合新材料、新工艺的发展趋势，按材料品种及保管、运输、装卸条件等进行布局。

（3）仓库面积的确定

仓库和料场面积的确定，是规划和布局时需要首先解决的问题。可根据各种材料的最高储存数量、堆放定额和仓库面积利用系数进行计算。

1）仓库有效面积的确定。有效面积是实际堆放材料的面积或摆放货架货柜所占的面积，不包括仓库内的通道、材料架与架之间的空地面积。

2）仓库总面积计算。仓库总面积包括有效面积、通道及材料架与架之间的空地面积在内的全部面积。

（4）仓储规划

材料仓库的储存规划是在仓库合理布局的基础上，对应储存的材料作全面、合理的具体安排，实行分区分类，货位编号，定位存放，定位管理。储存规划的原则是：布局紧凑，用地节省，保管合同，作业方便，符合防火、安全要求。

四、材料仓储业务管理

仓储业务流程分为三个阶段：

（1）入库阶段：包括货物接运、内部交接、验收和办理入库手续四项工作。

（2）储存阶段：指物资保管保养工作，包括安排保管场所、堆码苦垫、维护保养、检查与盘点等内容。

（3）发运阶段：包括出库、内部交接及运送工作。

材料的装卸搬运作业贯穿于仓储业务全过程，它将材料的入库、储存、发运阶段有机地联系起来。图 13-4 为仓储业务流程。

1. 材料验收入库

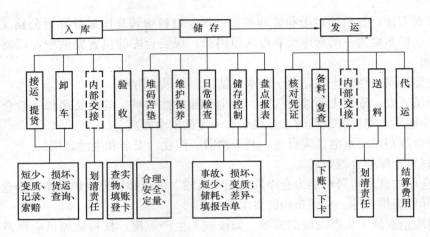

图 13-4　仓库业务流程

材料验收入库是储存活动的开始。入库材料进行验收的作用：一是区分责任。到库材料的数量、质量状况如何，只有通过检查才能正确区分保管方和供货方及运输单位等有关方面的责任；二是维护企业权益。通过验收，保证材料在数量和质量上符合订货合同的规定。若发生不符，在提出索赔时，必须有验收记录作为依据；三是掌握材料及其包装状况，为保管提供依据。

国家规定保管方的正常验收项目为：货物的品名、规格、数量、外包装状况，以及无需开箱拆捆直观可见可辨的质量情况。

（1）材料验收时应注意的问题

1）必须具备验收条件。即验收的材料全部到库，有关货物资料、单证齐全。

2）要保证验收的准确。必须严格按照合同的规定，对入库的数量、规格、型号、配套情况及外观质量等全面进行检查，应如实反映当时的实际情况。

3）必须在规定期限内完成验收工作，及时提出验收报告。

4）严格按照验收程序进行验收。即按做好验收前准备、核对资料、实物验收、作出验收报告的顺序进行。

（2）材料验收程序

1）验收前准备。搜集有关合同、协议及质量标准等资料；准备符合要求的检测与计量工具；确定堆放位置、堆码方法，准备苫垫材料；安排搬运人员及搬运工具；拟订并落实危险品验收入库的安全防护措施。

2）核对资料。材料验收时要认真核对供方发货票、订货合同、产品质量证明书、说明书、检验单、装箱单、磅码单、发货明细表、承运单位的运单及货运记录等。上述资料齐全无误时，方可进行验收。

3）检验实物。实物验收包括质量检验和数量检测。

①质量检验。包括外观质量、内在质量及包装的检验。外观质量以库房检验为主；内在质量（物理、化学性能）则是检查合格证或质量证明书，各项质量指标均符合相关标准者，视为合格。对没有质量证明书却又有严格质量要求的材料，则应取样检验。

②数量检测。计重材料一律按净重计算；计件材料按件全部清点；按体积计量者检尺计方；按理论换算者检测换算计量；标准质量或件数的标准包装，除合同规定的抽验方法

和比例外，一般根据情况抽查，抽查无问题少抽，有问题就多抽，问题大的全部检查。成套产品必须配套验收、配套保管。主件、配件、随机工具等必须逐一填列清单，随验收单上报业务和财务部门，发放时要抄送领料单位。

计重材料验收时，应分层或分件标明质量，自下而上累计，力求入库时一次过磅就位，为盘点、发放创造条件，以减少重复劳动和磅差。

4）办理入库手续。材料经数量、质量验收后，按实收数及时办理材料入库验收单。入库单是划分采购人员与仓库保管人员责任的依据，也是随发票报销及记账的凭证。材料入库必须按企业内部编制的《材料目录》中的统一名称、编号及计量单位填写，同时将原发票上的名称及供货单位在验收单备注栏内注明，以便查核，防止品种材料出现多账页和分散堆放。并应及时登账、立卡。

2. 材料保管保养

材料的保管，主要是依据材料性能，运用科学方法保持材料的使用价值。

（1）材料的保管场所

建筑施工企业储存材料的场所有库房、库棚和料场三种，应根据材料的性能特点选择其保管场所。

1）库房是封闭式仓库。一般存放怕日晒雨淋、对温湿度及有害气体反应较敏感的材料。钢材中的镀锌板、镀锌管、薄壁电线管、优质钢材等，化工材料中的胶粘剂、溶剂、防冻剂等，五金材料中的各种工具、电线电料、零件配件等，均应在库房保管。

2）库棚是半封闭式仓库。一般存放怕日晒雨淋而对空气的温度、湿度要求不高的材料。如铸铁制品、卫生陶瓷、散热器、石材制品等，均可在库棚内存放。

3）料场是地面经过一定处理的露天堆料场地。存放料场的材料，必须是不怕日晒雨淋，对空气中的温度、湿度及有害气体反应均不敏感的材料，或是虽然受到各种自然因素的影响，但在使用时可以消除影响的材料。如钢材中的大规格型材、普通钢筋和砖、瓦、砂、石、砌块等，可存放在料场。

另外有一部分材料对保管条件要求较高的，应存放在特殊库房内。如汽油、柴油、煤油、部分胶粘剂和涂料、有毒物品等，必须了解其特性，按其要求存放在特殊库房内。

（2）材料的堆码

材料堆码的基本要求如下：

1）必须满足材料性能的要求。

2）必须保证材料的包装不受损坏，垛形整齐，堆码牢固、安全。

3）保证装卸搬运方便、安全，便于贯彻先进先出的原则。

4）尽量定量存放，便于清点数量和检查质量。

5）在贯彻上述要求的前提下，尽量提高仓库利用率。

6）有利于提高堆码作业的机械化水平。

3. 材料出库

材料出库是仓库根据用户的需要，将材料发送出去。材料的发运是储运工作直接与施工生产发生联系的一个环节。出库的快慢、好坏是衡量储运工作为生产服务的一个重要标志。合理安排和组织发运工作，充分发挥工作人员及机械设备的能力，既能保证材料迅速、准确地出库发送，又能节约出库工作的劳动力和时间，有利于提高仓库的经济效果。

材料出库发运工作的要求：贯彻"先进先出"的原则；材料出库时，出库凭证和手续必须符合要求；材料的发运要及时、准确；发运材料时的包装要符合承运单位的要求。材料出库应按下述程序和要求办理。

（1）发放准备

材料在出库前，应做好计量工具、装卸倒运设备、人力以及随货发出的有关证件的准备，提高材料的出库效率，防止忙中出错。

（2）核对凭证

材料出库凭证是发放材料的依据，要认真审核材料发往地点、单位，材料品种、规格、数量，签发人及签发部门的有效印章，确认所有凭证无误后，方可进行发放。非正式出库凭证一律不得发放。

（3）备料

凭证经审核无误后，按凭证所列品种、规格、质量、数量，准备材料。

（4）复核

为防止发生发放差错，备料后必须复查。首先复查准备材料与出库凭证所列项目是否一致，然后复查发放后的材料实存数与账面结存数是否相符。

（5）点交

无论是内部领料还是外部提料，发放人与领取人应当面点清交接。如果一次领不完的材料，应做好明显标记，以防差错，分清责任。

（6）清理

材料发放出库后，应及时清理拆散的垛、捆、箱、盒，部分材料应恢复原包装，整理垛位，登记账卡。

4. 材料账务管理

（1）记账凭证

1）材料入库凭证：验收单、入库单、加工单等。

2）材料出库凭证：调拨单、借用单、限额领料单、新旧转账单等。

3）盘点、报废、调整凭证：盘点盈亏调整单、数量规格调整单、报损报废单等。

（2）记账程序

1）审核凭证。审核凭证的合法性、有效性。凭证必须是合法凭证，有编号、有材料收发动态指标；能完整反映材料经济业务从发生到结束的全过程情况。临时借条均不能作为记账的合法凭证。合法凭证要按规定填写齐全，如日期、名称、规格、数量、单位、单价、印章要齐全，台头要写清楚，否则为无效凭证，不能据此记账。

2）整理凭证。记账前先将凭证分类、分档排列，然后依次序逐项登记。

（3）账册登记

根据账页上的各项指标自左至右逐项登记。已记账的凭证，应加标记，防止重复登账。记账后，对账卡上的结存数要进行验算，即：上期结存＋本项收入－本项发出＝本项结存。

5. 仓库盘点

仓库所保管的材料，品种、规格繁多，计量、计算易发生差错，保管中发生的损耗、损坏、变质、丢失等种种因素，可能导致库存材料数量不符，质量下降。只有通过盘点，才能准确地掌握实际库存量，摸清质量状况，掌握材料保管中存在的各种问题，了解储备定额执行情况和呆滞、积压数量，以及利用、代用等挖潜措施的落实情况。

6. 库存量控制

建筑企业在实际施工生产过程中，材料是不均衡消耗和不等间隔、不等批量供应的。为保证施工生产有足够材料，必须对库存材料进行控制，及时掌握库存量变化动态，适时进行调整，使库存材料始终保持在合理状态下。库存量控制的主要方法有如下几种。

（1）定量库存控制法

这是一种以固定订购点和订购批量为基础的库存控制法。当某种材料库存量降到规定的订购点时，立即提出订购，每次订购数量为最高储备量与订购点之间的差数。这种方法是使订购点和订购批量相对稳定，但订购周期随材料消耗情况而变化。如消耗速度增大时，订购周期缩短；消耗速度减小时，订购周期加大。这种方法的关键是确定一个合理的订购点，其计算公式为：

$$订购点＝保险储备定额＋备运时间材料需用量$$

（2）定期库存控制法

这是一种以固定时间检查库存量和固定订购周期的库存量控制方法。这种方法使订购周期相对稳定，但每次的订购点都不一样，因此，订购批量也不相同。材料消耗速度增大时，订购点低，订购批量大；材料消耗速度减小时，订购点高，订购批量减小。确定订购批量的公式为：

$$订购批量＝最高储备－订购点实际库存－备运时间需用量$$

除上述两种控制方法外，企业也可用最高、最低储备量控制法；也可用储备资金作为衡量材料储备量的标准。

7. 库存材料的装卸搬运组织

库存材料的装卸搬运是仓储作业的一个重要方面，是连接仓库各作业环节的纽带，贯穿于仓库作业的全过程。没有库存材料的装卸搬运，仓库作业的储存环节就无法实现，整个仓储生产过程就会中断，储运活动就会停止。

装卸搬运应遵循下列原则：确保质量第一；注重提高效率；组织安全生产；讲究经济效益。

（1）装卸搬运的合理化

装卸搬运合理化包括以下几点：

1）减少装卸搬运次数，提高一次性作业率。材料在储运过程中，往往要经过多道工序，需经常装卸。装卸搬运次数的增加不但不能增加材料的使用价值，反而会减少其使用价值，增加装卸搬运的费用支出，因此要尽可能减少装卸搬运次数。为了提高装卸搬运的一次性作业率，需要做好以下几个方面的工作：

①对库区进行合理规划，使仓库建筑布局合理，交通专用线连通到货场和主要库房，库区道路要通到每个存料地点。

②仓库建筑物要有足够的跨度和高度，要有便于装卸搬运设备进出的库门，并前后对称设置，主要库房应安装装卸设备。

③露天货场应安装装卸设备，直接用于装卸车辆上的材料，完成货场存料的一次性作业。

④尽量选用机动灵活、适应性强的通用设备，如叉车等，既能装卸，又能搬运，可完成包装成件材料的一次性作业。

⑤采用地磅或自动计量设备，如使用动态电子秤，在装卸作业的同时，就能完成检斤计量工作，无需再次过磅。

⑥在组织管理方面应加强材料出入库的计划性，做好人员和设备的调度指挥。

2）提高装卸搬运的活性指数。这就是要让材料处于最容易装卸搬运的状态。一般来说，材料放在输送带上最容易装卸搬运，也就是其活性指数最高，放在车辆上次之，而散放在地上的材料，其装卸搬运的活性指数量低。因此要根据实际情况，尽可能提高材料装卸搬运的活性指数。

3）实现装卸搬运的省力化。材料的装卸搬运属于重体力劳动，要使材料装卸搬运合理化，必须在提高机械化作业水平的同时，实现装卸搬运的省力化。如充分利用材料本身的自重，来减小搬运中的阻力；减少或消除垂直搬运等。

4）组织文明装卸。文明装卸的核心是确保装卸质量，在货物装卸过程中尽量减少或避免损坏。要做到文明装卸，首先要提高装卸人员的素质，增强他们的责任心，同时要增加装卸设备，不断提高机械化作业水平。

（2）实现装卸搬运的机械化

实现装卸搬运机械化可以大大提高作业效率，改善劳动条件，缩短装卸时间，加速运输工具的周转，有利于确保装卸材料的完整无损和作业安全，并可以有效地利用仓库空间。

8. 仓库管理的现代化

仓储管理的现代化的内容主要包括：仓储管理人员的专业化、仓储管理方法的科学化及仓储管理手段的现代化。实现仓储管理现代化首先应重视和加强仓储管理人员的培养、教育和提高，使仓储各级管理人员专业化。另外，还应充分计算机及其他先进的信息管理手段，指挥、控制仓储业务管理、库存管理、作业自动化管理及信息处理等。

第七节　施工现场材料管理

施工现场是建筑安装企业从事施工生产活动，最终形成建筑产品的场所。施工现场材料管理，属于生产领域中材料消耗过程的管理。与企业其他技术经济管理有密切的关系，是建筑企业材料管理的出发点和落脚点，也是建筑企业基础管理工作之一。

现场材料管理，是在现场施工过程中，根据工程类型、场地环境、材料保管和消耗特点，采取科学的管理办法，从材料投入到成品产出全过程进行计划、组织、协调和控制，力求保证生产需要和材料的合理使用，最大限度地降低材料消耗。

一、施工现场材料管理的任务

可以概括为以下几点：

（1）全面规划。

（2）计划进场。

（3）严格验收。

（4）合理存放。

（5）妥善保管。

（6）控制领发。

（7）监督使用。

（8）准确核算。

二、现场材料管理的三个阶段

现场材料管理的三个阶段是：施工前的准备工作；施工过程中的材料组织与管理；施工收尾阶段的材料组织与管理及工程竣工用料分析。

1. 施工前的准备工作

这是现场材料管理的第一步，主要是做好现场调查和规划，要创造必要的物质条件。

（1）掌握全面情况

材料管理人员在施工前应掌握下列情况：

1）现场的自然条件，施工任务的规模和构成，包括承建工程项目的内容和范围，工程结构情况，建筑面积和工作量。

2）设计要求，施工方案、方法。

3）承建方式、供料方式和供料范围。

4）现场水电供应条件、交通运输条件及道路情况。

5）地方材料资源情况及就地取材条件。

6）施工生产进度、工程全部材料用量及不同阶段的材料需用情况。

7）构件的需要及加工情况。

8）临时设施搭建及用料情况。

9）施工机械使用情况。

10）施工生产中采用的技术节约措施。

（2）搞好材料的平面布置

现场材料的平面布置，要从实际出发，因地制宜，把需要和可能结合起来。具体规划时，应做到以下几点：

1）堆料场所应尽可能靠近使用地点及施工垂直运输机械能起吊的位置，避免二次搬运。

2）堆料场所及仓库不能选在影响正式工程施工作业的位置，避免仓库、料场的搬家。

3）堆料场所应能存放供应间隔期内材料的最大实际需用量，以满足施工操作要求。

4）堆料场地要平整，不积水，堆放构件的场地应夯实。

5）现场施工运输道路要坚实、平坦、畅通、有回旋余地，道路两侧应有排水措施。

6）现场临时仓库的设置要注意交通便利、装卸方便、地势高、结构牢固，符合防潮、防雨、防水和管理的要求，要有防火设施。

7）现场淋制石灰处，应避开施工道路和存料场所，一般选在现场边沿处为宜。

2. 施工过程中的材料管理

施工过程中的材料管理是现场材料管理的实施阶段，是管好、用好材料的落脚点，是材料计划、供应、运输、核算的集中体现，也是衡量施工企业材料管理水平和实现文明施工的重要标志。要做好施工过程中的现场材料管理，必须注意以下几个工作环节：

（1）建立健全现场材料管理的责任制，划区分片，包干负责。对有关人员的包干区域、范围，进行定期检查和考核。

（2）掌握施工生产进度，搞好材料平衡，及时提供用料信息，正确组织材料进场，保证施工生产需要。

（3）进入现场的各种材料、构件要按平面布置堆放整齐，要成行、成堆、成垛，保持堆料场所的清洁整齐。

（4）认真执行材料、构件的验收、发放和退料回收制度，建立健全原始记录和各种台账，按月进行盘点，搞好业务核算。

（5）认真执行限额领料制度，了解队组用料情况，加强检查，定期考核，努力降低消耗。

3. 工程收尾和施工转移阶段的现场材料管理

工程收尾和施工转移是建筑施工任务即将完成，新的任务即将开始的阶段，是施工现场材料管理的最后阶段。搞好这一阶段的材料管理，有利于施工力量迅速向新的工地转移。这一阶段的材料管理，除施工过程中的各项工作外，还应做好以下各项工作：

（1）检查现场存料，估算未完工程用料，在平衡的基础上调整原用料计划，削减多余，补充不足，为工完、料尽、场地清创造条件。

（2）不再使用的临时设施要及时组织拆除，并充分考虑对拆除材料的利用，尽量避免二次搬运。

（3）对施工中发生的建筑垃圾、筛漏、碎砖等要及时过筛利用，确实不能利用的废料要随时组织清理。

（4）对于因设计变更造成的多余材料，以及不再使用的架木、周转材料，要随时组织退库，以利于收尾工程的顺利进行。

（5）做好材料收、发、存的总结算工作，办理材料核销手续，进行材料决算和材料预算的对比，考核单位工程材料消耗的节约和浪费，并分析其原因，总结经验教训，以便改进材料供应与管理工作。

三、现场材料管理的内容

1. 现场材料的验收和保管

（1）材料验收

现场材料人员要查进场材料的品种、规格、质量、数量与工程要求是否符合，对不符合技术要求的，要拒收退货。如因供应的材料不符合施工用料要求，因设计变更改变用料规格，以及建设单位来料不符合施工用料要求而发生材料代用，应先办理经济签证手续，明确经济责任后再验收。如在收料后发生设计变更而代用者，则依技术核定单作依据。

要使用按法定计量单位刻度的标准计量器具，采取点数、过磅、检尺、换算、量方等办法进行数量验收。周转材料按租用合同规定内容和计量方法验收，不用时应及时退租。构件应按型号、规格进行单位体积计量验收，确保进场材料数量准确。

进场的主体结构材料，必须有质量合格证明。无质量合格证明者不能验收；有的材料（如水泥、电焊条等）虽有合格证明，但已超过保管期限，或外观异常，必须重新检验，经检验合格后才能验收，其检验费由供料方负责。

（2）材料保管

现场材料大多露天存放，与库房保管方法不尽相同，但都应做到安全、完整、整齐，加强账、卡、物管理。按照材料性能不同，采取不同的保管措施，减少损耗，防止浪费，方便收发，有利施工。对现场材料和结构件，应区分品种采用以下不同方法保管：

1）钢材保管。应按不同钢号、炉号、品种规格、长度及不同技术指标分别堆放，退回可用的余料也应分材质堆放，以利于使用。所有钢材均应防潮、防酸碱锈蚀。锈蚀的钢材应分开堆放，并及时除锈，尽早投入使用。

2）水泥保管。应按不同生产厂、不同品种、不同强度等级、不同出厂日期分别堆放，在现场存放期内，一定要注意防水防潮。坚持先进先用的原则；散装水泥应用罐式密封仓库进行保管，严禁不同品种、强度等级混装。

3）木材保管。应按树种、材种、规格、等级、长短、新旧分别堆码，场内要清洁，除去杂草及一切杂物，并设 40cm 以上的垛基。堆码时应留有空隙，以便通风；注意防火、防潮、防腐、防蛀，避免曝晒而开裂翘曲。

4）砂石保管。应按施工平面图在工程使用地点或搅拌站附近堆放保管，按堆挂牌标明规格数量。地面要平整坚实，砂石料应堆成方形平顶，以利于检尺量方；防止污水和液体树脂浸入砂石堆中；彩色石子或白石子等一般用编织袋装运，如用散装，应冲洗后使用。

5）石油沥青保管。应按品种、标号分别堆放。石油沥青是易燃品，易老化变质，应防止风吹、日晒、雨淋。

6）钢筋混凝土构件的保管。按分阶段平面布置图中规定的位置堆放，场地要平整夯实，尽可能置于塔吊回转半径范围内。堆放时，要弄清主筋分布情况，不能放反。堆码不宜过高，上下垫木位置要垂直同位。按规格、型号、结合施工顺序与进度分层分段，把先用的堆在上面，以便按顺序进行吊装。要防止倒塌、断裂，避免二次搬运。

7）钢、木构件的保管。应分品种、规格、型号堆放，要上盖下垫、挂牌标明、防止错领错发；存放时间较长的钢、木门窗和铁件要放入棚库内，防止日晒雨淋、变形或锈蚀。

8）装饰材料的保管。装饰材料价值较高，易损、易坏、易丢。应放入库内由专人保管，以防损坏、丢失。

2. 现场材料的发放

现场发料的依据是下达给施工班组、专业施工队班组的作业计划（任务书）。根据任务书上签发的工程项目和工程量计算出材料用量，并且办理材料的领发手续。由于施工班组、专业施工队伍的工种所担负的施工部位和项目有所不同，因此，除任务书以外，还需根据不同的情况和变化办理相关领发料手续。

工程用料的发放，包括大宗材料、主要材料及成品、半成品材料，凡属于工程用料的必须以限额领料单作为发料依据。但在实际生产过程中，因设计变更、施工不当等多种原因造成工程量增加或减少，使用的材料相应发生变更，使限额领料单不能及时下达。此时凭工长填制经项目经理审批的工程暂借单借料，并在 3 日内补齐限额领料单，交到材料部门作为正式发料凭证，否则停止发料。

对于暂设工程用料，包括大宗材料及主要材料，凡属施工组织设计以内的，按工程用料以限额领料单作为发料依据。施工组织设计以外的临时零星用料，凭工长填制项目经理审批的工程暂设用料申请单，办理领料手续。

对于调往项目以外其他部门或其他项目的材料，凭施工项目材料主管人签发或上级主管部门签发、项目材料主管人员核准的调拨单调拨材料。

3. 现场材料消耗过程的管理

现场材料消耗过程管理，就是对材料在施工生产消耗过程中进行组织、指挥、监督、调节和核算，借以消除不合理的消耗，达到物尽其用，降低材料成本，提高企业经济效益的目的。

目前，施工现场材料管理仍很薄弱，浪费惊人，主要原因是基层材料管理人员队伍不稳定，文化水平偏低，缺乏懂生产技术及会管理的人员，从而造成现场材料管理水平低下。表现为：普遍存在着现场材料堆放混乱、管理不严，余料不能充分利用；计量设备不齐、不准，造成用料上的不合理；材料品种规格不配套，造成优材劣用、大材小用、高标号替代低标号用；重供应轻管理，只管完成任务而单纯抓进度、质量、产值，不重视材料的合理使用和经济实效；施工抢进度，不按规范施工，增加材料用量，放松现场管理，浪费材料；施工操作技术水平低，设计多变，采购不合理等造成材料浪费等。

为提高现场材料管理水平，应采取以下措施：

（1）采取技术措施，节约材料

1）在水泥和混凝土方面，为了达到节约水泥的目的，可以采用优化混凝土配合比；合理选用水泥强度等级；充分利用水泥活性及富余系数；选用良好的骨料颗粒级配；严格控制水灰比；合理掺用外加剂；掺加适量的混合材料，如粉煤灰等。

2）在木材方面，为达到节约木材的目的，可以采用以钢代木；改进支模办法，采用无底模、砖胎模、活络模等支模办法；优材不劣用，长料不短用；以旧代新，综合利用等。

3）在钢材方面，为达到节约钢材的目的；可采用集中断料；注意在焊接和绑扎时采用合理的绑扎长度；充分利用旧料、短料和边角余料；尽可能做到优材不劣用、大材不小用。

（2）加强材料管理，降低材料消耗

1）坚持"两算对比"，做到先算后干，控制材料消耗。

2）合理供料，一次就位，减少二次搬运和堆码损失。

3）做好文明施工，对散落的砂浆、混凝土、断砖等，坚持随做、随用、随清。

4）制定合理的回收利用制度，开展修旧利废工作。

（3）实行材料节约奖励制度，提高节约材料的积极性

实行材料节约奖励制度通常是规定节约奖励标准，按照节约额的比例提取节约奖金，奖励操作工人及有关管理人员。

实行材料节约奖励制度，必须具有以下条件：有合理的材料消耗定额；有严格的材料收发制度；有完善的材料消耗考核制度；工程质量稳定；材料节约奖励办法较为完善。

（4）实行现场材料承包责任制，提高经济效益

现场材料承包责任制，是材料消耗过程中的材料承包责任制。它是责、权、利紧密结合，以提高经济效益、降低单位工程材料成本为目的的一种经济管理手段。实行材料承包

制必须具备以下条件：施工预算可靠；材料预算单价或综合单价合理；领料制度完善，手续健全；执行材料承包的单位工程，质量达到优良。

四、周转材料及工具管理

1. 周转材料管理

周转材料是指能够多次使用于施工生产、有助于产品形成，但不构成产品实体的各种材料。

施工中常用的周转材料包括定型组合钢模板、大钢模板、滑升模板、飞模、酚醛复合胶合板、木模板、杉木、架木、脚手板、门型脚手架以及安全网、挡土板等。

周转材料按其自然属性可分为钢制品和木制品两类；按使用对象可分为混凝土工程用周转材料、结构及装修工程用周转材料和安全防护用周转材料三类。

近年来，随着"以钢代木"节约木材的发展趋势，传统的杉木、架木、脚手板等"三大工具"已为高频焊管和钢制脚手板所替代；木模板也基本为钢模板所取代，并在原有的基础上改进和提高，使周转材料工具化、系列化和标准化。

（1）周转材料的租赁

租赁是指在一定期限内，产权的拥有方为使用方提供材料的使用权，但不改变其所有权，双方各自承担一定的义务，履行契约的一种经济关系。

实行租赁制度必须将周转材料的产权集中于企业进行统一管理，这是实行租赁制度的前提条件。

1）租赁方法。租赁管理应根据周转材料的市场价格及摊销额度测算租金标准。其计算公式是：

$$日租金 = \frac{月摊销费 + 管理费 + 保养费}{月度日历天数} \tag{13-12}$$

式中的管理费和保养费均按材料原值的一定比例计取，一般不超过原值的 2%。

租赁需签订租赁合同，在合同中应明确以下内容：明确租赁的品种、规格、数量，并附有租用品明细表，以便核查；明确租用的起止日期、租用费用以及租金结算方式；规定使用要求、质量验收标准和赔偿办法；明确双方的责任和义务；违约责任的追究和处理。

租赁还应考核租赁效果。通过考核找出问题，采取措施提高租赁管理水平。主要考核指标有如下三个。

①出租率：

$$某种周转材料出租率（\%） = \frac{期内平均出租数量}{期内平均拥有量} \times 100\% \tag{13-13}$$

$$期内平均出租数量 = \frac{期内租金收入（元）}{期内单位租金（元）} \tag{13-14}$$

式中的期内平均拥有量是以天数为权数的各阶段拥有量的加权平均值。

②损耗率：

$$某种周转材料的损耗率（\%） = \frac{期内损耗量总金额（元）}{期内出租数量总金额（元）} \times 100\% \tag{13-15}$$

③周转次数（主要考核组合钢模板）：

$$年周转次数 = \frac{期内钢模支模面积（m^2）}{期内钢模平均拥有量（m^2）} \qquad (13\text{-}16)$$

2）租赁管理过程

①租用。在项目确定使用周转材料后，应根据使用方案制订需用计划，由专人向租赁部门签订租赁合同，并做好周转材料进入施工现场的各项准备工作，如存放及拼装场地等。租赁部门必须按合同保证配套供应，并登记《周转材料租赁台账》。

②验收和赔偿。租赁部门对退库周转材料应进行外观质量验收。如有丢失损坏应由租用单位赔偿。验收及赔偿标准一般按以下原则进行：对丢失或损坏严重的（指不可修复的，如管体有死弯、板面有严重扭曲等）按原值的50％赔偿；一般性损坏（指可以修复的，如板面打孔、开焊等）按原值的30％赔偿；轻微损坏（指不需使用机械，仅用手工即可修复的）按原值的10％赔偿。

租用单位退租前必须清除混凝土灰垢，为验收创造条件。

③结算。租用天数为提运次日至退租之日的日历天数，租金按月结算。租用单位实际支付的租赁费用包括租金和赔偿费两项。

$$租赁费用（元）= \Sigma[租用数量 \times 单件日租金（元） \times 租用天数 + 丢失损坏数量$$
$$\times 单件原值（元） \times 相应赔偿率（\%）] \qquad (13\text{-}17)$$

根据计算结果由租赁部门填制《租金及赔偿结算单》。

为简化核算工作，也可不设《周转材料租赁台账》，而直接根据租赁合同进行结算。但要加强合同的管理，严防遗失，避免错算和漏算。

（2）周转材料的费用承包

周转材料的费用承包是适应项目法施工的一种管理形式，或者说是项目法施工对周转材料管理的要求。它是指以单位工程为基础，按照预定的期限和一定的方法测定一个适当的费用额度交由承包者使用，实行节奖超罚的管理。费用承包管理包括以下内容：

1）签订承包协议。承包协议是对承、发包双方的责、权、利进行约束的内部法律文件。一般包括工程概况、应完成的工程量、需用周转材料的品种、规格、数量及承包费用、承包期限、双方的责任与权利、不可预见问题的处理以及奖罚等内容。

2）承包额的确定。承包额是承包者所接受的承包费用的收入。承包额有两种确定方法：一种是扣额法，这种方法是按照单位工程周转材料的预（概）算费用收入，扣除规定的成本降低额后剩余的费用；另一种是加额法，这种方法是指根据施工方案所确定的使用数量，结合额定周转次数和计划工期等因素所限定的实际使用费用，加上一定的系数额作为承包者的最终费用收入。所谓系数额是指一定历史时期的平均耗费系数与施工方案所确定的费用收入的乘积。计算公式如下：

$$扣额法费用收入（元）= 概（预）算费用收入（元） \times （1-成本降低率） \qquad (13\text{-}18)$$
$$加额法费用收入（元）= 施工方案确定的费用收入（元） \times （1+平均耗费系数）$$
$$\qquad (13\text{-}19)$$
$$平均耗费系数 = \frac{实际耗用量-定额耗用量}{实际耗用量} \qquad (13\text{-}20)$$

3）费用承包效果的考核。承包的考核和结算指承包费用收、支对比，出现盈余为节约，反之为亏损。

提高承包经济效果的基本途径有两条：首先在使用数量既定的条件下，努力提高周转次数；同时在使用期限既定的条件下，努力减少占用量。还应减少丢失和损坏数量，积极实行和推广组合钢模的整体转移，以减少停滞，加速周转。

（3）周转材料的实物量承包

实物量承包的主体是施工班组，也称为班组定包。它是指项目班子或施工队根据使用方案按定额数量对班组配备周转材料，规定损耗率，由班组承包使用，实行节奖超罚的管理办法。

实物量承包是费用承包的深入和继续，是保证费用承包目标值的实现和避免费用承包出现断层的管理措施。

2. 工具管理

由于工具具有多次使用，在劳动生产中能长时间发挥作用等特点，因此工具管理的实质是使用过程中的管理，是在保证生产使用的基础上延长使用寿命的管理。

（1）工具的租赁

企业对生产工具实行租赁管理，需做好以下一些工作：

1）建立正式的工具租赁机构，确定租赁工具品种范围，制定有关规章制度，并设专人负责办理租赁业务。班组也应指定专人办理租赁有关事宜。

2）测算租赁单价。租赁单价即按照工具的日摊销费确定日租金。计算公式如下：

$$某种工具的日租金（元/日）=\frac{该种工具的原值（元）+采购、维修、管理费（元）}{使用天数（日）}$$

(13-21)

式中的采购、维修、管理费按工具原值的一定比例计算，一般为原值的 $1\% \sim 2\%$。使用天数可按本企业的历史水平测算。

3）签订租赁协议。

4）根据租赁协议，租赁部门应将实际出租工具的有关事项登入租金结算明细表。

5）租赁期满后，租赁部门根据租金结算明细表填写租金及赔偿结算单。结算单中金额合计应等于租金和赔偿费之和。

6）班组用于支付租金的费用来源是定包工具费收入和固定资产工具及大型低值工具的平均占用费。计算公式如下：

班组租赁费收入＝定包工具费收入＋固定资产工具及大型低值工具平均占用费
某种固定资产工具和大型低值工具平均占用费＝该种工具摊销×月利用率（%）

班组所付租金，从班组租赁费收入中核减，财务部门查收后，作为班组工具费支出，计入工程成本。

（2）工具的定包

工具定包一般在瓦工组、抹灰工组、木工组、油工组、电焊工组、架子工组、水暖工组、电工组施行。定包的工具品种，可包括除固定资产工具及实行个人工具费补贴的随手工具以外的所有工具。

工具定包可根据施工劳动组织和工具配备标准，在总结分析历史消耗水平的基础上，计算其各工种平均每日工具费定额。每月按工种、班组出勤的工日数，求得各班组每日工具费定额，各班组在实际领用时，都要计价、核算、记账，每月结算一次，凡实际领用数低于定额标准者，应在其差额中提取一定比例的奖金。

第八节 材料核算管理

材料核算是企业经济核算的重要组成部分。所谓材料核算就是用货币或实物数量形式，按照价值规律的要求，对建筑企业材料管理工作中的申请、采购、供应、储备、消耗等项业务经营活动进行记录、计算、控制、监督、分析、考核和比较，反映经营成果。

为了实现材料核算，首先，要建立和健全材料核算的管理体制，使材料核算的原则贯穿于材料供应和使用的全过程，做到干什么、算什么，人人讲究经济效果，积极参加材料核算和分析活动。

其次，要建立健全核算管理制度。要明确各部门、各类人员以及基层班组的经济责任，制定材料申请、计划、采购、保管、收发、使用的办法和核算程序，把各项经济责任落实到部门、专业人员和班组。

第三，要有比较坚实的经营管理基础工作，主要包括材料消耗定额、原始记录、计量检测报告、清产核资资料和预算价格等。

一、工程费用组成及成本核算

1. 工程费用的组成

建筑安装工程费，按国家现行有关文件规定，由直接费、间接费和法定利润组成。现行的施工独立费中的各项费用属于直接费性质的并入其他直接费；属于间接费性质的并入其他间接费；属于其他费用性质的列为工程建设其他费用。

（1）直接费

由人工费、材料费、施工机械使用费和其他直接费组成。

1）人工费。是按列入预算定额的直接从事建筑安装工程的施工工人和附属生产单位工人的人工数，与其相应的基本工资、附加工资和工资性质的津贴计算出的费用。

2）材料费。是按列入概算定额的材料、构件、零件和半成品的用量，以及周转材料的摊销量和与其相应的预算价格计算出的费用。

3）施工机械费。是按列入概算定额的施工机械台班量和台班费用定额计算的建筑安装工程施工和机械使用费、其他机械使用费和施工机械进出场费计算出的费用。

4）其他直接费，指概算定额分项中和间接费定额规定以外的现场施工生产用水、电、蒸汽、冬雨期施工脚手架使用费、大型机械使用费、中小型机械使用费、高层建筑超高费、生产工具使用费、检验试验费、工程定位复测点交费及竣工清理费、排污费、预拌混凝土增加费、特殊工程技术培训费和因场地狭小等特殊情况而发生的材料二次搬运费等。

（2）间接费

由施工管理费和其他间接费组成。

1）施工管理费。包括工作人员工资，生产工人辅助工资，工资附加费，办公费，差旅交通费，固定资产折旧、修理费，工具用具摊销费，劳动保护费，劳动保险费，职工教育经费，职工福利基金、工会经费，业务招待费，住房公积金，大病统筹基金，养老统筹基金，失业保险金，残疾人保障金等。

2）其他间接费，包括临时设施费和现场经费。临时设施费包括临时设施搭设、维修、拆除费或摊销费，施工期间专用公路养护费、维修费；现场经费，指项目经理部组织工程施工过程中所发生的费用，如工作人员工资、办公费、差旅交通费、低值易耗品摊销费、劳动保护费、业务招待费等。

（3）法定利润

按照国家规定计入工程造价的利润。

2. 工程成本的一般分析

工程成本按其在成本管理中的作用有三种表现形式。

（1）预算成本

预算成本是根据构成工程造价的各个要素，按统一规定编制施工图预算的方法，来确定工程的预算成本和工程造价，是考核企业成本水平的重要标尺，也是结算工程价款、计算工程收入的重要依据。

（2）计划成本

企业为了加强成本管理，在施工生产中有效地控制生产耗费，所确定的工程计划成本。计划成本是根据施工图预算，结合单位工程的施工组织设计和技术组织措施计划、管理费用计划来确定的。它是结合企业实际情况确定的工程成本控制额，是企业降低消耗的奋斗目标，是控制和检查成本计划执行情况的依据。

（3）实际成本

企业完成建筑安装工程实际应计入工程成本各项费用的总额。它是企业生产耗费的综合反映，也是企业经济效益的综合反应。

工程成本的一般分析，首先是以工程的实际成本与预算成本比较，是节约还是超支。其次是将工程的实际成本与计划成本比较，检查企业执行成本计划的情况，考察实际成本是否控制在计划成本之内。无论是预算成本和计划成本，都要从工程成本总额和成本项目两个方面进行考核。成本项目数值的变动，是成本总额变动的原因，成本总额的变动，是成本项目数值变动的结果。在考核成本变动时，要借助成本降低额（预算成本降低额、计划成本降低额）和成本降低率（预算成本降低率、计划成本降低率）两个指标。前者用于反映成本节超的绝对额，后者反映成本节超的幅度。

通过对工程成本的一般分析，对企业的工程成本水平和执行成本计划的情况作出初步评价，并为深入进行成本分析，查明成本升降的原因指明方向。

3. 工程成本材料费的核算

工程材料费的核算，主要依据建筑安装工程（概）预算定额和地区材料预算价格。因而在工程材料费的核算管理上，也反映在这两个方面：一是建筑安装工程（概）预算定额规定的材料定额消耗量与施工生产过程中材料实际消耗量之间的"量差"；二是地区材料预算价格规定的材料价格与实际采购供应材料价格之间的"价差"。工程材料成本的盈亏主要核算这两个方面。

（1）材料的量差

材料部门应按照定额供料，分单位工程记账，分析节约与超支，促进材料的合理使用，降低材料消耗水平。做到对工程用料、临时设施用料和非生产性其他用料，区别对象划清成本项目。对于属于费用性开支的非生产性用料，要按规定掌握，不得记入工程成本。对供应两个以上工程同时使用的大宗材料，可按定额及完成的工程量进行比例分配，分别记入单位工程成本。

为了抓住重点，简化基层实物量的核算，根据各类工程用料特点，结合班组核算情况，可选定占工程材料费用比重较大的主要材料，如土建工程中的钢材、木材、水泥、砖瓦、砂、石、石灰等品种核算分析，施工队建立分工号的实物台账，一般材料则按类核算，掌握队、组用料节超情况，从而找出定额与实耗的量差，为企业进行经济活动分析提供资料。

（2）材料的价差

材料价差的发生，与供料方式有关，供料方式不同，价差的处理方法也不同。由建设单位供料，按地区预算价格向施工单位结算，价格差异则发生在建设单位，由建设单位负责核算。施工单位包料、按施工图预算包干的，价格差异发生在施工单位，由施工单位材料部门进行核算，所发生的材料价格差异，按有关规定列入工程成本的预算包干费或三差费，向建设单位收取。

其他耗用材料，如属机械使用费、施工管理费、其他直接费开支用料，也由材料部门负责采购、供应、管理和核算。

二、材料核算内容及方法

1. 材料采购核算

材料采购核算，是以材料采购预算成本为基础，与实际采购成本相比较，核算其成本降低或超耗程度。

（1）材料采购实际价格

材料采购实际成本是材料在采购和保管过程中所发生的各项费用的总和。它由材料原价、供销部门手续费、包装费、运杂费、采购保管费构成。

通常市场供应的材料由于产地不同，造成产品成本不一致，运输距离不等，质量也不同。因此，在材料采购或加工订货时，要注意材料实际成本的核算，做到在采购材料时作各种比较，即同样的材料比质量，同样的质量比价格，同样的价格比运距，最后核算材料成本。尤其是地方大宗材料的价格组成，运费占较大比重，尽量做到就地取材，以减少运输费用和管理费。

材料实际价格，是按采购（或委托加工、自制）过程中所发生的实际成本计算的单价。通常按实际成本计算价格，可采用以下两种方法：

1）先进先出法。指同一种材料每批进货的实际成本如各不相同时，按各批不同的数量及价格分别记入账册。在发生领用时，以先购入的材料数量及价格先计价核算工程成本，按先后顺序依次类推。

2）加权平均法。指同一种材料在发生不同实际成本时，按加权平均法求得平均单价，当下批进货时，又以余额（数量及价格）与新购入材料的数量、价格作新的加权平均计算，得出新的平均价格。

（2）材料预算（计划）价格

材料预算价格是由地区建筑主管部门颁布的，以历史水平为基础，并考虑当前和今后的变动因素，预先编制的一种计划价格。

材料预算价格是地区性的，是根据本地区工程分布、投资数额、材料用量、材料来源地、运输方法等因素综合考虑，采用加权平均的计算方法确定的。同时对其使用范围也有明确规定，在地区范围以外的工程，则应按规定增加远距离的运费差价。材料预算价格由下列五项费用组成：材料原价、供销部门手续费、包装费、运杂费、采购及保管费。

（3）材料采购成本的核算

材料采购成本可以从实物量和价值量两方面进行考核。单项品种的材料在考核材料采购成本时，可以从实物量形态考核其数量上的差异。但企业实际进行采购成本考核，往往是分类或按品种综合考核"节"与"超"。通常有如下两项考核指标：

1）材料采购成本降低（超耗）额

材料采购成本降低（超耗）额 ＝ 材料采购预算成本—材料采购实际成本

式中，材料采购预算成本为按预算价格事先计算的计划成本支出；材料采购实际成本是按实际价格事后计算的实际成本支出。

2）材料采购成本降低（超耗）率

$$材料采购成本降低（超耗）率（\%）=\frac{材料采购成本降低（超耗）额}{材料采购预算成本}\times100\% \quad (13\text{-}22)$$

2. 材料供应核算

材料供应计划是组织材料供应的依据。它是根据施工生产进度计划、材料消耗定额等编制的。施工生产进度计划确定了一定时间内应完成的工作量，而材料供应量是根据工程量乘以材料消耗定额，并考虑库存、合理储备、综合利用等因素，经平衡后确定的。因此按质、按量、按时、配套供应各种材料，是保证施工生产正常进行的基本条件之一。所以检查考核材料供应计划的执行情况，主要是检查材料的收入执行情况，它反映了材料对生产的保证程度。

（1）检查材料收入量是否充足

这是用于考核材料在某一时期供应计划的完成情况，计算公式如下：

$$材料供应计划完成率（\%）=\frac{实际收入量}{计划收入量}\times100\% \quad (13\text{-}23)$$

检查材料的供应量是保证生产完成和施工顺利进行的重要条件，如果供应量不足，就会在一定程度上造成施工生产的中断，影响施工生产的正常进行。

（2）检查材料供应的及时性

在检查考核材料供应计划执行情况时，还可能出现材料供应数量充足，而因材料供应不及时而影响施工生产正常进行的情况。所以还应检查材料供应的及时性，需要把时间、数量、平均每天需用量和期初库存量等资料联系起来考查。

3. 材料储备核算

为了防止材料积压或不足，保证生产的需要，加速资金周转，企业必须经常检查材料储备定额的执行情况，分析是否超储或不足。

（1）储备实物量的核算

储备实物量的核算是对实物周转速度的核算。核算材料对生产的保证天数及在规定期限的周转次数和每周转一次所需天数。计算公式如下：

$$材料储备对生产的保证天数=\frac{期末库存量}{每日平均材料消耗量} \quad (13\text{-}24)$$

$$材料周转次数 = \frac{某种材料年度消耗量}{平均库存量} \quad (13-25)$$

$$材料周转天数（储备天数） = \frac{平均库存量 \times 全年日历天数}{材料年度消耗量} \quad (13-26)$$

（2）储备价值量的核算

价值形态检查的考核，是把实物数量乘以材料单价，用货币单位进行综合计算。其好处是能将不同质量、不同价格的各类材料进行最大限度地综合，它的计算方法除上述的有关周转速度（周转次数、周转天数）均适用外，还可以从百万元产值占用材料储备资金情况及节约使用材料资金方面进行计算考核。计算公式如下：

$$百万元产值占用材料储备资金 = \frac{定额流动资金中材料储备资金平均数}{年度建安工作量} \times 100\%$$
$$(13-27)$$

$$\begin{matrix}流动资金中材料\\资金节约使用额\end{matrix} = （计划周转天数 - 实际周转天数） \times \frac{年度材料耗用总额}{360} \quad (13-28)$$

4. 材料消耗量核算

检查材料消耗情况，主要用材料的实际消耗量与定额消耗量进行对比，反映材料节约或浪费情况。

（1）核算某项工程某种材料的定额消耗量与实际消耗量，按如下公式计算材料节约（超耗量）：

某种材料节约（超耗量）＝某种材料定额耗用量－该项材料实际耗用量

上式计算结果为正数时，则表示节约；反之，计算结果为负数时，则表示超耗。

$$某种材料节约（超耗）率（\%） = \frac{某种材料节约（超耗）量}{该种材料定额耗用量} \times 100\% \quad (13-29)$$

同样，式中正百分数为节约率；负百分数为超耗率。

（2）核算多项工程某种材料节约或超耗的计算式同前。某种材料的定额耗用量的计算式为：

某种材料定额耗用量＝Σ（材料消耗定额×实际完成的工程量）

核算一项工程使用多种材料的消耗情况时，由于使用价值不同，计量单位各异，不能直接相加进行考核。因此，需要利用材料价格作同度计量，用消耗量乘以材料价格，然后求和对比。公式如下：

材料节约（＋）或超支（－）额＝Σ材料价格×（材料定额耗量－材料实耗量）(13-30)

5. 周转材料的核算

由于周砖材料可多次反复使用于施工过程，因此其价值的转移方式也不同于材料一次转移，而是分多次转移，通常称作摊销。周转材料的核算是以价值量核算为主要内容，核算其周转材料的费用收入与支出的差异。

（1）费用收入

周转材料的费用收入是以施工图为基础，以概（预）算定额为标准，随工程款结算而取得的资金收入。

在概算定额中，周转材料的取费标准是根据不同材质综合编制的，在施工生产中无论实际使用何种材质，取费标准均不予调整（主要指模板）。下面分别按脚手架和模板工程对周转材料费用收入简介如下：

1）工业与民用建筑脚手架，分为单层建筑脚手架、现浇预制框架建筑脚手架、其他建筑脚手架。除烟囱、水塔脚手架外，其他均按建筑面积以平方米（m²）计算。定额中分为综合脚手架、单排及双排架子、满堂红架子等 9 项共 17 个子项，每个子项却规定了取费标准，分别按建筑面积和投影面积计取费用。

2）模板工程分为基础、梁、墙、台、柱等不同部位，每一操作项目规定有不同的费用标准，以每立方米混凝土量为单位计取费用。在每项费用中均已包括了板、零件和钢支撑的费用。

（2）费用支出

周转材料的费用支出是根据施工工程的实际投入量计算的。在对周转材料实行租赁的企业，费用支出表现为实际支付的租赁费用；在不实行租赁制度的企业，费用支出表现为按照上级规定的摊销率所提取的摊销额。计算摊销额的基数为全部拥有量。

（3）费用摊销

费用摊销有如下几种方法：

1）一次摊销法：指一经使用，其价值即全部转入工程成本的摊销方法。它适用于与主件配套使用并独立计价的零配件等。

2）"五五"摊销法：指投入使用时，先将其价值的一半摊入工程成本，待报废后再将另一半价值摊入工程成本的摊销方法。它适用于价值偏高，不宜一次摊销的周转材料。

3）期限摊销法：是根据使用期限和单价来确定摊销额度的摊销方法。它适用于价值较高、使用期限较长的材料。计算方法如下：

先计算各种周转材料的月摊销额，公式如下：

$$\text{某种周转材料月摊销额（元）} = \frac{\text{该种周转材料采购原价} - \text{预计残余价值（元）}}{\text{该种周转材料预计使用年限} \times 12（\text{月}）} \quad (13\text{-}31)$$

然后计算各种周转材料月摊销率，公式如下：

$$\text{某种周转材料月摊销率（\%）} = \frac{\text{该种周转材料月摊销额（元）}}{\text{该种周转材料采购价（元）}} \times 100\% \quad (13\text{-}32)$$

最后计算月度周转材料总摊销额，公式如下：

$$\text{周转材料月摊销额（元）} = \Sigma（\text{周转材料采购原价（元）} \times \text{该种周转材料摊销率}\%） \quad (13\text{-}33)$$

6. 工具的核算

在施工生产中，生产工具费用约占工程直接费的 2% 左右。工具费用摊销常用以下三种方法：

1）一次性摊销法：指工具一经使用其价值即全部转入工程成本，并通过工程款收入得到一次性补偿的核算方法。它适用于消耗性工具。

2）"五五"摊销法：与周转材料核算中的"五五"摊销法一样。

3）期限摊销法：指按工具使用年限和单价确定每次摊销额度，多次摊销的核算方法。在每个核算期内，工具的价值只是部分地进入工程成本并得到部分补偿。它适用于固定资产工具及价值较高的低值易耗工具。

参 考 文 献

[1] 杨静. 土木工程新技术丛书. 建筑材料 北京：中国水利水电出版社. 2004.

[2] 高琼英. 建筑材料. 武汉：武汉理工大学出版社. 2002.

[3] 曹文达. 建筑施工现场人员便携读本. 材料员读本. 北京：中国电力出版社. 2004.

[4] 沈小静. 生产企业供应管理. 北京：中国物资出版社. 2002.

[5] 本丛书编委会. 看图学砌体施工技术. 北京：机械工业出版社. 2003.

[6] 韩喜林. 新型防水材料应用技术. 北京：中国建筑工业出版社. 2003.

[7] 国家标准. 通用硅酸盐水泥(GB 175—2007). 北京：中国标准出版社，2007.

[8] 行业标准. 普通混凝土配合比设计规程(JGJ 55—2011). 北京：中国建筑工业出版社，2001.

[9] 行业标准. 砌筑砂浆配合比设计规程(JGJ/T 98—2010). 北京：中国建筑工业出版社，2010.

[10] 国家标准. 建设用砂(GB/T 14684—2011). 北京：中国建筑工业出版社，2007.

[11] 国家标准. 建设用碎石、卵石(GB/T 14685—2011). 北京：中国建筑工业出版社，2007.

[12] 国家标准. 钢筋混凝土用钢　第 1 部分：热轧光圆钢筋(GB 1499.1—2008). 北京：中国标准出版社，2008.

[13] 国家标准. 钢筋混凝土用钢　第 2 部分：热轧带肋钢筋(GB 1499.2—2007). 北京：中国标准出版社，2007.

[14] 国家标准. 低合金高强度结构钢(GB/T 1591—2008). 北京：中国标准出版社，2008.